Rebekah Ferran Witter · Horse Power

Rebekah Ferran Witter

Horse Power

Lebensenergie und Erfolg durch die Kraft der Pferde

Müller Rüschlikon

Einbandgestaltung: Nicole Lechner

Titelfoto: Christiane Slawik, Würzburg

First published in the English language as *Living with Horse Power*

ISBN 3-275-01364-5

1. Auflage 2001

Deutschsprachige Ausgabe:
Aus dem Englischen übersetzt von Bettina Borst

Lektorat: Claudia König
Innengestaltung: Satz & mehr, R. Günl, 74354 Besigheim
Druck: Gulde-Druck, 72072 Tübingen
Bindung: E. Riethmüller, 70176 Stuttgart
Printed in Germany

Inhaltsverzeichnis

Danksagung

All denen, die einem Interview mit mir zugestimmt und dadurch zu diesem Werk beigetragen haben, schulde ich ungeheuren Dank. Für mich fing jedes dieser Interviews mit einem »Sprung ins kalte Wasser«, mit einem Telefonat mit einem völlig Fremden, an, aber geendet hat es immer in der Herzlichkeit einer neuen Freundschaft. Bei unseren Gesprächen haben diese Menschen offen über ihre Sichtweise und Erfahrungen erzählt, und manches davon war wirklich sehr persönlich. Sie haben es getan, weil sie glauben, dass andere aus ihren Erfahrungen lernen können, die in diesem Buch niedergeschrieben wurden.

Jo Abbott
Adrian Arroyo
Zaven Ayanian
Laura Bianchi
James Brady
Buck Brannaman
Octavia Brown
L.D. Burke III
Jenny Butah
Bobby Christian
Lt. Carl Clipper
Tracy Cole
Diana Starr Cooper
Kelli Cox
Helen K. Crabtree
Charlotte Dicke
Bev Doolittle
Bob Douglas
Phyllis A. Eifert
Dale Evans
Jimmy Fairclough
Mary Fenton
Maxine Freitas
Carol Grant
Sarah Hafner
Ron Harding
Becky Hart
Jill Keiser Hassler
Chris Hawkins
Vicki Hearne
Bob Henry
Amy Hubbard
Jack Huyler
Allan Jamison
Martha Josey
Valerie Kanavy
Anne Kursinski
Dr. Patty Latham
Dr. Elizabeth Lawrence
Pat Lawson
Doug Lietzke
Rege Ludwig
John Lyons
Larry Mahan
Mary Mansi
Dennis Marine
Dede Marx
Dr. Robert Miller
Tom Moore
Holly Peterson Mondavi

Stagg Newman
Kelly O'Boyle
Cara O'Neill
Macella O'Neill
Rex Peterson
Irving Pettit
Mary Deringer Phelps
Michael Plumb
Monty Roberts
Roy Rogers
Sam Savitt
Jane Savoie
Tina Schuler
Richard Shrake
Penelope Smith
Curtis Steel
William Steinkraus
Genie Stewart-Spears
Susan Stovall
Carol Stratton
Sally Swift
Linda Tellington-Jones
Caroline Thompson
Diana Thompson
Camille Whitfield Vincent
René Williams
Cathy Ziffren

Meine Liebe und ungeheurer Dank gehen auch an meinen Computerberater, Korrekturleser und wunderbaren Ehemann Kip, an Gert Mazur für ihre Mithilfe bei der Niederschrift der Interviews und an Lynda Paffrath, die die zweite Hälfte meiner »Autorengruppe« darstellt. Zudem danke ich William Steinkraus für seine unschätzbar wertvolle Unterstützung, Kathy Kadash Swan für das Erstlektorat und Cathy Nessier für die Videographie.

Außerdem geht mein Dank an alle Mitarbeiter von Trafalgar Square Publishing – vor allem an Caroline Robbins, die es mit einer neuen Autorin und neuen Sichtweisen probiert hat, und an Martha Cook, die schwer daran gearbeitet hat, diese Sichtweisen deutlicher herauszubringen. Ein letzter Dank geht an Betsy Butterfield für ihre geradezu magischen künstlerischen Beiträge und die geniale Überarbeitung. Ich wünsche euch allen viel Spaß bei eurem Leben mit Horse Power!

Anmerkung der Autorin

Das Material für dieses Buch stammt aus siebzig Gesprächen mit Menschen aus der Pferdeszene. Damit Sie als Leser meine Stimme von der eines anderen Erzählers unterscheiden können, sind die Beiträge meiner Interviewpartner hier durch Kursivdruck abgesetzt.

Weil man sich so viele Namen und Hintergründe merken muss, finden Sie an der Stelle, an der ein bestimmter Name zum ersten Mal im Text erscheint, in Klammern die Seitenzahl, auf der das Foto und die Informationen zu dieser Person abgedruckt sind. Am Ende dieses Buches finden Sie ein Verzeichnis von Pferde-Fachbegriffen.

Ich habe direkt vom Tonband gearbeitet, sodass es manchmal nötig war, die Gespräche abzuändern, damit der geschriebene Text besser verständlich wurde. Wo ich das getan habe, habe ich sehr darauf geachtet, den Inhalt nicht zu sehr zu verändern. Trotzdem werden einige Passagen nicht mehr wörtlich zitiert. Ich habe alle Gespräche so nahe wie möglich an der Originalniederschrift wiedergegeben und entschuldige mich hiermit für jegliche Versehen, falsche Zitate, Fehler, Missverständnisse oder Irrtümer, die im Text auftauchen. Sie sind auf gar keinen Fall beabsichtigt.

Die Meinungen, die in diesem Buch geäußert werden, wurden frei ausgesprochen und sind entweder die Meinungen der Interviewpartner oder meine eigenen. Ich habe versucht, von allen angesprochenen Informationen den Urheber herauszufinden und ihren Ursprung zu klären. Es liegt bei mündlichen Erzählungen aber in der Natur der Sache, dass die Urheberschaft nicht immer bis ins Letzte geklärt werden kann.

R.W.

Widmung

Dieses Buch ist all unseren Lehrern unter den Pferden gewidmet. Pferde haben sich geopfert und viel dazu beigetragen, die Menschheit besser zu machen. Ich hoffe, dass dieses Buch manche Menschen inspirieren wird, sich geistig und mit dem Herzen für die Lebenslehren zu öffnen, die die Pferde für uns bereithalten.

Mein persönlicher Dank geht an Freddie, Haji, Lucky, Bay Mare und Sable.

Kip auf Stranger und die Autorin auf Bay Mare

Lucky

Freddie

Haji

Sable

Pferde: Faszinierend, aufregend und ein Quell der Kraft

Vor einigen Jahren brachte dieser gemeine Umweg im Leben, der als Midlife-Crisis bekannt ist, mich ziemlich aus dem Gleis. In dieser Krise in der Lebensmitte werden oft gesunde Menschen emotional aus der Bahn geworfen, dem Verstand werden die Augen verbunden und der Mensch ist nicht mehr zurechnungsfähig. In diesem Zustand geistiger Orientierungslosigkeit haben Menschen nach 26 Jahren Ehe die Scheidung eingereicht, um endlich glücklich zu werden. Sie haben eine erfolgreiche Karriere an den Nagel gehängt, um in einer Esoteriker-Kolonie zwischen Mammutbäumen Tontöpfe zu brennen, oder sie haben angefangen, nur mit Angel und Haken versehen (und mit neuester LORAN-Navigationsausrüstung im Wert von 150.000 DM) in einem Kajak um die Welt zu paddeln.

Und ich? Ich habe damals ein gut gehendes Möbelgeschäft und mein Innenarchitektur-Büro für ein paar Mark verkauft und mich auf die Suche nach dem begeben, was ich mit dem Rest meines Lebens anfangen wollte. Ich hatte keine Ahnung, wonach ich eigentlich suchte. Meine Zukunft ragte formlos und leer vor mir auf – wie die Visionen einer leeren Blätterwüste, die man hat, wenn man aufgefordert wird, einen zwanzigseitigen Aufsatz über »ein Thema Ihrer Wahl« zu schreiben. Weil ich keine Ahnung hatte, wie ich ein Thema für den Rest meines Lebens finden sollte, suchte ich nach Unterstützung. Glücklicherweise fand ich einen weisen Ratgeber, der mich fragte: »Was wolltest du eigentlich als Kind immer machen?« Darauf wusste ich augenblicklich die Antwort: reiten!

Als ich in den fünfziger Jahren aufwuchs, galoppierte ich in meiner Vorstellung auf dem Falben von Dale Evans, Buttermilk, zur Schule und wieder nach Hause, und wenn ich im Unterricht unaufmerksam war, ertappte ich mich selbst dabei, wie ich Pferde an den Heftrand malte. Ich las alle Bücher von Marguerite Henry, weinte um Black Beauty und zitterte bei den Abenteuern von Roy Rogers und Trigger. Ich sah jede Folge von »Mein Freund Flicka« und fiel fast in Ohnmacht, weil Elizabeth Taylor in »National Velvet« so unglaubliches Glück hatte und in einem Rennen reiten durfte. Reiten zu lernen, war also wirklich mein Leben lang mein Traum gewesen, aber ich fand es immer zu kostspielig, ich hatte das gar nicht verdient, es war zu zeitraubend, zu unfein, zu ..., zu ..., zu ...

Aber wie schon viele andere Überlebende der Midlife-Crisis vor mir entdeckt haben – es war die Zeit für »Jetzt oder nie«! Mir war etwas flau, als ich im leicht fortgeschrittenen Alter von 42 meine ersten Reitstunden nahm, aber ich stellte fest, dass ich das Ganze aus einer reifen Perspektive betrachten konnte, die mir die vielen Parallelen zwischen gutem Reiten und gutem Leben aufzeigte. Ich bemerkte, dass ich bei jedem Reitunterricht auch wertvolle Dinge für mein *Leben* lernte. Neben den Techniken fürs Reiten und Springen lernte ich in den Reitstunden auch, wie man sich Ziele setzt, der Angst ins Auge blickt, Selbstvertrauen und Selbstwertgefühl aufbaut, sich entspannt, Probleme löst, geistig beweglich bleibt, seinen Körper koordiniert, im Gleichgewicht bleibt, mit und ohne Worte kommuniziert und im Team arbeitet. Ich lernte etwas über Mitgefühl, Beziehungen, Integrität und persönliche Verantwortung. Ich lebte nun, da Pferde und Reiten ein Bestandteil meines Lebens waren, ein direkteres, entschlosseneres und dynamischeres Leben. Indem ich meiner lebenslangen Faszination für Pferde endlich nachgab, erweiterte ich mein gesamtes Wesen: körperlich, geistig, emotional und spirituell. Ich hatte mich noch nie glücklicher und stärker gefühlt und noch nie eine dermaßen positive Lebenseinstellung gehabt.

Bei meinen Anstrengungen, eine bessere Reiterin zu werden, stieß ich auf jede Menge ausgezeichneter Bücher, in denen erklärt wurde, *wie* man reiten soll – in keinem einzigen ging es aber um das Thema, *warum* man reiten sollte. Was zieht eigentlich immer noch die Menschen in die Welt der Pferde, obwohl Pferde technisch vollkommen überholt sind? Nur wenige Menschen aus der Pferdeszene verdienen sich mit ihren Anstrengungen und ihrem Zeitaufwand eine goldene Nase, also kann es an der magnetischen Anziehungskraft eines Börsenbroker-Gehaltes nicht liegen. Man muss Jahre investieren, um sich im Reitsport auch nur ein wenig einen Namen zu machen, und dann jahrelang gut weiter reiten. In Amerika sind selbst Olympiareiter keine Medienstars, sodass es auch nicht an der Motivation liegen kann, eine Berühmtheit werden zu wollen.

Auf meiner Suche nach Antworten habe ich siebzig Menschen aus allen Bereichen der Pferdeszene interviewt: Reiter, Hufschmiede, Tierärzte, Künstler, Autoren, Cowboys, Polospieler, Distanzreiter, S-Springreiter, Rodeo-Stars, Filmlegenden und Olympia-Gewinner. Jede dieser Personen hat wunderbare Lebenslehren und Einsichten mit mir geteilt, die sie aus ihren Erfahrungen mit Pferden gezogen hatte. Alle zusammen haben sie mir das »Warum« des Reitens beantwortet: Warum fühlt man sich von Pferden so magisch angezogen? Warum riskiert man es überhaupt, sich in die Nähe dieser riesigen, unberechenbaren Tiere zu begeben? Warum investiert man all die Zeit, die Energie und das Geld, die nun einmal nötig sind, um Pferde zu halten und reiten zu lernen? Was kommt vom Pferd zurück zum Menschen?

Die magische Anziehungskraft rührt anscheinend von einer uralten, beim Menschen weit verbreiteten Krankheit her, deren Symptome sich dadurch äußern, dass die Menschen sich in unterschiedlichem Maße zu Pferden hingezogen fühlen – das reicht von einem vagen Pferdemögen bis hin zur glühenden Leidenschaft, für die ich den Begriff »Pferdefieber« benutze: die Faszination für das Pferd.

Pferde sind mit einem gewissen Risiko verbunden, das bei manchen Menschen einen Adrenalinstoß auslöst und sie dadurch zu einer Pferdebegeisterung treibt, die

von Nicht-Pferdeleuten als verrückt eingestuft wird. Dieser Zustand der »Pferdeverrücktheit« rührt daher, dass der Mensch das Pferd als aufregend erachtet.
Was man an Zeit, Energie und Geld investiert, wird dadurch zurückgezahlt, dass man beim Arbeiten mit Pferden so viele positive Lebenslehren erfahren kann – ich habe das Horse Power genannt –, die dem Menschen zu einem Quell der Kraft werden.

Das »Warum« des Umgangs mit Pferden findet seine Antwort also in den persönlichen Erfahrungen und den daraus folgenden Lebenslehren, die Körper, Geist und Seele stärken und dynamisch die gesamte Existenz des Menschen erweitern, der sich von Pferden faszinieren, aufregen und stärken lässt. Menschen, die diese Erfahrung machen, leben wirklich ihr Leben mit Horse Power!

Die folgenden Kapitel werden Sie in die dynamische Welt der Horse Power entführen. Sie werden sich mit der Anziehungskraft und Faszination des Pferdefiebers beschäftigen, mit den Risiken und dem Lohn der Pferdeverrücktheit, mit den grundlegenden Unterschieden zwischen der Natur des Menschen und der des Pferdes und schließlich mit den vielen Erzählungen voller Einsichten und Inspiration, in denen sich die Lebenslehren widerspiegeln, die Menschen von Pferden gelernt haben und die ihnen Kraft gegeben haben.

In diesen aus dem Herzen kommenden, persönlichen Erzählungen werden die Reiter unter Ihnen feststellen, dass sie nicht alleine sind. Freunde und Familien von »pferdenärrischen« Menschen werden ein besseres Verständnis für die seltsame Leidenschaft ihrer Bekannten und Kinder bekommen; und Pferdeliebhaber, die noch nicht aktiv an der Welt der Pferde teilnehmen, werden vielleicht ebenso wie ich damals entdecken, dass es nun an der Zeit ist, ihren Traum wahr werden zu lassen, aufzusitzen und zu beginnen, mit Horse Power zu leben!

1. KAPITEL

Pferdefieber: Wie man es sich einfängt

In meiner Phantasie stelle ich mir immer Pegasus vor, aber mein Pegasus wäre ein Rappe mit einer Blesse wie mein wilder Hengst Taj, und ich würde mit ihm über den Mond fliegen.
Chris Hawkins

»Dieser Wurf ist genial! Das ist unglaublich! Die Lokalmatadoren haben das eigentlich Unmögliche geschafft – in den letzten fünfzehn Sekunden liefen sie noch einmal zur Höchstform auf und gewannen den Super Bowl!«

Alles springt auf in diesem Raum voller jubelnder Fans. Sie klopfen sich auf die Schultern und umarmen sich. Keiner bekommt mehr ein Wort heraus, denn alle haben sich während dieses verrückten Spiels heiser geschrien. Zuerst drohte das Team immer weiter abzufallen, dann holte es langsam auf und landete schließlich in einem beispiellosen Endkampf den Siegtreffer. Die Freude ist so groß, dass man bei all den Jubelrufen den Fernseher nicht mehr hören kann.

Der Gastgeber lässt den Korken der Champagnerflasche knallen und ruft: »Die Party kann steigen!« Aber als seine Frau nach der Fernbedienung greift, wird sie durch einen Ausruf gestoppt: »Warte! Noch nicht abschalten!« Sie wendet sich etwas irritiert dem Bildschirm zu, um zu sehen, was die Aufmerksamkeit der Gäste plötzlich so gefesselt hat.

Über eine mit unberührtem Schnee bedeckte Wiese galoppiert eine Herde wunderschöner Pferde. Ihre Körper pulsieren vor Kraft; mühelos donnern sie durch den glitzernden Pulverschnee. Ihre Größe, ihre Anmut und die Freiheit, die sie ausstrahlen, treffen die Zuschauer bis ins Herz. Sich diesen Pferden anschließen und weggaloppieren – weg von der Stadt, der Arbeit, den Rechnungen – frei durch die Natur, das wär's ...

Diese Werbung bedarf keiner Worte – jeder Amerikaner kennt sie. Die Pferde sind ebenso bekannt wie manch berühmte Persönlichkeit oder Sportmannschaft, und manch einer bekommt bei ihrem Anblick ebenso eine Gänsehaut wie beim Klang der Nationalhymne.

Es war wirklich außergewöhnlich. Dieser Werbefilm, der nichts als lautlos galoppierende Pferde zeigte, hatte eine geradezu hypnotische Wirkung auf die Gäste. Man stelle sich vor: ein Dutzend Football-Fans vergaßen, dass sie eigentlich eine Party feiern wollten, und sahen statt dessen diesem Schauspiel zu. Diese Pferde, mit denen für eine Biersorte geworben wurde, unterbrachen das fröhliche Treiben und berührten die Zuschauer in ihrem tiefsten Inneren. Sie lösten das »Pferdefieber« aus – die Faszination für das Pferd.

»Pferdefieber« – eine Krankheit?

Ja, »Pferdefieber« ist tatsächlich eine Art Krankheit, mit körperlichen, geistigen und seelischen Symptomen. Letztlich können Menschen aller Altersstufen befallen werden und die Ansteckungsgefahr ist eigentlich immer gegeben. Manche Menschen sind zwar völlig immun und verschwenden weder einen Blick noch einen Gedanken an Pferde, aber die meisten Menschen werden wohl mit einer schwachen Form des »Pferdefiebers« geboren. Diese äußert sich so, dass die Betroffenen Pferde einfach wunderschön finden. Diese leichte Ausprägung kann sich aber jederzeit verschlimmern und sich zu einer schweren Form des »Pferdefiebers« weiterentwickeln. Dann beginnt der Betroffene damit, Kontakt zu den Tieren aufzunehmen, Reitstunden zu nehmen, auf Rodeos zu gehen, Turniere oder Pferderennen zu besuchen oder sich am Ende sogar ein Pferd zu kaufen.

Im Allgemeinen bricht das »Pferdefieber« in der Jugend aus. Bei manchen legt es sich mit ungefähr sechzehn Jahren, kann aber dann mit zwanzig, dreißig oder vierzig wieder ausbrechen. Am häufigsten kommt es im mittleren Lebensabschnitt erneut zum Ausbruch. Personen mit chronischem »Pferdefieber« scheinen den täglichen Kontakt zu Pferden zu brauchen. Sie haben oft ihr ganzes Leben lang etwas mit Pferden zu tun und viele machen sogar ihr Hobby zum Beruf. Ob aktiver Turnierreiter, Pferdeausbilder, Züchter, Cowboy, Hufschmied oder Fachtierarzt für Pferde – alle haben das »Pferdefieber«!

Menschen, die gegen das »Pferdefieber« immun sind, verblüfft oft die Tatsache, zu welchen Handlungen infizierte Personen fähig sind. Nicht Betroffene haben da so ihre Vorurteile. Ihnen kommt das Reiten in unserer motorisierten und modernen Zeit ziemlich antiquiert vor. Sie stellen Fragen wie: »Warum kaufst du dir nicht lieber eine *Harley*?«. Für andere ist dieser Sport viel zu gefährlich und sie können es kaum fassen, dass man über Hindernisse springt. Entsetzt fragen sie: »Du hast dir den Arm gebrochen, als du über dieses *mannshohe* Hindernis gesprungen bist?«. Die Aussage, dass man beim Reiten niemals auslernt, gilt als lächerlich: »Jetzt reitest du schon so lange und du nimmst immer noch *Unterricht*?«. Andere sehen diesen Sport als völlig erfolglos an und können es nicht begreifen, dass man über Jahre Wettbewerbe besucht, aber nie auch nur einen Blumentopf gewinnt: »Bei so vielen Turnieren bist du schon mitgeritten und hast noch nicht eine *einzige* Schleife gewonnen?« Vom Unverständnis, auf das man trifft, wenn der finanzielle Einsatz zur Sprache kommt, den ein Pferdebesitzer oder Reiter zuweilen aufbringt, ganz zu schweigen. »Habe ich richtig verstanden, eine Rechnung für einen *Pferde-Chiropraktiker*?« »Gesunde« Menschen können nicht verstehen, dass das »Pferdefieber« die Infizierten dazu treibt, Zeit, Geld und Energie zu investieren, um sich mit Pferden zu befassen. Für sie ist es unbegreiflich, dass man sich zu einem großen, unberechenbaren, Heu verschlingenden Tier hingezogen fühlen kann, das im einen Augenblick stark wie ein Ochse daherkommt und im nächsten Moment eine tierärztliche Krise heraufbeschwört. »Schau mal, wenn du unbedingt ein Tier zum Liebhaben willst, könnten wir uns doch einen *Hund* holen.« Solch eine Aussage ist sicher nicht selten.

Pferde können ein Grund für ein besseres, glücklicheres und dynamischeres Leben sein. Die charakterlichen Eigenschaften, die durch den Umgang mit Pferden gestärkt werden, sind: Verantwortungsbewusstsein, Zuverlässigkeit, Einfühlungsvermögen, Geduld und Liebe. Pferdemenschen werden, wenn sie beispielsweise Turniere besuchen, mit Wettbewerbssituationen konfrontiert, in denen sportliches Verhalten gefragt ist. Hier spielen Erfolg und Versagen eine große Rolle. Pferdeleute sollten sich mitteilen können, sie sollten in der Lage sein, Dinge zu erklären, und – ganz wichtig – sich Ziele setzen.

Vor allem lernen Menschen, die sich mit Pferden beschäftigen, die Natur eines anderen Lebewesens genau kennen und verstehen. Menschen, die diese Leidenschaft positiv nutzen, werden zu echten Pferdemenschen. Diejenigen, die lebenslang an dieser »Krankheit« gelitten haben und ihr Leben mit Pferden verbracht haben, werden sicher mit einem Lächeln im Gesicht zu Grabe getragen.

»Pferdefieber« hat aber nicht nur positive Auswirkungen, sondern es sind auch Nebenwirkungen zu verzeichnen. Dazu gehören chronischer Geldmangel, Verletzungsgefahr und im schlimmsten Fall das Risiko, bei diesem Sport ums Leben zu kommen. Diese Risiken werden von den Betroffenen bereitwillig getragen, denn »Pferdefieber« ist ein Zustand, der nicht nur den Körper stark macht, sondern die Leidenschaft, die damit verbunden ist, stärkt auch die Seele. Für echte »Pferdenarren« wiegen die positiven Seiten dieses Sportes die Risiken mehr als auf. Aus diesem Grund steigen die meisten Reiter auch immer wieder auf, wenn sie nach einem Sturz mit blauen Flecken und schmerzenden Knochen am Boden liegen. Manch ein Beobachter schüttelt darüber nur den Kopf.

Auf der Suche nach den Ursachen

Seit der ersten Begegnung zwischen Mensch und Pferd hat der Mensch dem Pferd Respekt und Verehrung entgegengebracht. *Das Pferd wird in der menschlichen Kultur häufig vergöttert, weil es dem Menschen mehr Geschwindigkeit und Kraft verleiht,* wie Dr. vet. med. Robert Miller (S. 26), Tierarzt und eine international anerkannte Kapazität auf dem Gebiet der Verhaltensforschung bei Pferden, herausstellt. *Lange bevor der Mensch Pferde zu reiten begonnen hat, als er diese Tiere noch des Fleisches wegen jagte, legten Höhlenmalereien Zeugnis für den Respekt des Menschen vor dem Pferd ab. Betrachtet man klassische Statuen, so sieht man den Menschen meist auf edlen, temperamentvollen Pferden, wodurch seine Stellung noch zusätzlich unterstrichen wird. Sprachlich gesehen ist durch die Verwendung der Wörter »Kavalier«, »chevalier« und »caballero« ein Gentleman immer als Pferdemensch definiert. Hier wird Adel, Überlegenheit, Kultiviertheit und die Zugehörigkeit zu einer elitären Gruppe angedeutet.*

Wie bereits erwähnt, sind Menschen mit einer leichten Form von »Pferdefieber« von Pferden einfach fasziniert, ohne dabei reiten lernen zu wollen oder gar den Wunsch nach einem eigenen Pferd zu verspüren. Es gibt aber unterschiedliche Ausprägungen mit natürlich unterschiedlichen Folgen.

Was aber sind die Gründe für die verschiedenen Ausprägungen und Symptome des »Pferdefiebers«?

Zu den wichtigsten Gründen gehört, dass der Mensch von der Schönheit dieser Tiere fasziniert ist. Dann sind die romantischen Phantasien, die man mit Pferden verbindet, nicht zu unterschätzen. Nicht zu vergessen die Sehnsucht danach, sich auf dem Rücken eines Pferdes fortzubewegen. Eins zu sein mit dem Pferd und seine Kraft und Geschwindigkeit zu erleben.

Die körperliche Anziehungskraft von Pferden

Viele Pferdefreunde waren häufig schon in sehr jungen Jahren von Pferden begeistert. Mit Sicherheit kamen Pferde in ihren selbst gemalten Bildern vor. *Als Kind habe ich immer Pferde gezeichnet – nichts als Pferde,* erinnert sich die Kunsthistorikerin und Reiterin Carol Stratton (S. 27) *Zeichnen, zeichnen, zeichnen. Wenn jemand meine Arbeiten gesehen hat, habe ich meistens zu hören bekommen: »Oh, dieses Kind wird bestimmt einmal eine große Künstlerin. Sie zeichnet diese Pferde so schön!«. Also haben meine Eltern mich in eine Kunstschule gesteckt. Habe ich aber etwas anderes als Pferde gezeichnet, konnte man nicht unterscheiden, ob es sich um eine Blume, ein Kamel oder ein Haus handelte. Uns ist bald klar geworden, dass diese außergewöhnlichen Zeichnungen meiner Pferdeliebe zu verdanken waren und nicht irgendeinem großen künstlerischen Talent.*

Meisterwerke der Kunst werden ja in der Regel aus einer gewissen Leidenschaft heraus geschaffen. So diente Carols chronisches »Pferdefieber« als einzigartige Inspiration für ihre außergewöhnlichen Pferdezeichnungen – aber eben nur für Pferdezeichnungen.

Offensichtlich hat die Kombination aus der Schönheit und den ausdrucksstarken Bewegungen eines Pferdes eine sehr große Wirkung auf uns Menschen. Sie fesselt unser Auge und beflügelt unsere Phantasie – ungefähr so, als würde man einer gelungenen Ballettvorführung zusehen. *Pferde sind einfach wunderschön. Ich sehe meiner Stute Ariel zu, sie bewegt sich so elegant und leicht … da bekomme ich eine Gänsehaut,* erzählt Cathy Ziffren (S. 46), Geschäftsfrau und leidenschaftliche Reiterin.

Die ästhetische Anziehungskraft von Pferden ist bemerkenswert, da all unsere Sinne angesprochen werden. *Sehen*: Das Bild des Pferdes feiert seine Siegeszüge in der Kunst, der Lyrik und der Literatur. Es fasziniert durch seine Schönheit und gilt als kraftvoll und stark, aber andererseits auch als sehr sensibel. Nicht zu vergessen die romantischen Gefühle, die mitschwingen, oder der Traum von Freiheit, den Pferde transportieren. *Tasten*: Das warme, glatte Fell und die seidigen Nüstern laden zum Streicheln ein. *Hören*: Das Grummeln zur Begrüßung, das drängende Wiehern und der Takt des Hufschlages rühren dem Menschen ans Herz. *Riechen*: Viele Menschen bemerken mit Erstaunen, dass sie den erdigen Geruch von Pferden als ebenso angenehm empfinden wie den Duft von frisch gebackenem Brot.

Die Freude am Reiten

Pferde mögen ja körperlich so anziehend sein, wie sie wollen – aber warum hat der Mensch das Bedürfnis, auf einem Pferd zu reiten, wenn man doch in einem Auto viel einfacher, schneller und »sauberer« vorwärts kommt? Diese Sehnsucht, sich auf einem Pferderücken fortzubewegen, hat viel Gründe: sie kann vererbt werden, die menschliche Phantasie, die einem zum Reiten bringt, kann die treibende Kraft sein, die Gelegenheit kann sich einfach so ergeben oder das Pferd kann als wichtiges Fortbewegungsmittel dienen.

Manche Menschen sind davon überzeugt, dass sie die Freude am Reiten geerbt haben müssen. Die Reitlehrerin Kelli Cox (S. 27) hat zu dieser Theorie einen interessanten Beitrag geliefert: *Meine Eltern haben sich nie für Pferde interessiert. Ich hatte ganz von alleine angefangen, Pferde zu malen, über sie zu lesen und von Reitstunden zu träumen. Als ich sieben war, hat meine Mutter mich in eine Reitschule geschickt und als Teenager bin ich dann auf Turnieren gestartet. Auch während des Studiums hatte ich nicht aufgehört und inzwischen bin ich selbst Reitlehrerin. Ich bin wirklich leidenschaftlich gerne mit Pferden zusammen. Interessant ist dabei, dass ich ein Adoptivkind bin und erst vor kurzem Kontakt mit einer Großtante aufgenommen habe, die mir erzählt hat, dass meine leibliche Mutter Pferde auch immer gemocht hat und sogar ein eigenes Pferd besitzt. Meine Adoptiveltern haben mit Pferden ja überhaupt nichts am Hut – also hängen mein Interesse an Pferden und das meiner leiblichen Mutter irgendwo zusammen.*

Das Reiten kann sich oft auch einfach aus der Notwendigkeit heraus ergeben, da man auf einer Ranch, einem Bauernhof oder einem Gestüt geboren wird. Blickt man zurück, so wurden viele in einer Zeit geboren, in der es noch keine Autos gab oder die Familie sich kein Auto leisten konnte: *Ich bin auf einer kleinen Farm in Duck Run in Ohio aufgewachsen, und wir hatten kein Auto*, erinnert sich der König der Cowboys, Roy Rogers (S. 28), Star vieler Fernseh- und Kinowestern der fünfziger Jahre. *Also konnten wir nur reiten oder die Pferde vor die Kutsche oder den Arbeitswagen spannen. Ich habe zu reiten begonnen, als ich ungefähr sieben war. Mein erstes »Pferd« war ein Muli namens Tom. Er hatte ein verkrüppeltes Bein und konnte nicht besonders gut laufen. Dann hat mein Vater ein paar Maultiere gekauft und auf einem, Barney, machte das Reiten richtigen Spaß. Auf dem bin ich dann regelmäßig in die Schule und zur Kirche geritten. Als ich elf war, hat mein Vater mir mein erstes Pferd gekauft, einen ehemaligen Renntraber namens Babe. So viel zu meinem reiterlichen Werdegang. 1939 habe ich dann mit meinem Pferd Trigger als »singender Cowboy« in Hollywood angefangen.*

Andere Leute, die in ihrer Kindheit kein eigenes Pferd hatten, haben das auf die ungewöhnlichsten Weisen wettgemacht, wie uns der bekannte Pferdeausbilder und Reitlehrer John Lyons (S. 2) erzählt: *Als ich in der fünften Klasse war, habe ich angefangen, mich für Pferde zu interessieren. Damals war Phönix noch eine ziemlich kleine Stadt und dort, wo wir wohnten, gab es viele Pferdeweiden. Ich habe oft die Schule geschwänzt, mir einfach ein Pferd eingefangen, bin draufgeklettert und dann den ganzen Tag spazieren geritten. Einfach so zum Spaß. Ich hatte weder Sattel noch Zaumzeug und behalf mir daher mit einem Strick, den ich den Pferden um den Hals legte. Irgendwie muss ich die Vierbeiner damals gelenkt haben, denn ich habe es ja überlebt. Ich bin über die endlosen Weiden und durch die Wüste geritten, aber auch durch Phönixs Straßen. Manchmal kam ich auch an einem Reitstall vorbei, ich glaube, er hieß South Mountain Stable. Dort konnte man sich Pferde leihen und ich bin dann einfach mit den Gruppen mitgeritten. Ich hatte immer Ärger, weil ich so oft die Schule geschwänzt habe. Beim Schuleschwänzen haben sie mich erwischt, aber beim Pferdestehlen nie ... Ich habe die Pferde immer zurückgebracht ... »unbeschädigt« sozusagen.*

Die meisten Menschen können genau sagen, wann sie das »Reitfieber« erwischt hat. *Meine Familie lebte auf einer kleinen Farm in Oregon,* erzählt der Weltmeister im Bronco- und Bullenreiten, Larry Mahan (S. 30). *Meine Eltern liebten Pferde, also hatten wir immer ein paar. Mein Vater hat mich bei sich in den Sattel gesetzt, noch bevor ich laufen konnte, und mir mein erstes Pferd gekauft, als ich ungefähr acht war. Das war Liebe auf den ersten Blick.*

Ein faszinierender Aspekt am »Pferdefieber« ist die Tatsache, dass es offensichtlich auch durch andere Tiere als durch Pferde ausgelöst werden kann: *Das erste Tier, das ich jemals geritten habe, war eine Kuh,* gibt Tom Moore (S. 31) zu, der Saddlebreds bis zur Weltmeisterschaftsreife ausbildet, *auf die Kuh folgten dann Mulis. Erst als Teenager habe ich mein erstes Gangpferd gesehen. Ich kann mich genau an den Tag erinnern. Ich habe damals, 1946, in der North Clark Street Nr. 1508 in Chicago als Pferdepfleger in einem Reitstall gearbeitet. Ich habe mich sofort in dieses Pferd verliebt und bin auch heute noch von Gangpferden begeistert.*

Ebenso wie Tom wurde auch eine andere Saddlebred-Ausbilderin und bekanntes Gesicht der Pferdeszene, Helen Crabtree (S. 32), eigentlich durch andere Tiere mit dem Pferdebazillus infiziert. *Das erste Bild von mir stammt aus dem Jahre 1918. Da war ich drei. Ich bin Jack geritten, unser altes Muli, und habe auf ihm unsere Kühe nach Hause getrieben. Nach Jack bin ich auf allem, was auf unserem Hof vier Beine hatte, geritten. Wenn ich ein großes Schwein oder ein Kalb einfangen konnte, bin ich auf seinen Rücken gesprungen und so lange auf ihm geritten, bis ich wieder auf mei-*

nem Hosenboden saß. Ich habe einfach alle Tiere geliebt, aber nach Pferden war ich wirklich völlig verrückt.

Gelegentlich beginnt das »Pferdefieber« auch, in dem man einen Mythos wieder aufleben lässt: *Als ich das erste Mal einen Cowboy gesehen habe, war ich noch ziemlich klein,* erinnert sich L.D. »Doc« Burke III (S. 32), Rancher und Designer von Cowboymöbeln und -kleidung. *Wir sind im Auto durch Wyoming gefahren und da haben wir einen Mann auf einem Pferd gesehen. Er trug Chaps und fing mit einem Lasso gerade ein Rind ein. Ich kannte Cowboys aus Western, aber die waren ja nicht »echt«. Dieser »echte« Cowboy – oh Mann! Der faszinierte mich so, dass sich sein Bild regelrecht in mein Gedächtnis eingebrannt hat.*

Wie durch dieses romantische Bild des Cowboys, kann das »Pferdefieber« auch durch Phantasiepferde, oder durch ganz verrückte Reittiere ausgelöst werden: Ponyreiten auf dem Jahrmarkt, das mechanische Schaukelpferd vor dem Supermarkt, der Familienhund oder ein wohl vertrauter Drahtesel; der Phantasie sind keine Grenzen gesetzt. *Ich habe mich immer zu Pferden und zum Reiten hingezogen gefühlt,* erinnert sich Holly Peterson Mondavi (S. 44), von Beruf Koch und ein erfahrener Reiter. *Anfangs hat mich mein Vater huckepack genommen und später durfte ich dann auf Ponys auf dem Jahrmarkt reiten. Nach langem Betteln haben meine Eltern meiner Schwester und mir Reitunterricht genehmigt. Da war ich fünf. Als ich zehn war, haben wir unsere ersten Pferde bekommen, die wir dann bei uns am Haus hielten. Das waren wunderbare Pferde, mit denen wir praktisch alles machen konnten. Wir konnten uns einfach auf sie draufstapeln – einmal sind wir wirklich zu sechst auf meinem Pferd Roni gesessen. Das Leben mit diesen Pferden war wunderschön und immer voller Freude. Ich habe es geliebt, draußen bei den Pferden zu sein – ich habe alles drumherum geliebt.*

Mary Deringer Phelps (S. 44), Pferdeausbilderin und Reitlehrerin, erinnert sich an ihre Kindheit voller kreativer Pferde-Neuschöpfungen: *Als ich sechs war, hatte ich ein schönes, stabiles Fahrrad, das ich »Trigger« nannte (ich bin ein großer Fan von Roy Rogers). Jeden Abend habe ich Trigger in seine Box (eine Markise neben der Terrasse mit einem Schneezaun drumrum) gebracht und ihm Gras unter den Vorderreifen gestopft, damit er etwas zu fressen hatte. Ich konnte von diesem Fahrrad abspringen, nebenherrennen und wieder aufspringen – Trigger ist brav neben mir geblieben. Roy Rogers konnte das, also musste ich das auch können!*

Unsere Nachbarn dachten sicher, ich käme von einem anderen Stern, als ich auch noch meinen Hund Blackie in seinem Pferdehänger (einem roten Handwägelchen mit einem Pappkarton darauf) durch die Gegend zog und ihn damit zu Springturnieren brachte. Die Beine habe ich ihm mit Stoffstreifen aus alten Bettlaken bandagiert. Ich hatte Blackie so lange longiert, bis er korrekt gesprungen ist – ohne Pfoten-Aufsetzen auf dem Hindernis. Er zog die kurzen Beine an und sprang sauber über 75 cm!

Nun, Mary kam sicher nicht von einem anderen Stern, sie war nur mit dem Pferdebazillus infiziert worden und hatte zudem dank ihrer kindlichen Phantasie die Fähigkeit, ihren Hund und ihr Fahrrad in ihre Traumpferde verwandeln zu können.

Pferde und Romantik

Ein verliebtes Paar, das am Strand dem Sonnenuntergang entgegen reitet ... Solch eine Szene drückt pure Romantik aus. Eine kürzlich vom Club Med an verschiedenen romantischen Standorten der Welt durchgeführte Umfrage ergab, dass mit Pferden immer auch romantische Gefühle in Verbindung gebracht werden. Ganz neu ist das nicht, wie ein Bericht aus den dreißiger Jahren zeigt: *1938 ist meine Freundin das erste Mal auf die Ranch unserer Familie in Montana gekommen,* erinnert sich Jack Huyler (S. 45), Englischlehrer und kalifornischer Gymkhana-Meister von 1969. *Margaret konnte nicht reiten, also habe ich unser altes Pferd genommen, das ungefähr so lang war wie unser Wohnzimmersofa. Da haben wir uns ohne Sattel draufgesetzt und sind im Mondlicht ausgeritten. Margaret konnte ja wie gesagt nicht reiten und so musste sie sich an mir fest halten oder mir erlauben, sie fest zu halten. Das war ein ziemlich romantischer Moment. Das Ergebnis ist: Wir sind jetzt schon über fünfzig Jahre verheiratet.*

Wie eine Szene aus dem Drehbuch zu einem ihrer Filme liest sich der Bericht über das erste Zusammentreffen von Dale Evans (S. 28) mit ihrem späteren Mann Roy Rogers. Dale gilt als die Königin des Westerns, sie war der Star der Bildschirme und Kinoleinwände. *Es war 1944 und ich habe in dem Film »Der Cowboy und die Lady« die Rolle eines Mädchens aus der Stadt gespielt. Ich musste mich mit hochhackigen Schuhen auf ein Pferd setzen – einfach lächerlich! Ich bin also da gesessen und habe mich mit Gabby Hayes unterhalten, als mein Pferd vor irgendetwas erschrocken ist. Es ging durch und ich habe mich verzweifelt darauf festgeklammert, da sich mein Absatz am Sattel verfangen hatte. Roy ist mir auf Trigger nachgeritten, hat mein Pferd angehalten und mich heruntergehoben.* Drei Jahre nach diesem Vorfall machte Roy Dale in Chicago einen Heiratsantrag – natürlich vom Pferd aus. Die beiden sind seit 1947 verheiratet.

Spät Berufene

Wie bereits angemerkt, kann das »Pferdefieber« jahrelang in einem schlummern, sodass nicht alle Pferdeleute bereits in der Jugend zu reiten beginnen. Bei Stagg Newman (S. 45), amerikanischer Meister im Distanzreiten auf der Hundertmeilen-Distanz, brach das »Pferdefieber« erst nach seiner Hochzeit aus. *Bei meiner Hochzeit war ich Langstreckenläufer und habe versucht, meine Frau für das Laufen zu begeistern. Sie war Vielseitigkeitsreiterin und sehr bemüht, mein Interesse für das Reiten zu wecken. Na ja, ich nahm zuerst an Wanderritten teil und machte dann mit Distanzritten weiter. Meine Frau hingegen hat sich nie für das Laufen interessiert. Schließlich, nach einigen bösen Stürzen beim Vielseitigkeitsreiten, ist auch sie beim Distanzsport gelandet. Jetzt bestreiten wir die meisten Ritte gemeinsam und haben bereits über fünfzig Hundertmeiler hinter uns gebracht. Wir sagen gerne: »Wir reiten zusammen, das schweißt uns zusammen.«*

Auch die Kauffrau und Pferdebesitzerin Mary Mansi (S. 46) kann einiges über ihren späten Start berichten: *Vor einigen Jahren haben mein Mann und ich zusammen mit Freunden an einem Ausritt teilgenommen. Ich habe mich furchtbar angestellt – ich war nervös, fühlte mich unsicher und benahm mich ungeschickt –, aber trotzdem hatte mir der Ritt wirklich Spaß gemacht. Es war mir nur so peinlich, dass ich nicht viel wusste und so gut wie nichts konnte. Nach dem Ritt fasste ich den Beschluss richtig reiten zu lernen. Mein Mann hatte mich dann an meinem Geburtstag mit einem Gutschein über zehn Reitstunden überrascht. Es waren Reitstunden im »Englisch-Reiten«. Ich fand es wundervoll von meinem Mann, dass er mir diese Reitstunden geschenkt hatte, also bin ich hin und habe die Stunden genommen. Als ich zum ersten Mal auf die Reitanlage kam, waren auf dem Reitplatz Hindernisse aufgestellt, aber ich hatte keine Ahnung, wofür sie waren. Als ich dann sah, wie Reitschüler drübersprangen, dachte ich, dass sie dasselbe von mir erwarteten. Ich hielt sie alle für ziemlich verrückt! Aber am Ende dieser zehn Stunden hatte ich angebissen. Ich reite und springe jetzt seit mehr als drei Jahren.*

Marys Verhalten zeigt etwas sehr Wesentliches, was das »Pferdefieber«, der Wunsch reiten zu lernen, in einem auslöst, nämlich die Bereitschaft, etwas auszuprobieren. Man macht Dinge, die man niemals für möglich gehalten hat – wie im letzten Beispiel klar wurde –, wie auf einem Pferd über ein Hindernis zu »fliegen«.

Nur weil's Spaß macht

Reiten ist wohl das, was mir im Leben am meisten Spaß macht – das ist wie der Guss auf dem Kuchen meines Lebens. Das ist das Bild, das Bob Henry (S. 46), ein Freizeitreiter und der Begründer einer jährlich stattfindenden Benefiz-Springveranstaltung im Napa Valley, in diesem Zusammenhang wählt. Wie Bob richtig bemerkt, machen Menschen Pferde zu ihren Sportkameraden, da alles, was man mit Pferden erleben kann, Spaß macht.

Die Tierärztin Patty Latham (S. 47) beschreibt einige Geschichten aus ihrer Jugend: *Ich bin in den fünfziger Jahren aufgewachsen und habe in der kleinen Stadt Niocia in Missouri gelebt. Da war es absolut normal, in die Stadt zu reiten, sein Pony an einer Parkuhr anzubinden und z. B. ins Kino zu gehen. An Halloween sind wir von Haustür zu Haustür geritten und haben unsere Süßigkeiten eingefordert. In einem Jahr war das wirklich witzig, jeder hatte sich als kopfloser Reiter von Sleepy Hollow verkleidet – ganze Scharen von kopflosen Reitern waren da unterwegs.*

Manche Kinder lieben es, Cowboy zu spielen, andere begeistern sich für das Leben und die Reitkunst der Indianer. *Als Junge hatte ich eine kleine Schimmelstute, auf der ich nach »Indianerart« geritten bin,* erinnert sich René Williams (S. 47), Künstler und Trainer des amerikanischen Olympiakaders. *Ich hatte bloß einen Riemen aus Rohhaut mit einem Zügel dran. Den Riemen legte ich den Pferden dann um ihr Maul. In Mondnächten sind wir draußen geritten und überall hingaloppiert. Mein Gott, wenn ich daran zurückdenke, wünsche ich mir, ich könnte das heute auch noch machen. Einfach auf das ungesattelte Pferd aufspringen und davongaloppieren.*

Egal, ob man auf einem Pferd über ein Hindernis fliegt, Cowboy und Indianer spielt oder sich als »kopfloser Reiter« verkleidet – Pferde bieten sich dazu an, die Phantasie spielen zu lassen. An den Spaß mit ihnen erinnert man sich oft ein Leben lang.

Pferde zum Liebhaben

Viele Menschen haben Spaß an Pferden, die ihnen nur als liebenswerte Begleiter oder zum Liebhaben dienen: *Mein Sohn hat unser Pony und die Pferde geliebt, ohne auf ihnen zu reiten,* erklärt Phyllis Eifert (S. 68), Malerin, Bildhauerin, Ponyzüchterin und Jagdreiterin. *Mit meinem Mann war es dasselbe – er war gerne mit den Pferden zusammen und mistete ganz selbstverständlich die Boxen aus, aber er hatte nie das Bedürfnis zu reiten.*

Auch die wachsende Beliebtheit der Miniponys spricht für diese Entwicklung. Dass dieser eher neue Bereich der Pferdeszene so schnell wächst, lässt den Schluss zu, dass viele Menschen Pferde um ihrer selbst Willen lieben und nicht, weil man sie reiten kann. Trotz ihrer geringen Größe von 63 bis 86 cm sind Miniponys Pferde mit allem, was dazugehört. Ihre Besitzer können dieselben Erfahrungen mit ihnen machen wie mit den Großen – mit Ausnahme des Reitens.

Die spirituelle Verbindung zu Pferden

Manche Menschen glauben, dass ihre Verbindung zu Pferden bereits vor ihrer Geburt existiert hat. *Ich weiß, dass diese Verbindung sehr spirituell sein kann,* versichert Mary Fenton (S. 68), die 1992 in den USA zur Reitlehrerin des Jahres erklärt wurde. *Ich habe das schon als kleines Kind ganz stark gespürt – es ist das erste, woran ich mich erinnern kann. Dort, wo ich aufgewachsen bin, gab es keine Pferde. Woher soll dieses »Sich-zu-Pferden-hingezogen-Fühlen« also kommen? Ich weiß nur, dass es mich jedes Mal im Innersten berührt und gefreut hat, wenn ich ein Pferd gesehen habe.*

Andere Menschen verstehen unter dieser Verbindung die wortlose Einheit von Pferd und Reiter; gekoppelt mit der Erkenntnis, dass diese Harmonie sie nicht nur mit dem Pferd verbindet, sondern darüber hinaus auch mit dem Universum. *Ich empfinde es so, dass der Mensch durch seine Beziehung zum Pferd auch mit der Natur verbunden ist, mit dem Großen Geist oder mit dem Unsichtbaren. So bleibt der Mensch »geerdet«,* sagt Linda Tellington-Jones (S. 69), die weltbekannte Pferdeausbilderin, die die TTEAM-Methode und den Tellington-Touch entwickelt hat. *Der Mensch ist heute sehr materiell eingestellt und denkt nur noch logisch. Wenn wir mit Pferden zusammen sind, mit Pferden atmen, Pferde berühren, mit Pferden »tanzen«, bekommen wir ein Gefühl für eine ganz andere Art von Dasein, das über das logische Ver-*

ständnis hinausgeht. Wenn ich mit einem Pferd zusammen bin oder es reite, kommt es mir vor, als könnte ich den Atem von Mutter Erde spüren, der durch das Pferd in meinen Körper hineinströmt. Das gibt mir ein Gefühl von geistiger Verbundenheit, das weit über das hinausgeht, was ich spüre, wenn ich mit Menschen zusammen bin.

Verständlich, dass eine solche spirituelle Kraft Menschen dazu motivieren kann, über das Medium Pferd Verbindung zueinander zu suchen. *Genau darin sind Tiere unheimlich gut,* erklärt Penelope Smith (S. 71), eine Expertin zum Thema Kommunikation zwischen Tierarten. *Wir lernen von den Tieren, wieder zur Integration von Körper, Geist und Seele zurückzufinden. Nicht nur den geistigen, denkenden Teil zu betonen, sondern uns um den eigenen Körper zu kümmern und daran zu denken, dass wir im Grunde Seelenwesen, spirituelle Wesen sind. Wer seinen Lebensweg mit Tieren geht, mit ihnen lebt und sie zu verstehen versucht, der ist auf dem besten Weg, sich selbst zu finden. Es ist im Grunde ein spiritueller Weg und Pferde können einem ein spiritueller Lehrer sein. Ich muss einfach aufatmen, wenn ich ein Pferd berühre, weil ich mich der Erde viel stärker verbunden fühle. Ich denke, Pferde sind wirklich spirituelle Lehrer und machen einen empfänglich für Gefühle wie Mitleid und Verständnis.*

Der Westerntrainer Buck Brannaman (S. 70), der als technischer Berater für den Film »Der Pferdeflüsterer« tätig war, findet seine spirituelle Verbindung im täglichen Umgang mit Pferden: *Reiten ist für mich eine Art spirituelle Verbindung. Ich reite sogar, wenn ich frei habe. Ich denke, Pferde sind ein ganz besonderes Geschenk, das Gott uns in der Hoffnung gegeben hat, dass wir sein Geschenk mit Respekt behandeln, uns gut darum kümmern und davon lernen. Ich kann das nur so sehen – wenn man eine innige Verbindung zu einem Pferd aufbaut, kommt man seinem Schöpfer näher.* Egal, wie man dazu steht, was man aus der Arbeit mit Pferden zurückbekommt ist enorm und Menschen, die das Gespür dafür haben, werden immer eine Verbindung zu Pferden suchen.

»Pferdefieber« kann leicht chronisch werden

Glücklicherweise ist Fieber eigentlich etwas Vorübergehendes – fast immer kommt und geht es innerhalb weniger Stunden oder Tage. Bei »Pferdefieber« verhält sich die Sache anders. Es kann nur kurz aufflackern, aber selbst in dieser vorübergehenden Ausprägung dauert es oft Jahre, bis es wieder vorbei ist. Wie bereits bemerkt, kann das chronische »Pferdefieber« auch ein Leben lang andauern, aber es ist keineswegs lebensbedrohlich, sondern – ganz im Gegenteil – lebensverstärkend. Chronisches »Pferdefieber« bringt Pferdeliebhaber und echte Pferdemenschen hervor, also Menschen, die von Pferden niemals genug bekommen. Was hält ihr Interesse über ein Jahrzehnt oder sogar ein ganzes Leben lang aufrecht? Was macht Pferde tagtäglich aufs Neue so faszinierend?

Mit Pferden kann man so viele Erfahrungen machen, dass es mich immer und immer wieder treibt, meine Kenntnisse zu erweitern. Jeder Umgang mit einem Pferd ist irgendwie neu und aufregend – sei es, dass einem der Durchbruch in der Ausbildung gelingt (meiner oder der des Pferdes!), ein unerwarteter Adrenalinstoß ausgelöst wird (weil das Pferd mal schnell scheut oder buckelt) oder man einfach nur auf ihm die Natur genießt. Kein Mensch wird jemals von sich behaupten können, alles über Pferde, das Reiten oder die Beziehung zwischen Pferden und Menschen zu wissen. Selbst wenn man schon eine Reihe Turniere besucht hat, mischen die Elemente sich so, dass immer eine neue Erfahrung herauskommt – ganz egal, wie oft man denselben Parcours springt oder dieselbe Aufgabe reitet. Die geistige und körperliche Verfassung von Pferd und Reiter, das Geläuf, die Atmosphäre an diesem speziellen Tag – bei der Arbeit mit einem Pferd kann sich alles innerhalb von Augenblicken ändern. Es ist immer eine Herausforderung, ein Abenteuer und bedeutet, dass man immer bereit dazu sein sollte, etwas Neues zu lernen. Man erfährt viel über Pferde, sich selbst, die eigenen Fähigkeiten, die eigenen Ziele und letztlich über das eigene Leben.

»Pferdefieber« – der Weg zu Horse Power!

Es ist das »Pferdefieber«, das den Menschen zum Pferd bringt. Damit aber das Interesse und die Beziehung bestehen bleiben, muss der Mensch auch etwas zurückbekommen: *Von Pferden bekomme ich nie genug,* erklärt der Künstler und Schriftsteller Sam Savitt (S. 71). *Ich liebe es, Pferde zu berühren. Ich liebe es, in den Sattel zu steigen. Ich liebe es, wie Pferde sich unter mir anfühlen. Ich liebe es, den Kopf eines Pferdes vor mir zu sehen. Manchmal lege ich mein Gesicht auf den Pferdehals und atme Pferd ein.* Ebenso wie Sam Savitt erkennen viele wahre Pferdeliebhaber, dass sich die anfänglich starke Anziehung zur echten Pferdeliebe entwickelt. Sam befasst sich als Künstler und Schriftsteller ständig mit seinem Medium Pferd und stellt es immer wieder in Bildern und Situationen neu dar. Er verdient seinen Lebensunterhalt mit den Pferden – ein aufregendes und ergiebiges Medium, wie er meint.

Andere analysieren die Beziehung zwischen Pferden und Menschen wissenschaftlicher. Dabei wird zugegeben, dass die komplexe Struktur des Menschen zu einer Art »gegenseitiger Abhängigkeit« geführt haben dürfte: *Es gibt viele verschiedene Arten von Liebe*, erklärt Carol Grant (S. 72), eine ehemalige Lehrerin für Psychologie. *In unserer Gesellschaft ist das Pferd sehr verletzlich und von seinen menschlichen Hütern völlig abhängig. Ein Pferd, das den Stall verlässt, würde in unserem modernen Lebensraum nicht lange existieren. Der Mensch hat das Pferd völlig von sich abhängig gemacht und wir Menschen lieben es ja, wenn etwas von uns abhängig ist.*

Wenn die Kinder erwachsen werden und in eine andere Stadt ziehen, kann ein Pferd als eine Art Ersatzkind dienen, das Aufmerksamkeit, Liebe, Nahrung und Erziehung braucht. Und oft werden Pferde genau so eingesetzt. Schließlich ist es schwer, mit dem Bemuttern aufzuhören, nur weil die Kinder jetzt groß und aus dem Haus sind. Ein Pferd ist nie »zu groß«, um diese Liebe und Aufmerksamkeit nicht mehr zu brauchen.

Das Gefühl von Freiheit, das im Wesen des Pferdes liegt, ist ein starker Magnet für die Menschen, denn sie möchten gerne an dieser Freiheit teilhaben und sie auch direkt erfahren: *Seit ich Gehirnlähmung habe*, erläutert Tracy Cole (S. 72), Reiterin und Fotografin, *sehe ich Pferde ganz anders. Dank der Pferde kann ich Dinge tun, die ich alleine niemals tun könnte. Ich kann andere Sachen sehen: die Wälder, Felder. Ich kann Bäche und Flüsse durchqueren – alles Dinge, die ich alleine nicht tun könnte. Die Pferde geben mir ein Gefühl von Freiheit. Seit ich von Pferden abhängig bin, um in die Natur zu kommen, weiß ich, was ich an ihnen habe, und bin ihnen dankbar.* Gibt es einen besseren Weg ein Gefühl der Unabhängigkeit zu entwickeln, als wenn man einen bereitwilligen Gefährten hat, der tut, worum man ihn bittet, und der die Erfahrung mit einem teilt? Das ist Freiheit und Freundschaft in einem.

Letzten Endes rührt die tägliche Faszination Pferd wahrscheinlich von der Tatsache her, dass eine Menge Leute sich durch Pferde einfach gut fühlen. Sobald man auf ein Pferd steigt, geht von ihm etwas auf den Menschen über. Wenn man auf einem Pferd gut aussieht, liegt das daran, dass man sich darauf gut fühlt. Der Reiter darf diesen Ehrenplatz auf dem Pferd nur einnehmen, weil Pferde so sanftmütig, tolerant und kooperativ sind. Sie wurden zur Zusammenarbeit ausgebildet und vertrauen in der Regel dem Menschen. *Sobald ich meinen linken Fuß in den Steigbügel setze, mich abdrücke und mich in den Sattel gleiten lasse, fängt das Leben an,* berichtet Helen Crabtree. *Das ist das großartigste Gefühl, das es gibt. Es ist nicht das Gefühl von Macht oder von Überlegenheit und noch nicht mal die Vorfreude darauf, dass ich gleich etwas Bestimmtes tue. Es ist einfach dieses Gefühl, dass ich mich in Harmonie mit ... ja, mit der ganzen Welt befinde! Das klingt ziemlich hochgestochen, aber so ist das halt bei mir, und ich glaube, bei vielen anderen Leuten auch. Das gehört zu den Privilegien Gottes ... es ist ein Geschenk Gottes, das ist es.*

Wir haben aus den bisherigen Interviews sehen können, dass die Reise in die Welt der Pferde bei der Faszination für das Pferd beginnt und sich ganz natürlich zu den vielfältigen Möglichkeiten, die das Pferd uns anbietet, weiterentwickelt. Eigentlich ist diese Reise mit einer Fahrt auf einem Karussell zu vergleichen. Einer Reise, die aus Faszination, aus Lernen, aus Probleme lösen, aus Spiritualität und Leidenschaft besteht. Die Schönheit des Pferdes zieht den Menschen zu diesem Karussell hin und lässt ihn aufspringen und stößt es an, sodass es sich zu drehen beginnt. Aber die Energie, die die Drehung aufrecht erhält, stammt aus den vielen Herausforderungen und Erfahrungen, der Mühe und den Einsichten.

DR. MED. VET. ROBERT MILLER, geboren 1925, beschäftigt sich Zeit seines Lebens mit Pferden und seit 25 Jahren speziell mit Maultieren. Als international anerkannte Kapazität auf dem Gebiet der Verhaltensforschung bei Pferden und als Autor vieler Bücher, Zeitschriftenbeiträge und Videos ist es ihm zu verdanken, dass die Technik des Imprint-Trainings für Fohlen bekannt wurde. 1995 wurde ihm als erstem Tierarzt der *Veterinarian-of-the-Year Award* der *Bustad Companion Animal* verliehen. Hier ist er mit dem Quarter-Horse-Hengstfohlen namens Our Doc's Imprint abgebildet.

Carol Stratton, geboren 1929, ist Kunsthistorikerin und begeisterte Reiterin. 1949 war sie Seniorenmeisterin des US-Bundesstaates Vermont. Das Bild zeigt sie auf einem Turnier der Green Mountain Horse Association in South Woodstock in Vermont mit ihrem Pferd Brother, das 1996 einen Preis als bestes Jagdpferd New Englands errang.

Kelli Cox, geboren 1967, arbeitet als Ausbilderin und Trainerin mit Schwerpunkt Springen in Nordkalifornien. Sie ist hier mit dem Pony Cinnamon abgebildet, das sie für diese junge Reitschülerin entdeckt hat. Das Trio hat zahlreiche Turniersiege aufzuweisen.

Roy Rogers, der König der Cowboys, geboren 1911, und Dale Evans, die Königin des Westerns, geboren 1912, waren die Publikumslieblinge auf Rodeos, im amerikanischen Fernsehen und auf der Leinwand. Zuerst waren sie nur Leinwandpartner, 1947 wurden sie Partner fürs Leben und mussten trotz ihrer Erfolge auch einige schwere Zeiten meistern. Derzeit halten sie sich mit einem Museum und ihrem Freizeitpark in Victorville in Kalifornien auf Trab. Auf diesem Bild sind Roy und Dale mit Trigger und Buttermilk von der Double R Bar Ranch zu sehen.

John Lyons, geboren 1947, bildet Pferde aus und demonstriert gerne, inwieweit Vertrauen und Kommunikation zwischen Mensch und Pferd möglich sind. Der erfolgreiche Ausbilder von Pferden und Reitschülern betrachtet es als einen der Höhepunkte seiner Karriere, dass Bright Zip in die »Appaloosa Hall of Fame« des Appaloosa Horse Clubs aufgenommen wurde. Jedes Jahr werden Pferde und Reiter für diese großartige Auszeichnung nominiert. Nur ein paar wenige haben darin bisher einen Platz erhalten.

LARRY MAHAN, geboren 1944, ist Weltmeister im Bronco- und Bullenreiten, hält Rodeo-Pferde, verkauft Westernkleidung, moderiert die Fernsehsendung »Horse World« und bekam eine Auszeichnung für seine Erfolge als Rodeoreiter. Diese Aufnahme stammt aus dem Jahr 1978. Hier zeigt er seinen australischen Fans sein Können.

Tom Moore, geboren 1934, vertritt den Standpunkt, dass zur Pferdeausbildung Konsequenz und immer gleiche Signale gehören – seine Erfolgsliste gibt ihm Recht. Tom hat in der Saddlebred-Szene mehr gewonnen als jeder andere. Seine ersten Weltmeisterschaften gewann er mit 18 Jahren. Er ist Mitbegründer der amerikanischen Berufsreiter-Organisation, wurde von dieser Organisation bereits ausgezeichnet und hat zwei Mal den begehrten Preis für den *Horseman of the Year* der amerikanischen Pferdezuchtorganisation gewonnen. Er kann sich rühmen, viele Reit- und Fahrpferde zu Weltmeistern ausgebildet zu haben. Auf diesem dramatischen Foto, das in den sechziger Jahren auf dem *Kentucky State Fair* aufgenommen wurde, wird die Faszination Gangpferd deutlich – Tom reitet The Contender, den Weltmeister bei den Fünfgänger-Wallachen.

HELEN CRABTREE, geboren 1915, hat beinahe alle Auszeichnungen der Pferdewelt gewonnen. Sie war die erste Frau, die sich als Ausbilderin von Saddlebreds einen Namen machte. Im Laufe ihrer Karriere hat sie hunderte von Pferden und Reitern bis zur Weltmeisterschaft ausgebildet und das Standardwerk zum Thema Saddlebred-Reiten geschrieben. Seit Beendigung ihrer aktiven Laufbahn arbeitet sie als Autorin und Beraterin in Kentucky. Hier ist Helen 1971 auf Gala Affair abgebildet, einem Nachwuchs-Dreigangpferd.

L.D. »DOC« BURKE III, geboren 1934, ist zwar ein Yankee aus New England, hat aber die Seele eines Cowboys. Er zog in den Westen, kaufte sich eine Ranch und züchtete einige Jahre lang Rinder und Pferde, bis er als Designer von Cowboy-Möbeln und Cowboy-Kleidung Karriere machte. Das Bild zeigt ihn auf seinem Quarter-Horse-Wallach Jack im Winter 1993 bei der Suche nach verirrten Rindern auf einer Ranch in der Nähe von Aspen in Colorado.

2. Kapitel

Pferdenärrisch: Eine Bestandsaufnahme

Es sprechen eigentlich keine guten Gründe dafür, sich ein Pferd zuzulegen.
Carol Grant

Wer keine Probleme hat, der ist wahrscheinlich tot.
© L.D. Burke III

Die Luft war warm, dick und rauchblau vor Feuchtigkeit, die Wiesen glänzten leuchtend grün. Es war am zweiten Turniertag und der fünfte Teilnehmer befand sich auf der Geländestrecke der Vielseitigkeitsprüfung. Das Paar zeigte bislang einen harmonischen Ritt. Mit einer Höhe von einem Meter war der Zickzack-Holzzaun, auf den das Pferd in kontrolliertem Galopp zusteuerte, solide und nicht zu hoch gebaut.

Einen Galoppsprung vor dem Hindernis hob der Reiter sich in Vorbereitung auf den Sprung leicht aus dem Sattel. Plötzlich, im Augenblick des Abdrückens, verweigerte das Pferd und stemmte sich nach hinten. Der große, gut aussehende Reiter kam aus dem Gleichgewicht und konnte den Schwung nicht abfangen. Er wurde regelrecht aus dem Sattel katapultiert. Als er über den Kopf des Pferdes flog, verfingen seine Hände sich im Zaumzeug und wurden nach hinten gerissen. Er landete mit Knochen brechender Gewalt auf der anderen Seite des Hindernisses und hatte nichts, womit er seinen Fall hätte abbremsen können. Als er mit dem Gesicht im Gras landete, prallten die gesamten 100 kg seines muskulösen Körpers bei seiner Größe von 1,93 Metern auf seinen empfindlichen Hals und zertrümmerten zwei Halswirbel.

Der Reiter lag bewegungslos da. War er bewusstlos ... oder war er tot? Innerhalb von Augenblicken war sein Trainer bei ihm, das Gesicht des Bewusstlosen hatte sich bereits blau verfärbt.

»Holt einen Arzt!« »Wir brauchen einen Rettungswagen!« »Funkt einen Hubschrauber an!« Die Menschen riefen um Hilfe – und beteten um ein Wunder.

Das war doch nicht möglich! So hoch war der Sprung doch gar nicht! Er hatte Reithelm und Sicherheitsweste getragen – er hatte alles richtig gemacht! Wie konnte so ein unauffälliger kleiner Sprung »Superman« zum Verhängnis werden?

An diesem letzten Samstag im Mai 1995 war die Welt erschüttert. Christopher Reeve wurde vom »Hollywood-Superman« zum Querschnittsgelähmten, der künstlich beatmet werden musste.

Christopher Reeve gab aber weder seinem Pferd, noch dem Schwierigkeitsgrad des Parcours oder den Organisatoren die Schuld an dem Unfall. Es war ein Unfall, er hatte einfach Pech gehabt – so ist es nun einmal beim Reiten, genau wie im normalen Leben auch. Unfälle passieren.

Reiten ist ein Sport, bei dem die Verunglückten oft selbst für ihre Unfälle verantwortlich sind. Die Risiken, die mit diesem Sport verbunden sind, machen vielleicht sogar einen Teil der Begeisterung für ihn aus. Reiter erkennen die Risiken und akzeptieren sie. Ob ein Unfall passiert, hat viel mit der reiterlichen Kompetenz und der Ausbildung des Pferdes zu tun – letztlich spielt in vielen Situationen auch das *Glück* eine große Rolle. Reiter, die sich verletzt haben, neigen zu keiner Opferhaltung, denn sie haben sich ja für diesen Sport bewusst entschieden und akzeptieren somit die Gefahren beim Reiten. Der Spruch »Nach einem Sturz sollte man sofort wieder aufs Pferd« ist für einen Reiter nicht nur Gerede.

Im vorherigen Kapitel haben wir uns mit den verschiedenen Faktoren, die das »Pferdefieber« auslösen, befasst. Nun muss, um der Ausgewogenheit willen, auch die negative Seite der Pferdewelt beleuchtet werden: die Risiken und die Probleme, die damit verbunden sein können. Beim Reiten ist nicht alles immer lustig, abenteuerlich, romantisch oder mit einem anderen positiven Attribut zu versehen.

Im Zusammenleben mit Pferden lernen wir auch aus negativen Erfahrungen. Es können Gefühle wie Schmerz, Verlust, Trauer und Enttäuschung sein, mit denen man sich auseinandersetzen muss. Das ist aber ganz sicher kein Grund für einen Pferdefreund, sich von diesem Hobby abhalten zu lassen.

Nach dem Unfall von Christopher Reeve stellten viele Leute die Frage: »Warum begeistert sich ein Mann wie er überhaupt für solch einen Sport? Er hat so viele *Kicks* in seinem Leben, warum muss er da seine Gesundheit beim Reiten aufs Spiel setzen?« Auch hier gilt: Wer nicht »infiziert« ist, kann die Motivation, die hinter dem »Pferdefieber« steht, nicht verstehen und wird Pferdeleute oft auch als total verrückt abtun.

Es hat mit Sicherheit etwas mit »Verrücktheit« zu tun. Größtenteils ist das aber eine positiv zu wertende »Verrücktheit«, die einen gleich wieder ins Gleis zurückbringt, wenn etwas schief gelaufen ist. Reiter sind verrückt *nach* Pferden, es ist sozusagen eine »Ich-kriege-nicht-genug-von-Pferden-Verrücktheit«. Eine Verrücktheit, die Lehrstunden zu den Themen »Langer Atem«, »Schadensbegrenzung« und »Lerne im Leben das Gute zusammen mit dem Schlechten zu akzeptieren« bereithält.

Jedes Pferd ist anders!

Auf jedes, aber auch wirklich jedes Pferd treffen seine ureigenen Murphyschen Pferdegesetze zu. »In der Vergangenheit erbrachte Leistungen dürfen beispielsweise nicht als Garantie für zukünftige Leistungen gesehen werden«. *Jedes Pferd kommt mit einem Problem zu mir,* bemerkt Valerie Kanavy (S. 73), Pferdeausbilderin und Weltmeisterin im Distanzreiten. *Die Probleme liegen in der Persönlichkeit des Pferdes begraben, sind Ausbildungsprobleme, körperliche Probleme oder was auch immer. Ich habe noch kein perfektes Pferd gesehen. Also ist meine Aufgabe dann, an den Problemen zu arbeiten, die Kommunikation mit dem Pferd zu verbessern, sodass der Umgang mit ihm wieder Spaß macht.*

In der Arbeit mit Pferden stößt man, wie im Leben, auch immer wieder auf Probleme. Es gibt ein altes arabisches Sprichwort, das hier ganz gut passt: »Wenn jeden Tag die Sonne scheint, wird die Welt zur Wüste«. *Da braucht man sich keine Sorgen zu machen. Wenn man Pferde hat, dann hat man auch genug »Regen« im Leben*, versichert Macella O'Neill (S. 91), Pferdeausbilderin und Betreiberin eines erfolgreichen Jagd- und Springstalls. *Auch wenn Pferde noch so gut gehalten werden, können sie Koliken bekommen und eingehen, sich einen Sehnenabriss zuziehen oder sich etwas ins Auge stoßen. Wer Pferde hat, hat auch jede Menge Sorgen.*

Nun mögen Pferde einen zwar immer wieder mit neuen Problemen konfrontieren, aber oft sind sie auch der Weg zur Lösung: *Normalerweise ist ein Problem einfach nur etwas, über das man eine Menge nachdenken muss, bis man weiß, wie man vorgeht.* So sieht es Curtis Steel (S. 73), der früher für eine Justizvollzugsanstalt in New Mexiko ein Projekt zur Domestizierung wilder Pferde geleitet hat. *Und beim Reiten hat man die Gelegenheit zum Nachdenken.*

Wenn man sich ein Pferd zulegt, ist das ungefähr so, als ob man ein Kind in Pflege nimmt. Es erfordert Zeit, Energie, Ausgaben und emotionale Anstrengungen, die die ganze Familie betreffen. Anders als ein Pflegekind braucht ein Pferd allerdings seinen eigenen Stall und man bekommt auch keinen monatlichen Unterhaltszuschuss von der zuständigen Behörde dafür. Während der vierbeinige Neuankömmling sich einlebt, lernt man ihn allmählich kennen und befasst sich mit seinen Vorlieben und Abneigungen, seinen Macken und seinen liebenswerten Seiten. Nach einiger Zeit entscheidet man sich dann, ob man ihn in Vollzeit adoptieren oder an den nächsten fürsorglichen Menschen weitergeben will.

Opfer? Jede Menge. Ich komme von der Arbeit, bin müde und würde mich am liebsten hinsetzen, die Nachrichten anschauen und zu Abendessen, gibt der Hufschmied und Rinderzüchter Dennis Marine (S. 91) zu, *aber die Pferde müssen gefüttert werden. Meine freie Zeit geht normalerweise dafür drauf, alles für sie in Ordnung zu halten. Eine ganze Menge Geld, das ich mit Vergnügen woanders ausgeben würden fließt in den Topf für die Pferde, aus dem notwendige Anschaffungen, wie Futter oder die Pacht für die Weide, bezahlt werden. Das ist genau so, als hätte man Kinder ... man ist einfach rundum für sie verantwortlich. Man schaut, dass es ihnen gut geht*

– Futter, Stall, Impfungen, Ausbildung und so weiter. Wenn man seine Pferde selber versorgt, ist das die Opfer aber wert – ich mache das alles sehr gerne. Leute, die das nicht alles selber in die Hand nehmen können, verpassen eine ganze Menge von dem, was man dafür von den Pferden zurückbekommt.

Verantwortungsbewusstsein und Zuverlässigkeit sind zwei wichtige Charaktereigenschaften, die Menschen mit Hilfe von Pferden lernen. *Ich bin für diese Tiere verantwortlich,* sagt Susan Stovall (S. 92), Direktorin des El Dorado Polo Clubs. *Ich bin dadurch einem ständigen Druck ausgesetzt. Je mehr Pferde da sind, um die ich mich kümmern muss, desto leichter fällt es mir, mit diesem Druck umzugehen – letztlich sind es die Tiere, die von mir abhängig sind. Sie verlassen sich auf mich. Das ist die wichtigste Lehre daraus. Wenn ich meine Arbeit nicht richtig mache, leiden die Tiere darunter, das kann man ihnen dann ansehen. Und dann leide auch ich.*

Manchmal sind Probleme auch in der Persönlichkeit des jeweiligen Pferdes begründet. Nicht nur mit sturen oder störrischen Pferden kann es schwierig werden, auch mit Pferden, die man meint zum Freund zu haben, ist es nicht immer leicht. Sie suchen oft gar nicht die menschliche Nähe. Sie tun ihre Arbeit und an diesem Punkt hört die Beziehung für sie auch oft schon auf. Sie haben es weder nötig, noch wollen sie mit ihrem Chef »dicke Kumpels« sein. *Ich besaß ein Pferd, Hobo, das mich die ganzen fünfzehn Jahre, die ich es hatte, frustrierte,* grübelt Jack Huyler. *Der hat mich nie richtig gemocht. Er hat mir vertraut, na gut. Ich konnte ihm die Zügel zum Ground Tying auf den Boden legen, konnte weggehen und eine Dreiviertelstunde später zurückkommen – Hobo stand garantiert nicht weiter als eine Pferdelänge entfernt von dem Platz, an dem ich ihn zurückgelassen hatte. Und springen konnte der! Der ist alles gesprungen – der wäre über ein Auto gesprungen! Solange ich oben gesessen bin, war das wirklich ein Vergnügen, aber sobald ich den Sattel runtergenommen habe, hat er sich ganz schnell aus dem Staub gemacht. Die anderen Pferde dagegen sind immer noch ein bisschen da geblieben und haben auf ihr Leckerli gewartet. Hobo hat mir immer signalisiert, dass es ihm lieber ist, wenn ich weit weg bin – hat sich immer gefreut, wenn er von mir weglaufen konnte. Dieses eine Pferd hat mich wirklich Bescheidenheit gelehrt – ich habe es nie geschafft, dass er mich richtig mochte ... Hobo war wie die Katze in dem Sprichwort: »Wer einen Hund hat, der ihn anhimmelt, der sollte auch eine Katze haben, die ihn ignoriert.«*

Die Persönlichkeit ist nicht immer das Problem in der Pferd-Mensch-Beziehung; es kann auch mangelnde Vorbereitung im Umgang oder Training sein, die dann zu einem »Problem« führt. *Roy und ich hatten gerade eine Szene für unsere Show gedreht,* erinnert sich Dale Evans, *in der wir über einen Graben springen mussten, er auf Trigger und ich auf Buttermilk. Na ja, beim ersten Mal habe ich Buttermilk nicht drübergekriegt. Wir sind dagesessen und haben uns unterhalten, und plötzlich haben die anderen gerufen »Lasst sie laufen!« und »Action!«, also sind wir auf den Graben zugeritten. Aber als Buttermilk den Graben entdeckte, hat er die Beine sofort in den Boden gerammt. Das war das einzige Mal, dass er mich abgeworfen hat. Ich bin direkt unter seinen Bauch gefallen, war aber nicht verletzt. Buttermilk war nicht*

Schuld an diesem Missgeschick – ich war Schuld. Wissen Sie, Pferde mögen keine Überraschungen.

Weil wir gerade von Überraschungen reden, kommt mir eine Geschichte in den Sinn, die mir John Lyons erzählt hat. Bei einem seiner Seminare kam nämlich die Frage auf, wer da eigentlich von wem lernt – das Pferd von seinem Ausbilder oder andersherum. *Einmal habe ich mit meinem Hengst Dream vor vierhundert Leuten zum x-ten Mal eine Führübung gezeigt. Na ja, Dream hatte genug von dem Ganzen, er schnappte kurz rum zu mir und riss mir das Hemd herunter. Meine Frau stand ein oder zwei Meter weiter weg und fotografierte. Sie sagte später, ich hätte einfach weiter geredet, als ob nichts geschehen wäre. Ich hätte sie nur kurz um ein neues Hemd gebeten. Dream hat mir beigebracht, dass man beinah alles mit einem Pferd erreichen kann. Und eben, dass man nicht weiter irgendwelche pingeligen Lektionen machen sollte, wenn man merkt, dass sein Pferd genug hat.* Egal wie, Pferde werden einem immer etwas beibringen.

Unfälle können passieren

Pferde sind von Natur aus unberechenbare Fluchttiere. Unfälle mit ihnen können solche Ausmaße annehmen, dass ein Reiter und seine Familie zeitlebens darunter zu leiden haben. *Mein Vater wurde von einem Pferd abgeworfen, da war er achtunddreißig. Er hat sich dabei die Hüfte gebrochen und war danach gehbehindert,* erzählt Ron Harding (S. 92), der früher in Oregon und Washington als Koordinator und Fachmann für Wildpferde gearbeitet hat. *Damals haben wir in Oregon gewohnt, aber nach dem Unfall konnte mein Vater nicht mehr in den Mühlen arbeiten. Also haben wir alles verkauft und sind nach Arkansas gezogen. Dieser Unfall hat unser, aber vor allem sein Leben total verändert – er konnte jahrelang nicht arbeiten und auch sonst nicht viel machen. Trotz des Unfalls hielt sich mein Vater weiterhin Pferde. Auf Sunday, einem schmalen kleinen Paint-Hengst, konnte er sogar reiten, denn auf ihm musste er die Beine nicht so weit auseinander spreizen. Schließlich wurde es mit seiner Hüfte so schlecht, dass er nicht einmal mehr das konnte. Als mein Vater sechzig wurde, das war zur Zeit des Vietnamkrieges, war die Medizin so weit und hatte künstliche Gelenke entwickelt. Ihm wurde endlich ein neues Hüftgelenk eingesetzt. Nach sechs Wochen konnte er ohne Stock gehen! Und was glauben Sie, hat er als Nächstes getan? Er hat sich eine kleine Stute gekauft, Baby Doll, die hat er ausgebildet und ist wieder geritten. Er ist jetzt vierundachtzig und hat bis vor ein paar Jahren immer ein Pferd besessen. Er hat es immer noch gern, wenn ich ihm etwas über meine Pferde erzähle.*

Auch die Tierärztin Patty Latham hatte einen Unfall, der ihre Zukunft sowohl in persönlicher als auch beruflicher Hinsicht in neue Bahnen lenkte: *Ich hatte mich immer für Tiermedizin interessiert und gerade eine Praxis für Großtiere eröffnet,* erzählt sie. *Ich konnte ein Pferd, das vor Männern Angst hatte, ohne Nasenbremse oder Ähnliches behandeln. Darauf bin ich heute noch stolz. Wenn man mit*

Großtieren arbeitet, ist damit auch immer ein gewisses Risiko verbunden; man muss richtig zupacken können. Der Unfall passierte mit einer ziemlich verrückten zweijährigen Vollblutstute, die mein Mann und ich in unserer Klinik behandelten. Wir hatten sie in einen Behandlungs-Ständer in der Scheune gestellt, da ist sie ausgerastet. Bei der ganzen Toberei brach an einem Rohr die Schweißnaht und es traf Jim und mich. Ich war im fünften Monat schwanger, und dieses Rohr hat unglücklicherweise eines der Blutgefäße der Nabelschnur verletzt. Wir haben das verletzte Baby dann verloren. Damals habe ich entschieden, dass es höchste Zeit ist, etwas vorsichtiger zu sein, und eine Kleintierpraxis eröffnet. Für eine Kleintierpraxis braucht man viel Geschick und es gibt auch hier ständig neue Herausforderungen. Ich lebe heute davon und mache die Arbeit gerne, aber ich bin nicht mit derselben Leidenschaft dabei, wie beim Behandeln von Pferden. Aber letztlich wäre es einfach zu gefährlich für mich und meine Familie gewesen, wenn ich als Pferdetierärztin weitergemacht hätte. Jetzt sind die Kinder größer und ich merke, dass ich langsam wieder in Richtung Pferde gehe.

Sicher hätte für einige Pferdenarren die eine oder andere problematische Situation mit ihrem Pferd auch schon leicht ins Auge gehen können. *Bei einem meiner ersten Seminare vor ein paar Jahren, das war in Scottsdale in Arizona, hatte ich einen Mann namens Joe dabei, der den Spitznamen »Polacke« hatte,* erinnert sich Buck Brannaman. *Mir gefiel der Name nicht, da er mir absolut respektlos vorkam, aber auf Joe hat er einfach nicht reagiert. An dem besagten Tag hatte es 47 Grad Celsius, und der Boden auf dem Reitplatz war mehlfein und ungefähr 15 cm tief. Wir machten eine Pause, damit alle etwas trinken konnten. Na ja, Joe reitet lässig an den Zaun, legt sein Bein über das Sattelhorn wie der Mann aus der Marlboro-Werbung, schiebt den Hut nach hinten wie Hank Williams und schnappt sich einen Plastik-Milchkrug mit Wasser und Eis drin. Das Pferd, auf dem er saß, war ein bisschen »kernig«, wie man so sagt. Joe trinkt den Krug leer, will ihn wieder absetzen und das Eis trifft auf den leeren Krugboden. Sie können sich schon vorstellen, was passiert ist ... Der Braune machte auf der Hinterhand kehrt und verschwand! Er rannte, als wollte er bis Los Angeles laufen! Bis zum Stahlrohrzaun am Ende des Reitplatzes waren es ungefähr hundert Meter. Also nahm ich das Mikrofon und rief »Lass den Krug fallen, Joe. Joe, bitte lass den Krug fallen. JOE! Lass den Krug fallen!« Na ja, er stand so unter Schock, dass er nicht reagierte. Er umklammerte diesen klappernden Krug und das Pferd rannte so schnell, dass er nur noch als Strich in der Landschaft zu sehen war. Ich war natürlich ganz schön nervös, weil mir klar war, dass er irgendwann nach links oder rechts schwenken musste. Völlig verzweifelt brüllte ich »POLACKE!! LASS DEN KRUG FALLEN!!« Das kam bis zu ihm durch, und er ließ endlich das Klapperteil fallen. Aber ich wusste, dass es zu spät war – das Pferd hatte die Umzäunung des Reitplatzes bereits erreicht. Ich sah nur noch eine riesige Staubwolke. Als der Staub sich gelegt hatte, sah ich Joe – er saß immer noch auf dem Pferd, das Bein noch über das Horn gelegt, der Hut noch immer weit hinten, wie bei einem Country-Westernstar. Sein Pferd hatte gerade den ersten perfekten Sliding Stop seines Lebens hingelegt. Der Polacke schaut über den Reitplatz zu mir rüber, schwenkte den Hut und brüllte »Juhuuuu!« – als ob nichts passiert wäre.*

Glücklicherweise ist diese Situation gut ausgegangen, aber gelegentlich kommt es auch bei kleinen Missgeschicken zu üblen Verletzungen. *Jeder Reiter bricht sich in der Regel im Laufe seines Reiterlebens ein oder zweimal etwas*, sagt Valerie Kanavy. *Beim Mensch, wie beim Pferd, fängt man nach einer Verletzung langsam wieder mit dem Training an.*

Für viele, die einen Unfall mit Pferden hinter sich haben, ist das Ausheilen der Verletzung nur ein Teil der Geschichte. Die Angst, die es nach einem Unfall zu überwinden gilt, kann sich als viel größeres Problem erweisen als die körperliche Erholungsphase, die man benötigt. Man muss erst wieder Kraft, Selbstvertrauen und das Vertrauen zum Pferd aufbauen. *1988 habe ich mit einem liebenswerten kleinen Quarter Horse gearbeitet, Bentley hieß er*, erinnert sich Cathy Ziffren. *Mein Reitlehrer hat immer gesagt, dieses Pferd hätte den Körper eines Kaltblüters und den Charakter eines Welsh-Ponys. Er war wirklich ein kleines Schlitzohr, aber so allmählich war ich an dem Punkt angekommen, an dem ich mich auf ihm so richtig sicher fühlte. In einer Springstunde dann, wir hatten gerade ein Hindernis überwunden, nahm er den Kopf runter, warf die Hinterbeine hoch und schoss mich einfach ab! Ich weiß nicht, wie hoch ich in die Luft geflogen bin, aber ich bin platt auf dem Rücken gelandet und habe ihn mir an mehreren Stellen gebrochen. Nach diesem Sturz hatte ich große Angst. Als ich ein Jahr später wieder zu reiten begann, war es wirklich so, dass mir bei jeder unerwarteten Bewegung des Pferdes der Gedanke durch den Kopf schoss: »Wenn ich runterfalle, kann ich vielleicht nie wieder laufen.« Ich bin noch immer, trotz der Zeit, die nun vergangen ist, vorsichtig und reite jetzt Dressur statt Springen. Natürlich habe ich auf so ein Pferd wie mein jetziges Pferd – Ariel – immer gewartet. Ich weiß nicht, ob ich jemals wieder so geritten wäre wie jetzt. Sie ist so brav und ohne Tücken. Ich vertraue ihr einfach.*

Viele Unfälle sind eben einfach Unfälle – weder der Reiter noch das Pferd sind Schuld daran ...

Mein Vater ist Pferderennen geritten, erklärt Michael Plumb (S. 93), ein Vielseitigkeitsreiter, der bereits achtmal in die amerikanische Olympiamannschaft berufen wurde – das hat bisher kein anderer Reiter geschafft. *Bei den »Timber Races« geht es über feste Sprünge, und der schlimmste Parcours dieser Art ist der Maryland Hunt Cup. Da stehen ungefähr fünfundzwanzig Sprünge aus Rundholzbalken auf einem Parcours von 7,2 Kilometern. Drei oder vier von diesen Sprüngen sind gute anderthalb Meter hoch. In einem Wettkampf stürzte das Pferd meines Vaters bereits am dritten Hindernis. Er stieg wieder auf und ritt einfach weiter und hat das Rennen am Ende sogar gewonnen – das war eine bemerkenswerte Leistung.*

Ich habe 1957 mit dem Vielseitigkeitsreiten angefangen. In den späten sechziger Jahren hat mein Vater beschlossen, es auch mal zu probieren. Er war so ein begabter Reiter und toller Horseman, dass es ihm nicht schwer fiel. 1969 nahmen wir uns vor, beide nach Pebble Beach in Kalifornien zu den amerikanischen Meisterschaften zu gehen. Das Pferd meines Vaters rutschte am vorletzten Hindernis aus und stürzte, mein Vater war seit diesem Unfall vom Hals abwärts gelähmt.

Von da an saß er im Rollstuhl. Er kam mit dieser Situation nicht zurecht, denn er war immer sehr unabhängig gewesen. Ich denke, er wäre lieber bei diesem Unfall gestorben. So starb er dann mit über achtzig an einem Herzinfarkt – fünfzehn Jahre nach dem Unfall. Sein Name war Charles Plumb. Ich habe meinen Sohn nach ihm benannt.

Die große Anziehung, die von Pferden ausgeht, zeigt sich auch in diesem Bericht. Michael Plumb, der die Leidenschaft und die Begabung für diesen Sport von seinem Vater geerbt hat, blieb trotz der schlimmen Verletzungen seines Vaters bei der Reiterei.

Pferde machen »süchtig«

Trotz der Angst vor Verletzungen oder dem Tod sind viele Pferdemenschen so mit ihren Tieren und der Arbeit mit ihnen verwachsen, dass sie von Freunden und ihrer Familie als hoffnungslose Fälle betrachtet werden. Sie bekommen den Stempel »pferdeverrückt« oder noch schlimmer »süchtig« aufgedrückt.

Wie bei jeder Sucht verbindet man auch mit der »Sucht nach Pferden« einen Rauschzustand, spezielle Glücksgefühle, Höhepunkte und ganz besondere Erregungszustände. Menschen, die »pferdeverrückt« sind, akzeptieren und ertragen die härtesten Zeiten, die vielen Stunden, die man im Stall verbringt, die schmutzige Arbeit, die körperlichen und finanziellen Risiken, die Entfremdung von der Familie – da man zu viel Zeit mit seinem Vierbeiner verbringt – und sogar den möglichen Unfalltod. Alles um dieser ganz besonderen Glücksmomente willen, die die Pferde ihnen bieten: Adrenalinschübe, das Gefühl, persönlich etwas erreicht zu haben, die besondere und intensive Verbindung zu einem Lebewesen und natürlich die Liebe.

Wenn man auf dem Pferderücken sitzt und es in der Nähe knallt und kracht, kann es zu ganz schönen Adrenalinschüben kommen. Ganz egal wie clever und kräftig man ist, man hat als Reiter doch nur begrenzte Kontrolle über das Pferd.

Beim Distanzreiten kommt man oft in Gegenden fernab jeglicher Zivilisation, erklärt Stagg Newman. *Einer meiner Lieblingsritte ist der Virginia City-Hundertmeiler in Nevada. Einmal sind wir im frühen Morgenlicht zu dritt einen Wüstenpfad entlang galoppiert, vor uns ein Dutzend Wildpferde! Als ich hochschaute, tauchte direkt vor uns ein leuchtend rotes Wildpferd auf. Plötzlich stürmte es quer über den Pfad, wirbelte herum, sodass es uns direkt anschauen konnte. Hinter ihm standen noch drei weitere Pferde. Ich nehme an, das war ein Hengst, der dachte, dass wir uns zwischen ihn und seine Stuten drängen wollten, und das ließ er sich natürlich nicht gefallen. Glücklicherweise ist mein Pferd einfach stur den Pfad entlanggetrabt und die wilde Herde flüchtete. Dieser Ritt war ein echtes Erlebnis!*

Neben Adrenalinschüben bietet das Reiten einem aber auch romantische Momente, die man mit seinen Lieben teilen kann: *Der erste Hundertmeiler, den meine Frau mitgeritten ist, war der Swan Endurance Ride in Davenport in Kalifornien*, erzählt

Stagg Newman weiter. *Der Start lag in einem Waldstück und von dort aus sind wir im Frühdunst durch den Big Basin National Forest geritten, ein Naturschutzgebiet – eine wunderschöne Strecke. Nach ungefähr 95 Meilen sind wir auf einen schmalen Pfad gekommen, der so aus der Bergflanke herausgearbeitet war, dass es auf einer Seite ungefähr 150 Meter senkrecht ins Tal hinunterging – da ist unser Adrenalinspiegel ganz schön gestiegen! Am Ende dieses Pfades fiel die Landschaft zum Meer hinunter ab. Wir hatten diese Stelle gerade in dem Augenblick erreicht, als die Sonne im Pazifik unter- und der Mond im Osten aufging. In gerade diesem Augenblick wussten wir, dass Cheryl ihren ersten Hundertmeiler schaffen würde. Wir haben diesen Ritt zusammen beendet und die Ziellinie Hand in Hand überquert. Das war für uns ein ganz besonderer Moment.*

Jedes Pferd und jede Situation mit einem Pferd bietet etwas Neues. *Ich liebe Pferde und all die Möglichkeiten, die man mit ihnen hat,* erklärt John Lyons. *Es macht mir Spaß, ein Pferd z. B. als Partner im Sport zu sehen. Es ist ein erhebendes Gefühl, wenn man es schafft, aus ihm eine immer noch bessere Leistung herauszuholen. Ich bin gerne in der Gesellschaft eines Pferdes. Wenn ich ausreite, stelle ich mir immer vor, wie das vor hundert Jahren gewesen sein muss ... Mit einem Pferd die Natur zu genießen macht einfach Freude.*

Die Ausbildung eines Pferdes ist ein Vorgang, der nie endet, sodass ein Reiter meist über viele Jahre bemüht ist, sein Pferd zu einem freudig mitarbeitenden Partner zu machen. *Für mich ist es eine große Herausforderung mit einem Pferd zu arbeiten, das noch nichts kann und dann aus ihm etwas ganz Besonderes zu machen,* sagt Jack Huyler. *Wenn ich auf einem von mir ausgebildeten Pferd sitze – das ist schon ein tolles Gefühl. Es kennt jeden kleinsten Wink von mir, und wir sind richtig aufeinander eingespielt. Es ist ja schon ein Privileg, überhaupt auf einem Pferd zu sitzen, aber auf einem richtig gut ausgebildeten Pferd zu sitzen, das ist das Größte.* Es ist zutiefst befriedigend, eine harmonische Partnerschaft zu entwickeln, für die man selbst den Rahmen steckt – ein nicht ganz leichtes Unterfangen. Im zwischenmenschlichen Bereich gelingt das ja auch eher selten. Es ist etwas Einzigartiges, wenn eine solche Partnerschaft zwischen einem Pferd und einem Mensch entsteht, zwischen denen es ja keine gemeinsame »gesprochene« Sprache gibt.

Wenn man einmal erkannt hat, wie viel einem die Kommunikation mit einem Pferd geben kann, eröffnen sich jede Menge neue Perspektiven.

Mannschaftssportarten wie Baseball oder Football haben mich nie interessiert, sagt Sam Savitt, *aber als ich auf die Pferde gestoßen bin – mein Lieber, da war einfach alles da. Das war es, was ich wollte! Wenn man mit Pferden arbeitet, das ist eine völlig andere Dimension. Man muss versuchen, wie ein Pferd zu denken und sich erst einmal klar darüber werden, was das Tier für eine Persönlichkeit hat, und damit muss man dann zurechtkommen. Anstatt immer nach demselben Schema vorzugehen, weiß ich inzwischen so viel, dass ich mich auf jedes Pferd einstellen kann.*

Dazu kommt, dass viele Ausbilder und Reiter tagtäglich ihre eigene Bestleistung noch übertrumpfen wollen. *Mein ältester Bruder hat uns acht Kindern (sechs Jungen und zwei Mädchen) beigebracht, wie man »Stunts« reitet und dazu noch ein paar spezielle Balanceübungen, wie beispielsweise die Ungarische Post. Das war ein Spaß für die ganze Familie,* gibt Rex Peterson zu (S. 94), der heute Pferde für Filme ausbildet. *Zwischen uns herrschte ein ganz schöner Konkurrenzkampf, das können Sie mir glauben! Wenn einer einen neuen Trick gelernt hatte, haben wir alle versucht, etwas noch Spektakuläreres zu schaffen. Damals habe ich angefangen, mich für dieses spezielle Pferdetraining zu interessieren, heute bin ich noch immer damit beschäftigt, meine eigene Trickkiste zu erweitern. Die Tage vergehen für mich wie im Fluge, wenn ich beispielsweise Pferde beobachte, um herauszufinden, wie ich ihnen etwas Neues beibringen kann. Dazu gehören auch Kunststücke oder Tricks, die es vorher noch nie gegeben hat. Ich beobachte die Pferde aber auch, wenn ich daran tüftle, wie ich eine bekannte Lektion verbessern kann.*

Für manche Menschen gleicht die Beziehung zwischen Mensch und Pferd einem Wunder und ist für sie schon Belohnung genug:

Für mich sind Pferde die schönsten Tiere der Welt. Sowohl von »außen« als auch von »innen«, behauptet Caroline Thompson (S. 94), Drehbuchautorin und Regisseurin des Filmes *»Black Beauty«. Ich vergleiche die Schönheit eines Pferdes gerne mit einem Gedicht, das lebendig wurde. Es kommt mir immer wieder wie ein Wunder vor, dass Pferde uns Menschen nicht nur tolerieren, sondern sogar mit uns arbeiten und spielen wollen. Das ist, als würde man den perfektesten Tanz gemeinsam tanzen.*

Das Tanzen ist eine passende und häufig verwendete Metapher in der Verbindung zwischen Pferd und Mensch. Wenn zwei Wesen ineinander verschmelzen und sich im harmonischen Gleichtakt bewegen wie Fred Astaire und Ginger Rogers auf dem Parkett oder wie Jane Torville und Christopher Dean auf dem Eis, dann ist das einfach ein außergewöhnliches Schauspiel. Wenn ein Mensch und ein Tier auf so hohem Niveau kommunizieren und eine Partnerschaft entwickeln, ist das etwas Besonderes: *Das ist wie Magie,* sagt die Olympia-Silbermedaillengewinnerin im Springreiten Anne Kursinski (S. 95), *man kann fliegen, wenn man auf einem Pferd sitzt – genau das tue ich.*

Die Schriftstellerin und Reitlehrerin Jill Hassler (S. 96) erklärt: *Für mich gibt es nichts Schöneres, als wenn ich mich in Harmonie mit einem Pferd befinde.*

Harmonie – das ist ein wesentlicher Baustein jeder Partnerschaft. In der Beziehung zwischen Pferd und Reiter kann sich dieses harmonische Miteinander ebenfalls entwickeln. Das zu erreichen ist aber nicht leicht. Kein Reiter erfährt diese Harmonie zwischen sich und seinem Pferd ständig und manche Reiter erleben sie nie.

Wer aber einmal diese *Magie* beim Reiten erfahren hat, möchte das Gefühl bei jedem neuen Ritt erreichen. Die *Magie* beim Reiten ähnelt dem Glücksgefühl, das man beim Laufen erreicht. Das Besondere daran ist aber, dass es im Zusammenspiel mit einem anderen Lebewesen ausgelöst wird.

Wenn ich kein Pferd zum Reiten hätte, meine Liebe, dann würde ich gar nicht leben wollen, erklärt Chris Hawkins (S. 96), Quarter-Horse-Züchterin und mitbeteiligt an der Durchsetzung des Wildpferde- und Wildesel-Schutzgesetzes in den USA aus dem Jahr 1971. *In der Reiterei und im Zusammensein mit Pferden ist so viel Rhyth-*

mus enthalten – nicht nur der Rhythmus durch den Takt der Pferdehufe, sondern auch der Rhythmus, der in der Einheit zwischen Pferd und Reiter entsteht. Pferd und Reiter werden eins, weil beide es wollen, weil sie miteinander kommunizieren und sich verstehen. Sie sind Partner.

Dieses Eins-Sein ist nicht nur ein wunderbares Erlebnis, sondern auch eine Art »Energieschub« für die Seele: »Keine andere Energiequelle macht mich wieder so lebendig wie das Zusammensein mit Pferden«, behauptet Jill Hassler. »Ich kann dreizehn Stunden lang unterrichten und am Ende dieses Tages mehr Energie in mir spüren als am Morgen – nur weil ich mit Pferden zu tun hatte. Sie geben mir durch die Kraft, die sie ausstrahlen, neue Energie.«

Die Psychotherapeutin und Pferdebesitzerin Jenny Butah (S. 125) hat mir folgende Geschichte über ihre selbst diagnostizierte »Pferdeverrücktheit« erzählt: *Mein erstes Pferd habe ich mir kurz nach meiner Scheidung gekauft. Ein Freund von mir, der monatelang täglich geduldig meinen enthusiastischen Ausbrüchen als frisch gebackene Pferdebesitzerin zugehört hatte, drehte sich schließlich einmal zu mir um und sagte: »Jetzt verstehe ich, warum man Heroin im Englischen auch »horse« (Pferd) nennt ... Pferde machen süchtig! Der Sport steckt voller Risiken und ist teuer. Aber Pferde erzeugen in einem die tollsten Glücksgefühle und man tut alles, um nicht ohne sie leben zu müssen!«*

Pferde können eindeutig süchtig machen: *Am Ende eines wirklich guten Trainingstages bin ich regelrecht »high«*, sagt James Fairclough, Goldmedaillengewinner der Zweispänner-Weltmeisterschaften von 1991. *Da habe ich die Pferde in vollem Tempo durch enge Kurven, die steilsten Böschungen hoch – und durch Bäche durchgelenkt ... eine echte Team-Leistung. Dabei bekommt man einen Adrenalinstoß, das glaubt man gar nicht, das Herz hämmert nur noch so ... jeder kommt total aufgedreht nach Hause. Diese Gefühle kann man sich nicht kaufen. Das ist etwas, wofür man hart arbeiten und das man sich regelrecht verdienen muss.*

Lebenslehren

Bei der Arbeit mit Pferden steht man immer wieder vor körperlichen und oft auch mentalen Herausforderungen. »Pferdeverrückte« Menschen nehmen die Risiken, die Plackerei, die Enttäuschungen und die Gefahren im Umgang mit Pferden gerne in Kauf. Denn die glücklichen Momente, die man mit Pferden erlebt, sind einzigartig.

Wer mit Pferden zu tun hat, weiß, dass das nicht immer spaßig ist. Die negativen Seiten werden aber ertragen und sogar als positiv empfunden, da sie oft eine erzieherische Wirkung haben. Pferdeleuten, die sich auch mit den negativen Seiten auseinander setzen, wird bald klar, dass Arbeit mit dem Pferd auch Kompromissbereitschaft erfordert, dass Probleme Lösungen bereithalten, Verletzungen einen stärker machen, Verlieren eher zur Vervollkommnung der Leistung führt und gerade das Zusammenspiel von Höhen und Tiefen das Besondere dieser Einheit ausmacht.

Holly Peterson Mondavi, geboren 1959, ist Chefköchin und saß bereits als Kind schon auf Pferden. Heute ist sie in allen Sätteln zu Hause: Springen, Wanderreiten, Vielseitigkeit und Jagdreiten. Am wichtigsten sind für sie die Freundschaften, die sich durch die Reiterei ergeben, und die Momente, in denen man lacht oder auch staunt. Hier sieht man Holly und ihren hübschen Vollblutwallach Bacchus 1994 auf der »Calistoga Horse Show«.

Mary Deringer Phelps, geboren 1940, Springreiterin und Reitlehrerin, hat in Texas und Maryland Meisterschaftspferde und -reiter ausgebildet. Die Aufnahme stammt aus dem Jahr 1989. Sie reitet hier im »Willow Bend Polo Club« in Plano, Texas, ihren Hannoveraner-Wallach Ikarus.

JACK HUYLER, geboren 1920, war über fünfzig Jahre lang Lehrer an der Thacher-Schule in Ojai in Kalifornien. Er hat dort Englisch und Sport unterrichtet und zudem den Schülern viel über Pferde beigebracht. 1969 wurde er »All-Around Gymkhana-Meister« von Kalifornien. Er hat im Regel-Ausschuss der amerikanischen Turniersportvereinigung mitgewirkt und war Präsident des amerikanischen Rats für Jugendaktivitäten mit Pferden und Ponys. Inzwischen ist er im Ruhestand und lebt mit seiner Frau Margaret in Ojai und Wyoming, wo das Foto entstand.

STAGG NEWMAN, geboren 1948, ist Ingenieur und hat als Distanzreiter bereits viele Rekorde gebrochen. 1992 wurde er amerikanischer Meister über die Hundertmeilen-Distanz. 1993 gewann er Bronze in der Einzelwertung und Gold in der Teamwertung bei den »Nordamerikanischen FEI-Meisterschaften«. 1994 war er für die Weltmeisterschaft nominiert und 1997 ist er seinen 25. Hundertmeiler in die Wertung geritten. Stagg ist hier mit seinem Meisterschaftspferd von 1993 abgebildet, dem Araberwallach Ramegwa Drubin.

MARY MANSI, geboren 1952, ist Buchhalterin und begann mit 37 Jahren zu reiten. Sie kaufte sich recht schnell ein eigenes Pferd – bei einem blieb es nicht lange – und begann zu springen. Mary ist der Meinung, dass Pferde ihr Leben absolut bereichert haben und sie viel von ihnen gelernt hat. Das Foto, auf dem sie mit ihrer Vollblutstute Caprice abgebildet ist, entstand nach einer anstrengenden Reitstunde.

BOB HENRY, geboren 1936, und CATHY ZIFFREN, geboren 1943, sind Geschäftspartner und beide im Einzelhandel tätig. Cathy ist mit ihrer Oldenburger-Stute Ariel abgebildet. Bob hat hier seinen Selle-Français-Wallach Bubba, der ein Stockmaß von 170 cm hat, an seiner Seite. Cathy ist zwanzig Jahre lang Springen geritten, bevor sie sich der Dressur zugewandt hat. Bob ist als Jugendlicher Western geritten und hat im Alter von 50 Jahren mit dem Englischreiten begonnen. Inzwischen nimmt er regelmäßig an Springturnieren teil. 1991 hat er ein Benefizspringen ins Leben gerufen, das »Napa Valley Classic«, dessen Erlös Jugendprojekten zugute kommt.

DR. MED. VET. PATTY LATHAM, geboren 1947, betreibt zusammen mit ihrem Mann, ebenfalls einem Tierarzt, eine erfolgreiche Tierklinik in Kalifornien. Patty hatte schon vor ihrer Promotion Erfahrung mit Pferden – seit ihrem achten Lebensjahr züchtet sie Quarter Horses, stellt sie auf Turnieren vor und hat Erfahrung in den Disziplinen Barrel Racing und Cutting. Auf diesem Bild macht die zwölfjährige Patty sich mit einem Quarter-Horse-Fohlen bekannt, um das sie sich später kümmern musste, da seine Mutter nicht genügend Milch hatte. Sie war zuerst sehr unglücklich darüber, weil sie dachte, dass sie »Lillie Too« aufgrund ihres Umzuges zurücklassen musste. Es kam aber anders. Der Besitzer des Fohlens – der erkannte, dass die beiden perfekt zusammenpassten – schenkte es Patty.

RENÉ WILLIAMS, geboren 1916, wuchs in einer echten »Pferdefamilie« auf und war im Laufe seiner reiterlichen Karriere in den verschiedensten Disziplinen und Bereichen sehr erfolgreich: im Springen, im Rennsport, im Schauring und in der Zucht. Er hat viele Jahre lang als Trainer der amerikanischen Olympiakader in Gladstone, New Jersey, gearbeitet. Seit seiner Pensionierung ist er künstlerisch tätig und fertigt Pferdeskulpturen an. Seine Arbeiten sind heute von internationalem Ruf. Dieses nette Portrait zeigt den elfjährigen René mit seinem Pony Sunbeam bei der »Far Hills Horse Show« in New Jersey. Bei diesem Wettbewerb errang er den ersten Platz im Springen.

3. Kapitel

Die Natur des Pferdes: Pferde verstehen

Das Leben auf der Erde ist ein Mosaik. Selbst der schwächsten und kleinsten aller Kreaturen müssen wir Respekt zollen, weil sie ein Teil dieses Mosaiks ist. Wenn Teile des Mosaiks Sprünge bekommen, zerfallen oder fehlen, ist es nicht mehr dasselbe Kunstwerk, wie es von der Natur vorgesehen war.
Monty Roberts

Mitten im Getümmel New Yorks bahnt sich Leutnant Carl Clipper (S. 125), der für die berittene Polizei des amerikanischen »Park Service« in Brooklyn Streife reitet, den Weg durch den dichten Verkehr. Plötzlich taucht eine Horde Jugendlicher vor ihm auf. Der Anführer, ein magerer Neunjähriger, fragt: »Kann ich Ihr Pferd mal streicheln?«, der Polizist antwortet lächelnd: »Natürlich kannst du es streicheln.«

Der Kleine streckt die Hand aus und berührt die warme, kupferfarben glänzende Pferdeschulter. Er zuckt sofort wieder zurück, als hätte er einen Stromschlag bekommen. Seine Augen weiten sich vor Erstaunen und er ruft aus: »Das Pferd hat ja eine Haut!« Erstaunt über diese Reaktion fragt Lt. Clipper: »Was hast du denn gedacht?« Darauf hatte der Junge keine Antwort – er wusste es einfach nicht.

Stadtkinder von heute machen eine Menge Erfahrungen, aber Begegnungen mit Pferden gehören nur selten dazu. Oft sind die Pferde im Fernsehen die einzigen, die sie zu sehen bekommen. Leider wird in diesen Beiträgen oft viel Falsches erzählt. Wenn im Fernsehen ein sprechendes Pferd gezeigt wird oder ein »Hollywoodpferd« in einem Western seinem im Treibsand steckenden Cowboy ein Lasso zuwirft und ihn dann herauszieht, ist das zwar unterhaltsam, hat aber wenig mit der Realität zu tun.

Stadtbewohner sind nicht die einzigen, die falsche Vorstellungen von der Natur des Pferdes haben. Der Tierarzt Dr. Miller wurde kürzlich nach einem Seminar von einem erfahrenen Pferdemenschen aufgehalten, der sich bei ihm für die neuen Erkenntnisse, die er aus der Veranstaltung mitnehmen konnte, bedankte. Dr. Miller fühlte sich geehrt, war aber auch neugierig, weil er wusste, dass der Mann eigentlich reichlich Erfahrung mit Pferden hatte. »Und was war das?«, fragte er. »Nun ja, ich habe vorher noch nie darüber nachgedacht, dass Pferde Beutetiere sind«, antwortete der Mann, »aber Sie haben Recht: es ist so! So groß und kräftig sie auch sind, in Wirklichkeit sind es ganz scheue Tiere.«

Dr. Miller war erstaunt, dass ein Rancher, der den größten Teil seines Lebens mit Pferden gearbeitet hatte, Pferde noch nie so gesehen hatte.

Vor lauter Industrialisierung, Verstädterung und Reglementierungen aller Art hat der moderne Mensch sich auf einen Kurs begeben, der ihn leider der »natürlichen Welt« immer mehr entfremdet. Er bezeichnet sich als »menschliches Wesen« und grenzt sich dadurch als höherwertig von den Tieren ab. Es ist und bleibt aber eine Tatsache, dass der Mensch ein Tier ist: ein Säugetier, ein Fleischfresser, ein Raubtier, ein nackter Affe.

Pferde sind Wesen, die Gefühle haben, die ihre Sinne bewusst einsetzen können und in der Lage sind Aufgaben zu bewältigen. Sie sind Tiere mit individuellem Charakter sowie unterschiedlichen körperlichen Fähigkeiten und Grenzen. Je mehr man über die Natur eines Pferdes weiß, desto besser kann man mit ihm in Beziehung treten.

Ausbilder, die ihre Sache Ernst nehmen, betonen, dass die Fähigkeit »wie ein Pferd zu denken« Voraussetzung für den Erfolg mit Pferden ist. Nur so kann man mit ihnen erfolgreich kommunizieren. Je mehr ich mich mit dem Verhalten von Pferden beschäftige, desto besser verstehe ich das *Warum* hinter ihren Handlungen, Reaktionen und Wesenszügen. Noch bin ich nicht in der Lage, wie ein Pferd zu denken oder seine Handlungen immer vorauszusehen, aber zumindest kann ich immer öfter die Frage »Warum hat es das gemacht?« beantworten. Da ich nun weiß, wie ein Pferd die Welt sehen muss, bin ich einfühlsamer geworden und kann Verhalten, das mir früher seltsam oder dumm erschien, besser tolerieren. Je mehr ich über Pferde weiß, desto sinnvoller kommt mir ihr Verhalten vor – einfach nur, weil ich es jetzt verstehen kann.

Raubtier und Beutetier

Es ist ungeheuer wichtig, die grundlegenden Unterschiede zwischen Raubtieren und Beutetieren zu verstehen, damit man die Handlungen und Reaktionen von Pferden richtig interpretieren und die Unterschiede zwischen der menschlichen und der »pferdischen« Natur verstehen kann.

Ein Beutetier wird vom Raubtier gejagt, gefangen und gefressen. Für ein Beutetier hängt sein Leben davon ab, dass es ständig auf der Hut vor schlauen, gut getarnten Fleischfressern ist, die aus ihrem Versteck jeder Zeit und überall hervorspringen und angreifen können. Also sind Pferde ständig vorsichtig und begegnen unbekannten Gegenständen, Geräuschen, Gerüchen und Berührungen mit Misstrauen.

Diese lebenswichtige Wachsamkeit erfordert vom Pferd hoch entwickelte Sinne – deswegen sind Pferde gegenüber Reizen aus ihrer Umgebung wesentlich empfindsamer und reagieren viel stärker darauf, als Menschen das tun.

Sicherheit in der Herde

Wie die meisten Beutetiere suchen auch wilde Pferde ihr Heil in der Gruppe. Sie leben in kleinen Herden, die aus einem Hengst, seinem Stutenharem, Fohlen und einigen Halbwüchsigen bestehen, und haben so ein organisiertes soziales Verhalten entwickelt. Es gibt eine deutlich ausgeprägte soziale Hierarchie (eine Hackordnung), in der die dominanteren Tiere bei Auseinandersetzungen gegen die unterwürfigeren Herdenmitglieder gewinnen und so die Hierarchie beherrschen. Manche Herdenmitglieder übernehmen spezielle Pflichten, bei denen Zusammenarbeit nötig ist – sie dienen als Wachtposten, damit die anderen schlafen können, oder sie arbeiten als »Babysitter« für die Fohlen.

Der Herdenchef ist nicht der Hengst, sondern eine ältere Stute (die Alphastute), deren Langlebigkeit davon zeugt, dass es sich um eine ausgebuffte, erfolgreiche Überlebensstrategin handelt. Diese Anführerin entscheidet, wann und wohin die Herde auf der Suche nach Futter, Wasser, einem Unterstand oder einer Fluchtmöglichkeit geht. Der Hengst folgt der Herde, treibt die Nachzügler hinterher und hält die Herde zusammen, ohne sich so weit von ihr zu entfernen, dass er selbst in Gefahr geraten könnte.

Die einzelnen Mitglieder der Gruppe sind aufeinander angewiesen und entwickeln deswegen ein unerschütterliches Vertrauen in die Reaktionen der Anderen. Wenn der Anführer plötzlich davonstürmt, folgt ihm der Rest der Herde nach. *Ich habe solch eine Situation mal mit meinem Gespann erlebt*, erinnert sich Jimmy Fairclough. *Das war, als ob die Pferde plötzlich von einem Virus befallen worden wären – die Panik ging innerhalb von Augenblicken von einem Pferd auf das nächste über. In diesem Moment hätte ich die Pferde niemals zum Halten gebracht. Ich konnte nur noch beten! Irgendwann beruhigten sie sich wieder – es war zum Glück nichts Ernsthaftes passiert.*

Dieses scheinbar so hirnlose panische Verhalten zeigt einen weiteren Unterschied zwischen Raubtieren und Beutetieren. Wenn ein Raubtier einen Angriff falsch einschätzt, kann es sein Abendessen abschreiben. Es überlebt aber diese Situation und kann irgendwann erneut mit der Jagd beginnen. Wenn ein Beutetier einen Angriff falsch einschätzt, dann *ist* es das Abendessen! Um zu überleben, müssen Beutetiere sofort reagieren können, während Raubtiere besonnen ihren Beutezug planen. Sie müssen den richtigen Augenblick für den Angriff finden und schließlich in der Lage sein, ihre Fehler zu analysieren. Beutetiere »bemerken und flüchten« und ihr Fluchtinstinkt kann von winzigen Kleinigkeiten ausgelöst werden, während vom Raubtier ein geistiger Vorgang gefordert wird. Also die Planung und Ausführung eines Angriffes, eine Strategie, sorgfältige Zeitplanung und ein kühler Kopf.

Pferde verhalten sich allem Fremden gegenüber erst einmal skeptisch. Sie spitzen die Ohren, schnauben, spannen die Muskeln an, werfen den Kopf zur genaueren Inspektion hoch und tänzeln herum, wenn sie einen unbekannten Gegenstand, ein seltsames Geräusch oder eine plötzliche Bewegung wahrnehmen. Sie konzentrieren alle ihre Sinne darauf, die nötigen Daten für eine Identifizierung zu sammeln, und sind dabei jederzeit zur Flucht bereit.

Verteidigung

Für Pferde gibt es bei einer Bedrohung zwei instinktive Reaktionen: Flucht oder Kampf. Ihre Lebenskraft diktiert eindeutig: »Lauf jetzt und stell deine Fragen später.« Getreu diesem Motto wird ein erschrockenes Pferd eine ausreichende Strecke weglaufen, um sich dann erst umzudrehen und sich die Bedrohung von einem sicheren Punkt aus anzusehen.

Trotz ihrer beeindruckenden Größe und Kraft sind Pferde von Natur aus nicht aggressiv. Sie könnten bei einem ernsthaften Kampf Verletzungen erleiden, die ihre Fähigkeit zum Weglaufen beeinträchtigen, daher gehen sie einem Kampf eher aus dem Weg. Wenn allerdings keine Flucht möglich ist, wird ein von Panik gepacktes Pferd auch kämpfen. Zwischen Hengsten kommt es regelmäßig zum Schlagabtausch, wenn sie um Stuten oder Reviere kämpfen.

Schlaf

In der Wildnis sind Pferde ständig in Bewegung und immer auf der Hut. Sie schlafen innerhalb von 24 Stunden nur insgesamt vier Stunden lang. Pferde können im Stehen kurze Nickerchen von drei bis fünf Minuten machen, bei denen sie sich in einer leichten Schlafphase befinden. Dieser leichte Schlaf ist mit speziellen Verriegelungs-Mechanismen der Vorder- und Hinterbeine verbunden, die es Pferden ermöglicht, beim leisesten Anlass aufzuwachen und loszugaloppieren. Wenn Pferde sich vollkommen entspannen, weil die Wachtposten der Herde für ihre Sicherheit garantieren, legen sie sich für einen tieferen Schlaf (REM-Schlaf) auch hin, verbringen in dieser verletzlichen Stellung aber selten mehr als eine halbe Stunde am Stück (McBane 24).

Fortpflanzung

Für Pferde könnte es fatal sein, wenn sie »in flagranti« erwischt werden, und so nehmen sie sich selbst für den Paarungsakt nur sehr wenig Zeit: Er dauert von Anfang bis Ende weniger als eine Minute (Morris 60). Eine fohlende Stute ist eine leichte Beute und kann daher den Beginn des Geburtsvorganges steuern, bis sie sich sicher genug fühlt, um sich hinzulegen. Die Geburt selbst dauert nur einige wenige Minuten, und das neugeborene Fohlen steht innerhalb von nicht einmal einer Stunde auf den Beinen (Morris 67).

Nahrungsaufnahme

Steppenpferde verbringen bis zu 16 Stunden am Tag mit Fressen (Morris 45) und nehmen dabei vergleichsweise wenig auf einmal, dafür aber ständig Futter auf, damit ihr Energieniveau konstant bleibt und sie keine Heißhungerattacken haben. Pferde können sich nicht erbrechen, daher kann die Aufnahme von giftigem, verdorbenem oder sehr nahrhaftem Futter zu lebensbedrohlichen Situationen führen. Der Verdauungstrakt des Pferdes ist ein sensibles System.

Geruchssinn

Das Pferd kann mit seinem Geruchssinn auch auf große Entfernung Wasser, Futter, andere paarungsbereite Pferde und Raubtiere aufspüren. Auf engerem Raum nutzen sie den Geruchssinn im Nasenkontakt auch zur Identifizierung von Freund, Feind und Fohlen (Morris 36). Pferde können den speziellen Geruch wahrnehmen, den Menschen ausströmen, wenn sie Angst haben (McBane 31). Diese unsichtbaren Anzeichen tragen noch zusätzlich zur Wachsamkeit und Ängstlichkeit von Pferden bei.

Tastsinn

Menschen sind an den Fingerspitzen ähnlich empfindlich wie es das Pferd an seiner gesamten Körperoberfläche ist. Ein Pferd spürt, wenn eine Fliege auf seinem Fell landet, und es kann sich dieser Fliege dann mit einem gezielten Hautzucken erwehren. Unter dem Sattel können Pferde die kleinsten Veränderungen spüren. Wenn der Reiter also verspannt oder nervös ist, spürt das Pferd das – selbst durch einen Ledersattel und eine Filzdecke hindurch. Ein solcher Tastsinn ist außergewöhnlich.

Hörsinn

Wie Satellitenschüsseln, die sich ständig dem Satelliten zuwenden, sind Pferdeohren immer auf Empfang eingestellt und ständig aktiv, um Geräusche aufzuspüren, ihren Ursprung zu ermitteln und herauszubekommen, um was es sich handelt. Jedes Ohr kann sich unabhängig vom anderen bewegen und um 180 Grad drehen (Morris 13), sodass Pferde alles mitbekommen, was um sie herum vorgeht. Aufgrund dieses überlegenen Hörsinnes werden Pferde oft schon auf Geräusche aufmerksam, die der Mensch erst wesentlich später wahrnimmt.

Sehsinn

Der vielleicht faszinierendste Unterschied zwischen Menschen und Pferden ist das Sehvermögen. Das Sehvermögen des Menschen beruht auf einer stereoskopen, beidäugigen Sicht – er verfügt über zwei miteinander in Verbindung stehende Augäpfel, die vorne am Kopf sitzen und Tiefenwahrnehmung sowie unterschiedliche Schärfe-, Kontrast- und Farbabstufungen möglich machen.

Die Augäpfel von Pferden sind zweimal so groß wie beim Menschen und sitzen seitlich am Kopf. Sie können sowohl unabhängig voneinander arbeiten (monookulares Sehen) als auch miteinander (binokulares Sehen). Normalerweise sieht das Pferd im monookularen Modus – jedes Auge kann ungefähr 170 Grad überwachen, sodass sich ein Sehumfeld von 340 Grad rund um das Pferd ergibt (Morris 40). So kann ein großer Bereich überwacht werden. Zusammen mit der Fähigkeit, Bewegungen, Umrisse und Lichtintensitäten zu erkennen, ist die einäugige Sicht somit eine wirkungsvolle Sache zur Überwachung eines größeren Gebietes.

Die einäugige Sicht ist zwar bei Bewegungen sehr nützlich, bietet aber weder scharf gestellte Details noch Tiefenwahrnehmung. Für diese Funktionen ist eine binokulare Sicht nötig. Anders als das menschliche Auge kann die Linse beim Pferd zum Scharfstellen auf Gegenstände ihre Form nicht verändern. Ein Pferd muss sein Auge so positionieren, dass das Bild des Gegenstandes, das es genauer betrachten möchte, an der Stelle auf die Netzhaut trifft, die auf bestimmte Entfernungen schon »vor-eingestellt« ist. Nur so kann es das Bild scharf stellen (Hillenbrand 74). Wenn ein Pferd also mit der einäugigen Überwachung einen Gegenstand entdeckt, vor dem es Angst hat, muss es seinen Kopf in Richtung dieses Gegenstandes drehen und auf die frontale, beidäugige Sicht umschalten, um das Bild scharf stellen und den Gegenstand identifizieren zu können.

Diese Tatsache erklärt auch, warum beispielsweise eine flatternde Plastiktüte reicht, um ein Pferd vor Angst explodieren zu lassen. Das Pferd erkennt mit seiner unscharfen, flachen, einäugigen Sicht eine Bewegung, die es als ein Objekt von beträchtlicher Größe identifiziert, dass auf es zufliegt. Wenn der Pferdekopf nun durch Zaumzeug und Zügel in seiner Bewegung eingeschränkt ist, ist das Pferd wahrscheinlich nicht in der Lage, den Kopf so schnell zu drehen, dass es die Augen auf die Tüte scharf einstellen und sie als solche identifizieren kann. Also versucht es sofort, von diesem großen fliegenden Objekt wegzukommen. Nun kann man das »blöde« Zappeln des Pferdes verstehen!

Im Gesichtsfeld des Pferdes befinden sich zwei dreieckige Bereiche, in denen es nichts sieht: ein kurzer Bereich direkt vor dem Pferd und ein größeres Kreissegment direkt hinter dem Tier (Morris 40). Diese toten Winkel erklären, warum ein Pferd ausschlagen kann, wenn man sich ihm von hinten nähert, und warum viele Pferde den Kopf wegnehmen, wenn man die Hand hebt, um es im Gesicht zu streicheln. Pferde haben vor Dingen, die sie nicht gut sehen können, Angst. Der tote Winkel erklärt auch, warum Pferde den Menschen in die Finger beißen, wenn man ihnen ein Leckerli aus der geschlossenen Hand gibt. Nachdem ein Pferd buchstäblich nicht sehen kann, was vor seiner Nase liegt, verlässt es sich auf seinen Geruchs- und Tastsinn, um den Leckerbissen zu identifizieren: es riecht also beispielsweise eine Möhre und es berührt die Möhre, aber der Finger, der da über der Möhre liegt, ist ebenfalls rund und fest, und bevor man sich versieht, hat das Pferd einen in den Finger gebissen. Wenn man einem Pferd also Futter aus der Hand reicht, sollte man das immer von der flachen Handfläche aus tun.

Es gibt noch weitere interessante Tatsachen über das Sehvermögen von Pferden: die Pupille liegt horizontal, damit sie den gesamten Horizont wie mit dem Weitwinkelobjektiv absuchen kann (Morris 41). Das Farbenspektrum ist für Pferde wahrscheinlich begrenzt, aber durchgeführte Versuche zeigen, dass sie rot, blau, hellgelb und hellgrün unterscheiden können (Timney 36).

Pferde können auch bei Nacht sehr gut sehen, denn für ein Beutetier lauert die Gefahr bei Tag und bei Nacht.

Weil die Augen so hoch am Kopf sitzen, können Pferde ihre Umgebung beim Grasen über die Stängel hinweg beobachten.

Das Gedächtnis

Pferde haben ein ungeheuer gutes Gedächtnis. Sie merken sich besonders Situationen, in denen sie Schmerz erleiden mussten oder in denen sie schlechte Erfahrungen gemacht haben. *Als mein Pferd fünf Jahre alt war*, erzählt Amy Hubbard (S. 126), die Mitglied im Springkader des amerikanischen Pony Clubs ist, *hat es in einem Film mitgespielt, in dem es von Eseln »niedergetrampelt« wurde. Vor kurzem hat es einen der Esel aus dem Film wieder getroffen und ist sofort auf ihn losgegangen. Mein Vater und einige Reitlehrer mussten mir helfen, das Pferd festzuhalten und es zu beruhigen. Mein Pferd ist jetzt 25 – er hat sich also zwanzig Jahre später noch an diesen Esel erinnert.*

Ein derart gutes Gedächtnis macht das »Umlernen« zu einem schwierigen Unterfangen. Rex Peterson bemerkt dazu: *Ab dem Tag, an dem der Mensch das Pferd zum ersten Mal berührt, wird auf die leere Tafel »Mensch« geschrieben. Kann man das wieder wegwischen? Klar kann man, aber dazu muss man diese Tafel schon ganz schön schrubben. Wenn man die Schrift nur oberflächlich wegwischt, bleiben noch verräterische Spuren zurück. Gibt es Probleme, muss man viel Geduld und Zeit mitbringen, um falsches Verhalten wieder zu löschen.*

Trotz ihres ungeheuer guten Gedächtnisses können Pferde Gegenstände, die sich ähnlich sehen, aber nicht identisch sind, nicht richtig einordnen. Menschen haben natürlich diese Fähigkeit. Ein Beispiel dafür sind Briefkästen. Es gibt sie in den verschiedensten Formen und Größen und der Mensch ist in der Lage, ein großes Spektrum an Behältern als Briefkästen zu entlarven. Pferde gehen bei ihrer Interpretation von Gegenständen viel buchstäblicher vor und erkennen daher unterschiedlich aussehende Briefkästen nicht wieder.

Auch die Stelle, an der etwas steht, ist wichtig. Ein Pferd mag ja einen altbekannten Briefkasten an der Straße als ungefährlich tolerieren, aber genau derselbe an einer anderen Stelle, der dazu noch grell angestrichen ist, kann ihm solche Angst einjagen, dass er nicht daran vorbeigeht. (Saslow 20).

Orientierungssinn

Pferden haben einen bemerkenswerten Orientierungssinn. Ob für diese Fähigkeit ihr Geruchssinn, ihr gutes Gehör, ihr gutes Gedächtnis oder das Magnetfeld der Erde verantwortlich ist, ist ungewiss. Reiter haben diese »Begabung« ihrer Pferde schon lange erkannt und verlassen sich auch gerne darauf: *Als ich nach Kalifornien gekommen bin, habe ich erst einmal als Cowboy in Middletown gearbeitet,* erzählt Dennis Marine. *Eines Abends mussten wir noch einmal die Pferde verladen und in einem abgelegenen Teil der Ranch arbeiten. Es wurde dunkel und keiner von uns konnte mehr irgendetwas sehen. Einer der Jungs war schon einmal in dieser Ecke gewesen und sollte uns wieder zum Hänger zurückbringen. Aber es zeigte sich schnell, dass er sich doch nicht auskannte. Also habe ich einfach meinem Pferd, Sundown, die Zügel auf den Hals gelegt und es hat uns alle zum Hänger zurückgeführt.* Ganz praktisch, so einen »inneren Kompass« zu besitzen!

Ein weiteres beeindruckendes Beispiel für diesen Instinkt von Pferden zeigt sich im Wildpferde-Reservat in der nördlichen Sierra Kaliforniens. Das Reservat hatte eine Herde von Wildpferden vom Regierungsbezirk in Burns, Oregon, bekommen. Diese Pferde galten als »nicht adoptierbar« – überschüssige Wildpferde werden in den USA oft von Privatpersonen übernommen. Die Herde konnte durch ein Loch im Zaun des Reservates entkommen, und es gelang dem Hengst, seinen Harem zurück nach Burns zu treiben – das waren über 500 Kilometer (Sappington 10)!

Unabhängiges Lernen

Es ist interessant, wie Pferde Ausbildungsinhalte zusammenfügen. Aus diesem Grunde ist es wichtig, mit ihnen alles auf beiden Händen zu üben – nicht nur, damit Muskeln und Koordination sich ausgeglichen entwickeln, sondern weil sie visuelle Reize von jeder Seite neu kennen lernen müssen. Rex Peterson hat das so beobachtet: *Ich mache Freiheitsdressuren mit Pferden. Da habe ich keine Zügel oder sonstige Hilfsmittel. Wenn man einem Pferd auf einer Hand etwas beibringt, heißt das nicht, dass es diese Dinge auch auf der anderen Hand beherrscht. Ich kann einem Pferd etwas auf der linken Hand beibringen, dann will ich dasselbe auf der rechten Hand tun, und das Pferd weiß überhaupt nicht, was los ist. Deswegen sage ich immer, Pferde sehen links und rechts unabhängig voneinander. Je weiter man ein Pferd ausbildet, desto besser kommt es aber ins »Gleichgewicht«. Mein Fuchs zum Beispiel, dem kann ich etwas auf der linken Hand beibringen, dann wechsele ich die Hand und in drei Minuten habe ich das Gleiche auf der rechten Hand. Als ich ihn frisch eingeritten hatte, war das noch nicht so. Damals ist es ihm unheimlich schwer gefallen, Sachen von einer Hand auf die andere zu übertragen. Inzwischen ist das überhaupt kein Problem mehr. Ich glaube, je mehr man ein Pferd ins Gleichgewicht bringt, desto mehr schafft man auch Verbindungen zwischen der linken und der rechten Gehirnhälfte.* Diese Notwendigkeit, das Pferd links und rechts ins Gleichgewicht zu bringen, könnte etwas mit der monookularen Sichtweise von Pferden zu tun haben und der Grund dafür sein, warum manche Pferde keine Angst zeigen, wenn sie auf einer Seite an einem Gegenstand vorbeigehen sollen, aber scheuen, wenn sie von der anderen Seite herankommen.

Die Notwendigkeit, ein Pferd von beiden Seiten auszubilden, wurde in einer Folge der amerikanischen Fernsehserie »Horse World« (Mahan 04-92) von dem Tierarzt

Dr. Robert Miller demonstriert. Dr. Miller bearbeitete die rechte Körperseite eines Fohlens, indem er das rechte Ohr massierte, ihm über das rechte Auge strich usw. Er desensibilisierte dadurch diese Körperhälfte. Auch kurze Zeit später blieb das Fohlen ruhig stehen, wenn man seine rechte Seite berührte, ließ sich aber an seiner unberührten linken Seite nicht anfassen.

Imprint-Training

Ein neugeborenes Fohlen identifiziert sich mit dem ersten »Gegenstand«, den es sich bewegen sieht, und geht eine Bindung damit ein. Normalerweise ist das seine Mutter, der es dann folgt und deren Berührungen es angstfrei akzeptiert. Wird es innerhalb dieser kritischen Zeit, unmittelbar nach der Geburt, von entsprechend ausgebildeten Menschen sinnvoll berührt, so wird die Berührung durch den Menschen dem Erfahrungsschatz des Fohlens positiv hinzugefügt und gilt von nun an als akzeptierte Handlung. Dadurch wird dieses Fohlen die Handlungen des Menschen *von Natur aus* akzeptieren und so ruhiger und unkomplizierter im Umgang sein.

Pferde und Menschen im Vergleich

Im Allgemeinen ist das Fluchttier Pferd schnell, stark, sensibel, aufmerksam, wachsam, ängstlich, kooperativ und von seinen Instinkten geleitet. Menschen dagegen sind langsamer, schwächer, weniger sensibel, berechnender und agieren stärker kontrollierend. Sie verlassen sich auf ihren Verstand, kämpfen oder töten sogar aus verschiedenen Gründen. Diese Gründe können z. B. Mangel an Nahrung oder Rache, sie können aber auch religiöser oder politischer Natur sein.

Menschen leben mehr im Kopf, und Pferde leben mehr im Körper, erklärt Diana Thompson (S. 94), Pferdeausbilderin und die Begründerin der Zeitschrift »*The Whole Horse Journal*«. *Pferde und Menschen bilden sich gegenseitig aus. Der Mensch bringt das Pferd dazu, mehr zu überlegen und sich nicht die ganze Zeit von seinem Fluchtreflex jagen zu lassen. Pferde fordern den Menschen dagegen heraus, mehr auf seine Instinkte, Gefühle und Intuitionen zu hören. Das ist ein unglaubliches Verschmelzen von zwei sehr unterschiedlichen »Tierarten«. Dem Menschen muss klar werden, dass ein Pferd mit seinem Körper sofort das widerspiegelt, was es sieht und fühlt. Dann kann der Mensch anfangen, dem Pferd die Angst zu nehmen. Ein Pferd kann lernen, gefährliche Situationen anders einzuschätzen und auf Reize, die ihm von Natur aus Angst einjagen, nicht so empfindsam zu reagieren.* Pferdemenschen, die wissen, worauf es ankommt, beachten die Unterschiede zwischen der Natur des Menschen und der Natur des Pferdes und entwickeln so Ausbildungsmethoden, durch die sie zu erfolgreicherer Partnerschaft zwischen Mensch und Pferd kommen.

Um die Gesellschaftsstrukturen des Menschen besser zu verstehen wurde die »Soziologie« geschaffen. Tierverhaltensforscher sollten eine Art »Pferdiologie« schaffen, in der das Sozialverhalten von Pferden immer weiter untersucht wird.

Nach dem Bild des Menschen?

Wenn Menschen andere Lebewesen beobachten, tendieren sie dazu, deren Verhaltensweisen mit ihren eigenen zu vergleichen. Wenn man also ein Pferd gähnen sieht oder seufzen hört, identifiziert man sich mit diesen Gefühlsregungen und schreibt diesem Tier dieselben »menschlichen« Gefühle zu. Man nennt die Praxis, einem Tier menschliche Emotionen oder Charakterzüge zuzuschreiben, Anthropomorphismus.

Die Annahme, dass Pferde aus denselben körperlichen oder emotionalen Gründen gähnen und seufzen wie Menschen, kann richtig sein oder auch nicht. Innerhalb unseren eigenen »Tierart« haben wir den Vorteil einer gemeinsamen Sprache, die es uns erlaubt, über das Gähnen zu sprechen und zu ermitteln, dass es normalerweise auf einen bestimmten Reiz hin geschieht. Beim Vergleich verschiedener Tierarten müssen wir uns aber darauf beschränken, Hypothesen aufzustellen und Schlussfolgerungen zu ziehen. Außerdem fördert die gesprochene Sprache des Menschen einen »linguistischen Anthropomorphismus«, weil die meisten Worte ja der menschlichen Erfahrung und menschlichen Bezugspunkten entstammen.

Pferde unterscheiden sich natürlich deutlich von Menschen. Jedes Pferd ist innerhalb seiner eigenen Art anders. Der Pferdebesitzer Bob Henry macht deutlich: *Pferde ähneln sich vielleicht körperlich, aber jedes Pferd ist anders, verhält sich anders, hat ein anderes Temperament und bewegt sich anders. Man benutzt den Begriff »Persönlichkeit« auch im Zusammenhang mit Pferden, aber das ist irreführend.* Wenn eine Person eine »Persönlichkeit« hat, dann würde ich für einzelne Pferde gerne von einer »Pferdlichkeit« sprechen. Dieser neue Ausdruck ist nicht nur als Wort-Neuschöpfung wichtig, sondern soll bei der Unterscheidung helfen. Schließlich dient das Wort »Persönlichkeit« als Bezugspunkt für eine ganze Reihe von Erwartungen, Verhaltensweisen und Charakterzügen bei einer *Person* – und ein Pferd ist keine Person, kein Mensch.

Wenn man die Ähnlichkeiten zwischen Tierarten anerkennt und gleichzeitig die Unterschiede respektiert, bewahrt man sich eine Bewusstheit, die offen für alles und die Voraussetzung dafür ist, andere Tierarten zu verstehen und sich bewusst zu werden, was sie uns beibringen können. Respekt und Neugier sind die Motivation, etwas *über* andere lernen zu wollen, während Wahrnehmung und Verständnis es uns ermöglichen, etwas *von* anderen zu lernen.

Die Indianer haben zu überleben gelernt, weil sie Tiere genau beobachtet und ihr Verhalten nachgeahmt haben, erklärt Bev Doolittle (S. 127), eine Malerin von internationalem Ruf. *Sie sahen den Tiere beim Jagen zu und beobachteten, wie sie über den Winter lebten. Dieses Wissen haben sie dann an die nächste Generation weitergegeben. Sie haben sich das Fell eines Wolfes umgelegt oder die Federn eines Adlers angesteckt und sozusagen die Kraft und die Eigenschaften dieser Tiere übernommen. Das war ein spiritueller Vorgang. Fast alles, was die Indianer machten, hatte eine religiöse Bindung und Bedeutung. Sie lebten in der Natur und die Wildnis war ihre »Kirche«. Für mich ist das so ziemlich die reinste Art von Existenz, die man »leben« kann.*

Natürlich finde ich es gut, wenn ich es zu Hause gemütlich habe, aber durch die Zivilisation und die Verstädterung haben wir uns von diesem naturnahen Leben abgeschnitten. Wir haben unsere Waschmaschinen und alle diese Dinge, die das Leben einfacher machen, aber sie entfernen uns auch immer mehr von der Natur. Wie viele Menschen gehen heute wirklich regelmäßig hinaus in die Natur und nehmen wieder Verbindung mit ihr auf? Natur kann Einsamkeit, aber auch Leben bedeuten. Das spürt man natürlich nicht, wenn man in der Stadt lebt und um einen herum nur Trubel herrscht. Wir müssen wieder erkennen, dass wir ein Teil der »Natur« sind.

Je mehr Zeit und Energie man aufwendet, um die wahre Natur des Tieres kennen zu lernen, desto weniger muss man das Tier vermenschlichen. Man stellt fest, wie einmalig das Tier ist.

»Pferdlichkeit«

In der Regel wird der Begriff Persönlichkeit – wie bereits erwähnt – im Zusammenhang mit Pferden nicht so gebraucht wie bei Menschen. Pferde sind keine »Persönlichkeiten«, aber sie können einen wundervoll eigenen Charakter haben. *Welches Sternzeichen steht für den 15. März?*, fragt Genie Stewart-Spears (S. 128), Distanzreiterin und Pferde-Fotografin. *Das müsste eigentlich ein Fisch sein! Ich habe mein Pferd Z Heatzon als Fohlen selbst aufgezogen. Er liebt Wasser über alles. Ich selber bin eher wasserscheu. Immer, wenn Heatzon ins Wasser geht, sucht er sich die tiefste Stelle. Er steckt den ganzen Kopf rein und macht unter Wasser die Augen auf – das liebt er einfach! Einmal haben wir auf einem Ausritt an einem Bach angehalten. Heatzon hatte gerade den Kopf unter Wasser und herumgekaspert, als ein Schwarm Fische vorbeischwamm. Er ist denen nach und durch das Wasser gepflügt wie ein U-Boot! Ich kann nicht schwimmen und deswegen war das für mich schlimm ... aber alle, die zugeguckt haben, haben sich vor Lachen geschüttelt. Heatzon ist ein echter Komiker; wenn er ein Mensch wäre, würde er dem »Talker« David Letterman sicher Konkurrenz machen.*

Wenn ein Pferd so richtig energiegeladen ist, sagt Larry Mahan, *reite ich unheimlich gerne mit ihm raus, und dann denke ich nicht: »Ich muss jetzt dieses Pferd 30 Minuten lang galoppieren lassen, damit der Dampf raus ist«. Statt dessen reite ich los und nutze die Energie anders. Ich arbeite in diesem Fall zum Beispiel mit Rindern. Dann hat man das Gefühl, als würde das Pferd sagen: »Du Rind denkst wohl, du kannst an mir vorbei und zurück zur Herde gehen? Na, komm bloß her und probier's!« Das findet er einfach toll. Und ich finde es auch toll, weil ich dann sein Gefühl miterlebe. Ich lasse dieses Gefühl nicht »verpuffen«, indem ich es müde mache, sondern ich gebe ihm eine Aufgabe. Es ist ganz schön befriedigend, wenn man einem Pferd erlaubt, Pferd zu sein.*

Wer Pferden erlaubt, sich wie Pferde zu verhalten, der erkennt die ureigenen Charakterzüge von Pferden an. Damit hat er eine wertvolle Lektion gelernt, die auch innerhalb der Tierart »Mensch« Gültigkeit hat. Nicht jedermann muss oder sollte sich an ein und denselben Standard halten. Ein unorthodoxer Stil kann fast jedem Programmablauf eine ganz eigene Note verleihen: *Mein Suddenly ist ein Pferd, dem es auf der Rennbahn nicht gut gegangen ist,* erklärt Anne Kursinski. *Wenn es ans Springen geht, heizt er sich auf und wird etwas unberechenbar, aber er ist ein super Springpferd. Manche Leute sagen, dass er einen verrückten Eindruck macht, weil er den Kopf so hochwirft und auf die Sprünge zudüst. Aber ich weiß, dass er nicht verrückt ist; er trägt das nur einfach von früher mit sich rum, das sind seine Kindheitserlebnisse aus der Rennbahn-Zeit, also ignoriere ich es einfach. Er braucht ja nicht zu laufen wie Star Man oder Top Seed. Ich vertraue ihm, also lasse ich ihn machen, wie er es will, und versuche nicht, da auf ihn einzuwirken oder ihn zurückzuhalten. Das ist einfach seine Art, zu springen, und bei uns zwei klappt das wunderbar. Er ist wirklich nicht durchgedreht; er strengt sich unheimlich an, und ist im Umgang total brav. Er ist halt ein ungeheuer intelligentes Pferd und bekommt alles mit. Suddenly hat lange gebraucht, bis er mir vertraut hat, aber heute würde er mit mir über jedes Hindernis gehen.*

Anne Kursinski erlaubt Suddenly seinen eigenen Springstil und hat so seine Energie in die richtigen Bahnen geleitet. Warum soll man an etwas herumbasteln, das gar nicht »reparaturbedürftig« ist? Oder anders ausgedrückt, warum soll man einen erfolgreichen Springstil ändern, nur weil er anders ist?

Einzigartige Charaktere entwickeln oft auch einzigartige Talente – wie es Laura Bianchi (S. 128) festgestellt hat, die erste weibliche Polizistin im höheren Dienst bei der berittenen Polizei von San Francisco. *1985 war die Sängerin Monserrat Caballe der Stargast beim alljährlichen Operntag im Golden-Gate-Park. Ich war zur Überwachung eingesetzt und habe Doc geritten, einen großen, starken Kerl mit einer großen Blesse, die aussieht wie das »Washington Monument«. Es war ein schöner Tag und im Golden-Gate-Park waren sehr viele Menschen versammelt. Da bin ich also, ein wenig abseits, auf Doc gesessen, um mich herum die vielen Leute, und habe genüsslich der Arie zugehört, die die Caballe da gerade sang. Als sie anfing, ein paar richtig hohe Töne zu singen, begann Doc zu wiehern – kein leises Grummeln, sondern ein richtig schmetterndes Wiehern. Bei jedem Einsatz von Monserrat Caballe wieherte mein Pferd. Na ja, sie war dann fertig, aber Doc wieherte immer noch. Alles hat geklatscht und gelacht. Doc fand das ganz toll, aber mir war es so peinlich, dass ich weggeritten bin. Doc war wirklich zum Schreien komisch.*

Die Fähigkeit, einem Pferd seine kleinen Eigenheiten zuzugestehen, kann dazu führen, dass man das auch beim Menschen tut. Das hat Mary Fenton herausgefunden: *Warum kann man nicht einfach jeden Menschen so nehmen wie er ist, anstatt zu versuchen, ihn zu ändern? Ich weiß, dass mein Morgan, Cappy, immer ein bisschen daneben ist, aber das ist eben Cappy ... Pferde sind nun mal genauso verschieden wie Menschen. Diese Erkenntnis hat mir sehr in meiner Beziehung zu meiner Mutter geholfen, die inzwischen bei uns lebt. Erst vor kurzem habe ich es geschafft, zu akzeptieren, dass meine Mutter so, wie sie ist, wirklich okay ist – sie hat halt ihren eigenen Charakter. Sie ist wirklich eine interessante alte Dame. Es ist manchmal nicht leicht, aber es ist eine großartige Sache, wenn man Leute so akzeptieren kann, wie sie sind.* Dass Mary seit kurzem ihre Mutter so angenommen hat, wie sie ist, ist auf Marys Umgang mit Pferden zurückzuführen. Es hat wohl eine Weile gedauert, aber noch ist es nicht zu spät und sie kann ihre Beziehung heute endlich genießen.

Eine der besten Lehren, die ich gezogen habe, war die, unterschiedliche Pferde zu reiten, äußert Jenny Butah. *Nicht nur Pferde, mit denen ich gut zurechtkomme, sondern auch schwierige. Selbst wenn ich ein schwieriges Pferd eigentlich nicht noch einmal reiten will, denke ich mir »Was kann ich von diesem Pferd lernen, wenn ich draufsitze?« Diese Einstellung hat mich gelehrt, viel offener für alles zu bleiben und mit den verschiedensten Situationen klarzukommen, ohne andere zu zwingen, sich so oder so zu verhalten.*

Genau wie Menschen nicht perfekt sind, sind es auch Pferde nicht. Die Rechtsanwältin Pat Lawson (S. 129), die Begründerin der »Ebony Horsewomen« (eine Gruppe von schwarzamerikanischen Reiterinnen, die Jugendliche in den Städten unterstützen), besitzt ihren Palomino Star seit Jahren und wird immer noch daran erinnert, dass man mit ihm ganz schön zu tun haben kann, wenn er das will. *Star scheut gerne mal,* erklärt Pat. *Ich habe ihn jetzt seit Jahren und komme mit ihm gut zurecht, aber ich kann mich auf ihm nicht entspannen. Es kann immer mal passieren, dass er seinen Kopf durchsetzen will. Ich habe gelernt, dass es Dinge gibt, die man ändern kann, und Dinge, die man nicht ändern kann. Ich werde Star niemals ganz »hinbekommen«, dazu ist ihm sein Verhalten einfach zu sehr in Fleisch und Blut übergegangen. Das Alter richtet da bei ihm auch nichts aus; er ist inzwischen 17, stark wie ein Stier und so sportlich wie eh und je. Ich kann ihn nicht ändern und inzwischen ist mir klar geworden, dass das auch für manche Menschen gilt. Manche Menschen lassen sich helfen; manche Menschen kann man ändern und bei manchen kann man überhaupt nichts machen. Das muss man irgendwann einsehen. Da geht es auch nicht darum, wie sehr Star mich mag oder nicht mag. Er ist einfach so, wie er ist.*

Im Laufe der Jahre hat Pat gelernt, mit Stars »Macken« zu leben, weil seine guten Seiten die schlechten überwiegen. Wenn sie seinen schwachen Punkt akzeptiert, macht das zwar nicht immer Spaß, aber es ist eine reiterliche Herausforderung und hat sie auf die Dauer zu einer besseren Reiterin gemacht, die auch als Mensch offener für vieles ist.

Anstatt bei einem neuen Pferd »idealisierte Erwartungen« zu hegen, versuche ich, seine individuellen Eigenschaften herauszufinden und dort mit der Arbeit anzusetzen. So gehe ich auch bei Menschen vor. Früher habe ich Menschen nach dem ersten Eindruck beurteilt, was oft zu einer Fehleinschätzung geführt hat. Heute bemühe ich mich, mehr über diesen Menschen und was in seinem Inneren vorgeht herauszufinden – genau wie bei Pferden.

Wenn Pferde sich treffen, blasen sie sich gegenseitig sanft in die Nüstern. Für mich liegt in diesem Verhalten etwas wundervoll Sanftes und Ehrliches und es hat etwas mit Akzeptanz zu tun – sie atmen die Essenz des anderen ein und lernen ihn von innen heraus kennen.

Domestizierung

Der allergrößte Teil der Pferde ist domestiziert und überlebt angewiesen auf das Wohlwollen des Menschen. Die einzigen »wilden Equiden«, die es auf der Welt noch gibt, sind die afrikanischen Zebras und einige alte Pferderassen in Russland, der Mongolei und China – einschließlich des Przewalski-Pferdes und seiner Verwandten. Alle anderen »Wildpferde« der Welt, und dazu gehören auch die Mustangs im Westen der USA, sind ausgewilderte Tiere, die aus Haustierherden ausgebrochen sind oder freigelassen wurden. Die Tatsache, dass sich selbst heute noch Hauspferde den ausgewilderten Herden anschließen und erfolgreich in die Wildnis zurückkehren, deutet darauf hin, dass die Domestikation das Pferd zwar aus der Natur entfernt hat, die Natur aber noch immer ein Teil von ihm ist.

Domestizierte Stuten und Hengste haben dieselben Überlebens-Instinkte wie ihre »verwilderten« Kollegen. Daher ist es eigentlich ein Wunder, dass Pferde den Menschen, das »schlimmste und hartnäckigste Raubtier«, auf ihren Rücken dulden. Für ein freiheitsliebendes Fluchttier zählt es auf jeden Fall als lebensbedrohliche Situation, wenn es von seiner Herde getrennt und eingefangen wird. Wenn man es mit Leder- und Metallteilen fesselt und einzwängt und wenn schließlich ein Raubtier auf seinen Rücken klettert – kein Wunder, dass es sich das nicht immer gefallen lässt.

Einige Jahre lang hatte die amerikanische Behörde, die für die Verwaltung von staatlichen Ländereien zuständig ist, einen Vertrag mit einer Justizvollzugsanstalt in New Mexiko. Ausgewählte Gefangene wurden dort dazu ausgebildet, verwilderte Pferde auf ihre Adoption vorzubereiten, indem sie sie an den Menschen gewöhnten. Dazu gehörte das Anlegen eines Halfters und sich führen zu lassen. Für viele der Insassen war dieses Programm ein Sprung ins kalte Wasser, weil sie vorher nie Kontakt mit Pferden gehabt hatten. Den Pferden ging es ebenso, denn diese wilden, ausgewachsenen Pferde hatten zuvor niemals Umgang mit Menschen. *Die Insassen haben die verwilderten Pferde immer als »verrückt« bezeichnet,* erzählt Curtis Steel. *Ich habe ihnen gesagt: »Diese Pferde sind wild und sie haben Angst, aber sie sind nicht verrückt. Ich habe noch nie ein verrücktes Pferd gesehen. Manche Pferde sind nicht so klug wie andere – das trifft ja auch auf Menschen zu –, aber es gibt keine verrückten Pferde.«* Diese Tiere waren gejagt, eingefangen und in ihr Gefängnis gebracht worden – wie Gesetzesbrecher. Es ist wohl unnötig zu sagen, dass viele der Insassen sich mit diesen völlig verängstigten, eingesperrten Tieren identifizierten. Mit Hilfe dieses Programms erhielten sowohl die Pferde als auch die Gefangenen wertvolle Rehabilitations-Impulse, die sie auf neue Rollen und Aufgaben im Leben und in der Gesellschaft vorbereiteten.

Angst wird bei einem Pferd oft mit der Aussage »das Pferd ist total verrückt« abgetan. Flucht ist für ein Pferd die beste Verteidigungsstrategie. Jede Form der Einengung kann für ein Pferd verheerende Auswirkungen haben und sogar tödlich enden. Wenn ein Pferd, das Angst hat, durch Seile, Zäune oder einen Reiter am Weglaufen gehindert wird, kann seine Angst sich zur Panik steigern, sodass es schließlich um sein

Leben kämpft. Solch ein Kampf endet unter Umständen tödlich, da es verzweifelt gegen den unnatürlichen Feind, »die Einengung«, ankämpft.

Jahrhundertelang haben die traditionellen Methoden zum »Einbrechen« von Pferden sich auf körperliche Überlegenheit gestützt. In Amerika war und ist es üblich, ein Pferd mit dem Lasso einzufangen, auf den Boden zu werfen, ihm ein Halfter anzulegen und es dann an einem Pfosten anzubinden, an dem es sich austoben soll. Wenn das Seil des Menschen dann stärker ist als der Wille des Pferdes, wird das Pferd sich schließlich dieser »Einengung« unterwerfen. Wenn ein Pferd sich nicht unterordnet, kann es sein, dass es aus Panik an seinen Verletzungen oder an Erschöpfung stirbt.

Die Tradition der körperlichen Überlegenheit knüpft an die natürliche Rangordnung bei Pferden an, in der eine klare Hierarchie herrscht (sich also der schwächere einem stärkeren Führer unterordnet). Bei dieser Methode dominiert der Mensch mit seinen Methoden der »Einengung«. Diese Methoden hatten offensichtlich ihre Wirkung, aber sie haben eine Menge negativer Energie geschaffen, die zur Unterordnung führte statt zur Zusammenarbeit. In einer Beziehung, die gut funktionieren soll, ist die Zusammenarbeit aber viel wertvoller.

Aufgrund von Erfahrungen, Beobachtungen und Versuchen begann man allmählich, neue Techniken für die Arbeit mit Pferden zu finden: *Im Laufe der Jahre haben wir spezielle Methoden für den Umgang mit Pferden entwickelt, bei denen wir uns die Natur und die Psyche des Pferdes zunutze machen,* erklärt der Spezialist für den Umgang mit Wildpferden Ron Harding. *Wir hatten immer gedacht, wir müssten ein Wildpferd aufhalftern und es anbinden, um es zu impfen, zu entwurmen und sein Alter festzustellen, aber dann haben wir herausgefunden, dass die Wildpferde besser auf die Menschen reagieren, wenn man sie weniger einzwängt. Also benutzen wir jetzt einen abgepolsterten Treibgang, halftern sie überhaupt nicht auf und binden sie kaum an. Wir lassen sie einfach in diesen Treibgang laufen, werfen ihnen ein Lasso um den Hals und überreden sie mehr oder weniger dazu, den Treibgang bis hinten durchzugehen, sodass wir dort mit ihnen arbeiten können. Dadurch wehren sie sich viel weniger.* Ohne das Angebunden-Sein fühlen die Tiere sich nicht so sehr bedroht und sind so eher bereit, sich anfassen zu lassen. Diese Tatsache zeigt einmal mehr, dass man Pferde um so besser versteht, je mehr man über sie weiß. Das macht dann auch den Erfolg im Umgang mit ihnen aus.

Selbiges gilt auch für Beziehungen zwischen Menschen. Wenn man eine Person gut kennt, kann man wirkungsvoller mit ihr kommunizieren, hat realistischere Erwartungen und kann besser zusammenarbeiten.

Der Mensch bietet dem Pferd nicht unbedingt artgerechte Lebensbedingungen. Damit es für den Menschen bequemer ist, sperrt er das Pferd ein. Futter bekommt es nur zwei- oder dreimal am Tag. In freier Wildbahn frisst das Pferd ständig. Oft werden Pferde sozial isoliert oder in eine Einzelbox gesperrt, wo körperliche und geistige Anregungen der Langeweile zum Opfer fallen. Die körperliche Ertüchtigung wird streng kontrolliert und das Pferd kann kaum einmal spontan einen Sprung machen oder ein »Galöppchen« einlegen.

Häufig klettert dann der Mensch auf seinen Rücken und arbeitet mit ihm, bis es tut, was man von ihm will. Mit Gebiss und Zaumzeug werden die Pferde nicht nur gelenkt, sondern es wird ihnen zudem erschwert, sich zu drehen und die Augen auf Angst einflößende Gegenstände oder Bewegungen scharf zu stellen. Also muss das Pferd sich darauf verlassen können, dass die Person auf seinem Rücken als »Ersatz-Wachtposten« arbeitet – und das, obwohl die Sinne des Pferdes auf Warnsignale viel feiner eingestellt sind als die Sinne des Menschen. Gelegentlich werden Pferde in eine winzige, dunkle, fahrbare Box geführt und an unbekannte Orte transportiert, wo sie viele andere unbekannte, verängstigte Pferde treffen. Dazu kommen flatternde Fahnen, Menschengeschrei, Lautsprecheransagen und helle Lichter. Ist es da ein Wunder, dass diese scheuen Wesen nervös werden?

Ich habe mir oft überlegt, wie es wäre, wenn man einen Hirsch satteln würde anstatt eines Pferdes. Würde man denn hier Zusammenarbeit erwarten können? Weil Hirsche auch Beutetiere sind, ist ihre Natur mit der Natur des Pferdes vergleichbar. Trotzdem spricht man bei Rehen und Hirschen von scheuen Wildtieren, während man von einem Pferd »Mut« und Zusammenarbeit erwartet. Warum? Weil Pferde große, starke Anpassungskünstler sind und sie in der Regel wirklich versuchen zu tun, was man von ihnen verlangt. Also verlangt und erwartet der Mensch immer mehr von ihnen. *Ich denke, dass das Pferd vom Großvater (so nennen wir Komantschen Gott) besonders geliebt wird,* erklärt Chris Hawkins, *weil er ihm die Fähigkeit gegeben hat, etwas von sich selbst zu geben. Menschen profitieren von Pferden so sehr ... Ein Pferd, das richtig behandelt wird, läuft sich unter Umständen für den Menschen zu Tode.*

Selbst Pferdebesitzer mit den besten Absichten verlangen viel von ihren Pferden und achten dabei nicht immer auf deren ureigene Bedürfnisse. Wenn man diese »Pferdebedürfnisse« versteht, muss man sich unter Umständen von seinem wertvollen Besitz trennen und tut damit das Richtige. *Ich sehe immer wieder teure Pferde, die niemals mit anderen Pferden auf die Koppel dürfen, weil sie getreten, gebissen oder anderweitig verletzt werden könnten,* so Rex Peterson. *Ich kenne Leute mit Turnierpferden, die halten mich für den verrücktesten Menschen, den es je auf Gottes Erdboden gegeben hat, weil ich Justin, das ist der schwarze Hengst, der in dem Film »Black Beauty« die Hauptrolle gespielt hat, die ganze Zeit mit den Wallachen draußen lasse. Aber wissen Sie was? Wenn ich Justin im Stall lasse, dann nimmt er ab und wird regelrecht depressiv. Bringe ich ihn wieder raus, ist er dreimal glücklicher und man kann viel besser mit ihm umgehen. Pferde sind Herdentiere. Wir haben zwar ein paar Pferde gezüchtet, die sich dran gewöhnt haben allein zu sein, aber trotzdem kann ich den Leuten nicht beipflichten, die ihre Pferde isolieren – Pferde sind und bleiben nun mal Herdentiere.*

Auch wenn die Domestikation eine unnatürliche Sache für ein umherziehendes Weidetier ist, ist sie doch auch die Rettung der Pferde.

Die menschliche Population wächst und die Lebensräume für Pferde werden immer kleiner – es ist nur zu offensichtlich, dass Pferde auf dieser Erde nur noch weiter bestehen können, wenn der Mensch sie kontrolliert und als Haustiere hält. Die wilden Herden in Amerika sind zwar nicht so weit gezähmt, dass man sie als domestiziert bezeichnen könnte, aber auch sie sind auf Reservate beschränkt und werden vom Menschen kontrolliert. Ihre Zahl wird durch Adoptionen und Empfängnisverhütungsprogramme ebenso konstant gehalten wie durch natürliche Ursachen. In harten Wintern hilft man ihnen gelegentlich durch Zufüttern und bei Trockenheit durch Wasser. Im Grunde werden die Wildpferde Amerikas von der Behörde, die für die Verwaltung des staatlichen Landbesitzes zuständig ist, auf einigen sehr großen staatlichen »Ranches« geschützt und gehalten.

Von der Dominanz zur Autorität

»Und machet euch die Geschöpfe der Erde untertan.« Dieser Satz aus dem Buch Genesis wird oft von Leuten zitiert, die die Tierwelt völlig dem Menschen unterwerfen wollen. Wie in der gesamten Bibel ist es aber auch bei diesem Auszug Auslegungssache. Man kann die Ausdrücke Autorität (Führungsrolle) und Dominanz (Kontrolle über andere) zwar synonym verwenden, aber den Begriff »Autorität« bringt man mit verantwortungsbewusster, umsichtiger Führung in Verbindung, bei der eine als Vorbild geeignete Person sich bemüht, die anderen zu verstehen und für sie zu sorgen. Dafür beansprucht aber diese Person die Vorrangstellung und übernimmt die Verantwortung, sodass eine für beide positive symbiotische Partnerschaft herauskommt. »Autorität« erkennt, wie viel Kraft entsteht, wenn man den Geist des anderen achtet und in die richtigen Bahnen lenkt, während »Dominanz« den Geist niederdrücken will, um ihn kontrollieren zu können.

Der Mensch sollte sich auf seine Verantwortung besinnen, sich mit der Natur des Pferdes befassen und dieses Wissen in Ausbildungsmethoden umsetzen, die mit den natürlichen Instinkten und Verhaltensweisen arbeiten. Das ist die allgemeine Philosophie des »New Age«, die von Ausbildern wie Buck Brannaman, Richard Shrake, Monty Roberts, John Lyons, Rex Peterson, Linda Tellington-Jones und vielen anderen vertreten wird. »Man muss *mit* dem Pferd arbeiten, nicht *gegen* das Pferd.« »Pferde muss man ausbilden und *einreiten*, nicht *einbrechen.*« Solche Aussagen zeigen, dass das Ziel zwischen Mensch und Pferd die partnerschaftliche Zusammenarbeit ist und keine Ausbildung auf erzwungener Dominanz aufgebaut sein sollte.

Je mehr man von Pferde versteht, desto leichter fällt es, Ausbildungsmethoden zu finden, die wirkungsvoll auf das einzelne Tier eingehen. Als Trainer für die Filmindustrie soll Rex Peterson seinen Pferden oft Stunts beibringen, die ihren natürlichen Instinkten völlig zuwiderlaufen: *Vor ein paar Jahren hat eine Producerin überall angerufen, weil sie für ein Rock-and-Roll-Video ein Pferd brauchte. Sie hatte schon jeden Trainer in Hollywood angerufen, auch den allerbesten: Glenn Randall.* (Glenn Randall ist Rex Petersons Mentor und der Ausbilder des berühmten Pferdes Trigger, das Roy Rogers gehörte. Er machte eine beachtliche Karriere als Ausbilder von Pferden für die Filmindustrie – unter anderem für Filme wie »Ben Hur« und

»Der schwarze Hengst«. *Drei davon hatten ihr meinen Namen gegeben und gesagt: »Wenn der Junge das mit seinem Pferd nicht machen kann, dann ist es unmöglich.« Also hat sie mich angerufen und mir gesagt, was sie braucht. Es sollte ein Pferd sein, das sich in den Boden eingraben lässt und sich auf Zuruf selbst befreit! Alles bis zum kommenden Samstag. Na gut, ich habe ihr gesagt, ich würde sie zurückrufen, und dann bin ich rausgegangen und habe es mit meinem kleinen schwarzen Hengst probiert.*

Dann habe ich sie angerufen und ihr gesagt, was es kosten wird und was ich dazu brauche. Sie war entsetzt und sagte »Nein, nein, das können wir nicht machen!« Also habe ich gesagt »vielen Dank« und habe aufgehängt. Sie war sofort wieder am Telefon und meinte, die Leitung wäre wohl unterbrochen gewesen. Aber ich habe ihr gesagt, dass ich aufgelegt hätte. Sie fragte: »Warum?« Und ich erklärte es ihr: »Weil ich mit Pferden die allergrößte Geduld aufbringe, aber mit Menschen überhaupt keine. Wenn ich Ihnen sage, wie ich arbeite, mache ich das nicht, weil ich mich gerne reden höre. Ich lebe von diesem Geschäft. Und was ich Ihnen gesagt habe, das ist die einzige Möglichkeit, wie wir es machen können. Wenn wir so nicht zusammenkommen, müssen Sie sich jemand anderen suchen.« Darauf meinte sie: »Aber alle anderen haben gesagt, das wäre unmöglich!« »Also, meine Dame, lassen Sie mich das noch mal erklären. Ich habe gesagt, ich würde zu Ihnen kommen und wir machen drei Aufnahmen und ich garantiere für meine Arbeit. Wenn wir es in drei Aufnahmen nicht im Kasten haben, brauchen Sie mich nicht zu bezahlen.« Da hat sie gefragt: »Aber woher wissen wir, dass Sie das wirklich hinkriegen?« Da habe ich gesagt: »Meine Dame, ich habe es Ihnen gerade garantiert! Ich werde dieses Pferd dreimal hinlegen und es eingraben. Ich garantiere Ihnen, dass es sich hinlegt; es wird sich vollständig eingraben lassen, und es wird aus dem Boden hervorbrechen!« Und so haben wir das dann auch gemacht.

Sofort nachdem wir mit der Aufnahme fertig waren, bin ich zu meinem besten Freund gegangen, zu Glenn Randall – dem Mann, der mir das meiste von dem beigebracht hat, was ich über Freiheitsdressuren bei Pferden weiß. Ich habe es einfach nicht lassen können. Ich habe gesagt: »Glenn, ich habe da einen Anruf bekommen und soll das und das machen ... wie würdest du das machen?« Da hat er gesagt: »Na ja, ich weiß nicht; du müsstest dein Pferd mal herbringen und dann probieren wir es.« Da fing ich an zu lachen und er sagte: »Du hast das einfach schon gemacht, was?« »Ja, genau.« Da hat er gelächelt und mich gefragt: »Und, wie hast du es gemacht?« Wir sind dann den ganzen Nachmittag dagesessen und haben darüber geredet.

Es ist offensichtlich, dass ein solcher Stunt, bei dem das Pferd »lebendig begraben« wird, jede Menge Verständnis und Vertrauen zwischen Pferd und Ausbilder erfordert. Immer wieder zeigt sich, dass sich das Pferd gerne einem dominanten »Führer« unterordnet, mit ihm zusammenarbeitet und ihm sein Vertrauen schenkt. Wenn man mit der Natur des Pferdes so arbeitet, wie Rex das tut, indem man nämlich das Vertrauen des Pferdes nutzt, kann man in der Ausbildung sehr viel erreichen.

Von der Autorität zur Zusammengehörigkeit

Wer sich mit anderen eingehend befasst, erweitert dadurch seinen eigenen Horizont: *Je mehr wir über die Tiere lernen, desto mehr lernen wir über uns selbst und über unsere Beziehung zu der Welt um uns herum,* sagt Bev Doolittle. *Es gibt da ein Zitat von einem Indianerhäuptling, das folgendermaßen lautet: »Wenn du das Tier kennst und es dich kennen lernt, wirst du es nicht mehr fürchten.« Vor Dingen, die man kennt, hat man keine Angst; man fürchtet sich nur vor Dingen, die einem absolut fremd sind und zudem gefährlich erscheinen. Man muss sich Zeit nehmen, um die Tiere richtig kennen zu lernen. Das trifft auch auf Menschen zu. Wenn wir uns die Zeit nehmen würden, andere Menschen besser kennen zu lernen, dann gäbe es zwischen den verschiedenen Volksgruppen wahrscheinlich weniger Angst und Vorurteile. Deshalb ist auch die Beziehung zu Tieren wichtig – es geht um die Beziehung zwischen allem, was lebt.*

Einer der erfolgreichsten Reiter Amerikas, der sechsmalige Olympiateilnehmer im Springen William Steinkraus (S. 145), hat eine erfrischend bescheidene Auffassung von der Beziehung zwischen allem, was lebt: *Ich betrachte das Leben als Ganzes. Wir leben alle hier auf dieser Erde und für mich sind alle Lebewesen gleich. Wir gehören alle zum selben Raum-Zeit-Gefüge.* Wenn man anerkennt, dass man im lebendigen Raum-Zeit-Gefüge keinen besonderen Platz einnimmt, dann gibt man damit die Beziehung zu allem anderen zu. Diese Beziehung beruht nicht auf Dominanz, sondern auf dem gegenseitigen Vertrauen, dass einem das Wohlergehen des anderen am Herzen liegt; es ist eine Beziehung, die auf gegenseitiger Zusammengehörigkeit beruht.

Lebenslehren

Wenn man etwas über andere lernt, verschiebt der Blick sich vom egozentrischen »Ich« auf das »Du« und »Wir«. Nicht wie »ich« mir dich *vorstelle*, sondern wie »Du« *wirklich bist*, ist wichtig.

Wenn man die seltenen Qualitäten eines anderen kennen lernt (Persönlichkeit, »Pferdlichkeit«, individuelle Eigenschaften), wird man in die Lage versetzt, Respekt, Wertschätzung und Begeisterung für die einzigartigen Begabungen und Eigenheiten eines anderen Lebewesens zu empfinden. Wenn man andere so kennen und wertschätzen lernt, legt man das Fundament für eine innige Verbindung, Bruderschaft und Liebe.

Selbst wenn man nicht jeden einzelnen Charakterzug eines anderen anziehend oder liebenswert findet, so lernt man doch von jedem Einzelnen. Dieses Wissen bringt Vertrautheit und Toleranz, baut Vorurteile und die Angst vor den Unterschieden ab. Es gibt einen alten Spruch: »Ein gutes Pferd kann keine schlechte Farbe haben« (Vernon 454). Wenn die Menschheit nur akzeptieren könnte, dass ein guter Mensch keine schlechte Farbe haben kann ...

Wer die Gruppendynamik einer anderen Tierart verstehen lernt, indem er sich mit deren Soziologie und »Pferdiologie« befasst, der erweitert das eigene Verständnis für Beziehungen zwischen verschiedenen Tierarten (beispielsweise zwischen Raubtieren und Beutetieren). Solches Wissen fördert realistischere Erwartungen und wirkungsvollere Ausbildungsmethoden für eine erfolgreiche gemeinsame Existenz. Oder, wie es Bill Wyman, der Direktor der Thacher School in Ojai in Kalifornien ausdrückt: »Was Pferde so wichtig macht, ist nicht das, was man über sie lernen kann, sondern das, was sie einem über Menschen beibringen« (Huyler 339).

Um mit anderen in Beziehung treten und in größerer Harmonie zusammen existieren zu können, ist es unbedingt nötig, deren wahre Natur zu erkennen. Monty Roberts (S. 146), der Spezialist auf dem Gebiet der Kommunikation mit Pferden, ist 1998 von der amerikanischen Pferde-Dachorganisation zum Mann des Jahres erklärt worden. *Pferde sind im Mosaik des Lebens nur ein Teilchen, ebenso wie Menschen auch. Alles was lebt ist auf der Erde durch dieses Mosaik spirituell miteinander verbunden. So arbeitet die Natur. Diese spirituelle Verbindung ist so bedeutsam wie alles draußen in der Natur, und sie ruft nach uns. Wir müssen sie nur besser verstehen*, führt Monty Roberts an.

Dadurch, dass wir uns mit anderen Tierarten befassen, lernen wir etwas über die einzelnen Stücke des Natur-Mosaiks, über unsere Verbindung mit ihnen und über die gemeinsamen Beziehungen zum Ganzen. In diesem speziellen Fall tragen das Verständnis für die wahre Natur des Pferdes, die Arbeit mit dem Pferd und das Lernen von ihm zum dynamischen Gleichgewicht und zur Harmonie im lebendigen Raum-Zeit-Gefüge der Natur bei.

PHYLLIS EIFERT, geboren 1929, ist Malerin und Bildhauerin und reitet seit ihrem sechsten Lebensjahr. Als Jugendliche ritt sie Jagden und Jagdspringen. Sie hat Ponykreuzungen gezüchtet, ist neun Jahre lang als Betreuerin von Turnier zu Turnier gezogen und reitet derzeit mit der Tryon-Meute in Nordkarolina. Dieses Foto aus dem Jahre 1967 zeigt Phyllis mit ihrem Mann, ihren Kindern und dem geliebten Familienpony Yankee Doodle.

MARY FENTON, geboren 1938, reitet und unterrichtet schon ihr ganzes Leben und leitet heute eine große Reitschule. Nach einem Studienaufenthalt bei Sally Swift machte sie eine Prüfung zur Trainerin nach der »Centered Riding-Methode«. Sie war Mentorin und Reitlehrerin von Becky Hart (S. 175) und wurde 1992 von der amerikanischen Reitlehrervereinigung zur Reitlehrerin des Jahres ernannt. Hier reitet sie ihren selbst ausgebildeten Vollblutwallach Egyptian Hemp alias Tempo auf seinem ersten Wanderritt an der kalifornischen Küste.

LINDA TELLINGTON-JONES, geboren 1937, ist Pferdeausbilderin und meisterhafte Lehrerin mit neuen Methoden. Mit den von ihr entwickelten Methoden TTEAM (Tellington Touch Awareness Method) und TTOUCH (Tellington TTouch Techniques) hat sie internationale Anerkennung erzielt. Diese ganzheitlichen Methoden dienen der Ausbildung und der Heilung von und der Kommunikation mit dem Tier. Linda hat in vielen reiterlichen Disziplinen Rekorde aufgestellt und mit den unterschiedlichsten Olympiakadern gearbeitet. Ihr Erfolg beruht darauf, dass sie sowohl dem Pferd als auch dem Reiter hilft, sein Potential zu maximieren. Außer in Kursen haben ihre Techniken auch in Artikeln, Büchern und Videos ihren Niederschlag gefunden. Hier genießt eine Araberstute in Galisteo in Neumexiko Lindas »Touch«.

BUCK BRANNAMAN, geboren 1961, ist ein Cowboy, dessen schillernde Karriere als Lasso werfender Kinderstar begann. In den sechziger Jahren trat er zusammen mit seinem Bruder als die Lasso schwingenden »Sugar Pops Kids« auf. Inzwischen bildet Buck erfolgreich Jungpferde aus. Er war unter anderem technischer Berater für Robert Redfords Film »Der Pferdeflüsterer«.

Penelope Smith, geboren 1946, ist eine sehr bekannte Expertin auf dem Gebiet der Kommunikation mit Tieren. Sie hält Vorträge und schreibt Bücher zum Thema Kommunikation zwischen verschiedenen Tierarten. Zudem gibt sie in Amerika und der ganzen Welt Seminare. Hier ist sie mit ihrem Lama Raindance abgebildet.

Sam Savitt ist nicht nur einer der bekanntesten Pferdekünstler der USA, sondern zudem preisgekrönter Schriftsteller, Buchillustrator von über 150 Büchern, gefragter Lehrer und begeisterter Reiter. Sam ist hier mit seiner Katze Randy und dem Pferd McClaurey abgebildet.

Carol Grant, geboren 1933, unterrichtet am College Soziologie und Psychologie. Ihre Artikel zum Thema »Pferdeverhalten« erschienen im »Quarter Horse Journal«. Ihre Liebe zu Pferden begann mit ihrem ersten Pferd, das sie mit acht Jahren bekam. Im Laufe der Jahre hat sie über zwanzig Pleasure-Pferde selbst gezogen, eingeritten und ausgebildet.

Tracy Cole, geboren 1965, begann 1972 in einem Verein für Behindertenreitsport zu reiten – als Therapie für die Folgen einer Gehirnlähmung. 1989 nahm sie an den amerikanischen Meisterschaften für behinderte Reiter teil und 1991 an den »Victory Games«. Hier ist sie mit ihrem geliebten Freckles abgebildet.

Valerie Kanavy, geboren 1946, ist Pferdeausbilderin und Weltmeisterin im Distanzreiten. Wettkampfmäßig reitet sie seit 1972. 1994 hat sie sechs große Siege errungen, darunter die Goldmedaille bei den Weltreiterspielen in Holland. Bei den Weltreiterspielen 1996 wurde sie Zweite. Valerie reitet auf diesem Bild aus dem Jahre 1993 ihren Araber Pieraz, besser bekannt als Cash, in den Black Hills in Süddakota beim »Race of Champions«.

Curtis Steel, geboren 1942, verwaltet heute eine Ranch. Früher war er in einer Justizvollzugsanstalt in Neumexiko für ein Programm zur Ausbildung von Pferden zuständig, bei dem wilde Pferde von Häftlingen »gezähmt« wurden. Hier zeigen Curtis und sein Mustang Jake 1991 auf dem Ausbildungsgelände des Staatsgefängnisses in Las Cruces in Neumexiko, was sie mit dem Lasso können.

4. Kapitel

Pferdeverstand und Ehrlichkeit: Intelligenz und Integrität

Pferde sind Spiegel der Menschen, mit denen sie Umgang haben.
John Lyons

Pferde können uns durchschauen, als wären wir aus Plexiglas.
Macella O'Neill

Noch hatte der Staub keine Gelegenheit gehabt, sich auf das brandneue Schild zu legen, das da verkündete »Diamond Mountain Stables, Unterricht im Gelände- und Springreiten, Pensionsstall, Beritt«, als auch schon ein großer, kräftiger Mann und seine schlanke Frau einen Apfelschimmel-Wallach über die Einfahrt führten. Am Stall wurden sie von den neuen Eigentümern, Macella O'Neill und Charlie White, herzlich begrüßt.

»Hallo! Ich habe gestern mit Ihnen gesprochen«, sagte der Mann und gab Macella die Hand. »Das ist meine Frau, und *das* ist Jaqeem«, sagte er und zeigte mit fast väterlichem Stolz auf den Wallach.

Charlie nahm den Führstrick und Macella streichelte sanft über den Hals des Wallachs. Dann beobachtete sie, wie der vierjährige Araber sich ruhig über den Parkplatz führen ließ.

»Er lässt sich gut führen und macht einen ganz umgänglichen Eindruck«, sagte Charlie. »Ja, er ist wirklich ein braves Pferd«, antwortete der Mann. »Wie ich Ihnen am Telefon gesagt habe, ist er bei uns geboren und wir haben ihn vom ersten Tag an aufgezogen. Aber jetzt braucht er eine professionelle Ausbildung, damit wir ihn auf den Reitwegen rund um unser Anwesen reiten können.«

»Das sollte kein Problem sein«, sagte Macella zuversichtlich. »Lassen Sie ihn ruhig bei uns, und in ein paar Wochen informieren wie Sie, wie er sich macht. Sie können jederzeit vorbeischauen.«

Als das Paar gegangen war, brachten Macella und Charlie das Pferd in eine Box in der Nähe der Halle und gratulierten sich selbst zu ihrem ersten Berittpferd. Der

Stall hatte damit einen guten Start, denn dieses Paar war in der Gegend wohl bekannt. Ihr Erfolg bei einem jungen Pferd würde ihnen Empfehlungen und damit jede Menge Arbeit bringen.

Jaqeem machte begeistert mit und ging bald schön unter dem Sattel. Als Macella ihn aber nach einer Reitstunde in die Box führte, stieg er plötzlich und schoss auf Charlie zu, der gerade pfeifend und einen Eimer mit Kraftfutter schwenkend vorbeiging. Macella konnte das Pferd noch zur Seite bewegen und es wieder mit allen Beinen auf den Boden bringen, aber sowohl sie als auch Charlie waren über diesen Vorfall sehr erstaunt und erschüttert.

Am nächsten Tag ging Jaqeem wieder hoch – dieses Mal boxte er mit den Vorderbeinen in die Luft und marschierte wie ein riesiges, verrücktes, boxendes Känguru auf Macella zu. »Mein Lieber, der ist vielleicht schnell auf seinen Hinterbeinen!, sagte Macella, während sie schnell in die Futterkammer zurücksprang, um dem Angriff zu entgehen. »So etwas habe ich noch nie gesehen – ich schwöre, der hat versucht, mir eine Ohrfeige zu geben!« Im Verlauf der nächsten Tage stieg Jaqeem noch einige Male und machte sich beim Stallpersonal einen Namen als »verrückter Verbrecher«, der noch jemanden umbringen würde. Niemand außer Macella und Charlie durfte sich ihm nähern, während sie herauszubekommen versuchten, wie sie am besten weitermachen sollten.

Beide wussten, dass es eine Katastrophe für ihren neuen Stall wäre, wenn sie bei diesem wichtigen Kunden scheiterten. Als öffentlich zugänglicher Reitstall konnten sie es sich aber auch nicht leisten, ein gefährliches Pferd auf dem Hof zu haben. Charlie und Macella zerbrachen sich den Kopf, was Jaqeems Verhalten ausgelöst hatte und wie man es am besten korrigieren könnte.

Seine Besitzer hatten von Angriffen nichts erwähnt. Macella und Charlie zogen also den Schluss, dass das Problem angefangen haben musste, seit Jaqeem nach Diamond Mountain gekommen war. Aber warum? Sie besprachen sich mit ihrem Tierarzt, dem Schmied und einigen anderen erfahrenen Ausbildern aus ihrem Bekanntenkreis. Keiner hatte eine Erklärung, außer dass es nun einmal Verbrecher gäbe und Jaqeem nach genau so einem aussah.

Macella weigerte sich, das zu akzeptieren. »Sonst ist der doch sanft und gut zu haben«, dachte sie. »Das ergibt einfach keinen Sinn. Ich kann doch nicht einfach akzeptieren, dass er verrückt sein soll.« Sie war sich mit Charlie einig, dass sie Jaqeems Besitzern davon erzählen mussten, weil sie ihm sein Verhalten auch nicht abgewöhnen konnten und es inzwischen mit beunruhigender Häufigkeit auftrat. Anstatt die Sache am Telefon zu bereden, lud Macella die Besitzer auf den Hof ein, damit sie dort Jaqeem bei der Arbeit sehen konnten.

Der Nachmittag war warm und schön. Jaqeem war bereits gesattelt und in der Halle, als das Paar eintraf. Macella wollte zuerst die guten Nachrichten loswerden. Also zeigte sie eine beeindruckende reiterliche Vorstellung, bei der Jaqeem all seine neuen Fähigkeiten demonstrierte: taktklarer Schritt, Trab und Galopp, Halten, Rückwärtsrichten, Schenkelweichen. Macella ließ ihn sogar einige niedrige Sprünge machen. Während der gesamten Vorführung war Jaqeem ruhig und aufmerksam und zeigte offensichtlich gerne, was er konnte. Nach zwanzig Minuten ließ Macella sich aus dem Sattel gleiten und führte ihren jungen Schüler stolz hügelaufwärts in Richtung seiner begeisterten Besitzer.

Sobald Jaqeem seinen Besitzer dort mit einer Hand voll Möhren stehen sah, stieg er und raste auf ihn zu – in voller Montur und mit fliegenden Beinen!

»Verdammt!«, dachte Macella. »Ich habe ja gewusst, dass als Nächstes die schlechte Nachricht kommt, aber ich habe nicht gedacht, dass er seine *Besitzer* angreifen würde!« Ironisch dachte sie »Na ja, so ist das im Pferdegeschäft!«. Glücklicherweise war Charlie zur Stelle und brachte Jaqeem wieder auf alle vier Beine, bevor er mit seinen Besitzern zusammentraf.

»Er scheint sich da etwas angewöhnt zu haben ...«, sagte Charlie langsam und versuchte zu erspüren, wie die Besitzer darauf reagieren würden.

»Oh ja ... das macht er immer mal. Wir haben gehofft, dass Sie ihm das abgewöhnen könnten«, antwortete der Mann.

»Sie haben das *gewusst*?« fragte Charlie ungläubig. Gleichzeitig war er erleichtert, dass Jaqeem sich dieses Verhalten nicht erst bei ihnen angewöhnt hatte, aber trotzdem regte er sich darüber auf, dass sie eine so gefährliche Angewohnheit nicht erwähnt hatten.

»Warum haben Sie uns nichts davon gesagt, als Sie ihn zu uns brachten?« fragte Charlie mit einem deutlich scharfen Unterton in seiner sonst so liebenswürdigen Stimme. Die beiden sahen sich an, als ob sie ein unanständiges Geheimnis hätten, das sie nur mit großer Überwindung anderen mitteilen konnten.

»Es war uns peinlich ... Sehen Sie, Jaqeem ist das erste Fohlen, das wir aufgezogen haben«, begann der Mann.

»Er war so ein lieber kleiner Kerl!«, unterbrach ihn seine Frau. »Heute wissen wir, dass es dumm von uns war, aber damals haben wir daran gar nicht gedacht.« Nun zögerte sie. Die beiden sahen sich an und dann zu Boden.

»Sehen Sie, als Jaqeem klein war – ich meine, so richtig winzig und süß und knuddelig – «, sprach der Mann weiter, »da habe ich mich vor ihn hingekniet, habe mir seine dünnen Vorderbeine auf die Schultern gelegt, ihn umarmt und ihm ein Leckerli gegeben. Na ja, er war so ein intelligentes Kerlchen, nach kurzer Zeit habe ich ihm bloß noch Hafer oder eine Möhre zeigen müssen, und dann ist er gekommen und hat mir die Hüfchen auf die Schultern gelegt. Wie so ein Teddybär.«

»Wirklich, wir haben nie daran gedacht, dass er das auch noch machen könnte, wenn er größer ist«, setzte seine Frau entschuldigend hinzu.

»Als wir gemerkt haben, dass er allmählich zu groß für dieses Kunststück wurde, haben wir alles versucht, um ihm das Ganze wieder abzugewöhnen, aber es hat alles nicht geklappt. Wir haben gehört, dass Sie sehr gut mit Pferden umgehen können, also haben wir ihn zu Ihnen gebracht«, sagte der Mann hoffnungsvoll.

»Mein Gott!«, rief Charlie aus. »Kein Wunder, dass wir so wenig Fortschritte gemacht haben – Sie haben ihn ja praktisch von Geburt an so geprägt! Und dann haben Sie ihn auch noch mit Streicheln und Leckerli belohnt! Sie haben wirklich alles richtig gemacht, um ihm dieses Verhalten anzugewöhnen. Unter diesen Umständen ist es sehr schwierig, ihm das wieder abzugewöhnen. Ich bezweifle ernsthaft, dass er jemals völlig damit aufhören wird.«

»Aber wir werden unser Bestes tun«, sagte Macella, die immer noch versuchte, freundlich und positiv zu bleiben. »Holen Sie ihn nächsten Monat ab wie geplant, und wir werden bis dahin daran arbeiten.«

In den folgenden Wochen machte Jaqeem unter dem Sattel ungeheure Fortschritte, aber seine lebensbedrohlichen »Umarmungsversuche« abzustellen, gelang nicht. Das Stallpersonal passte immer sehr auf, wenn es mit Jaqeem zu tun hatte, und es galt die strikte Order, alle Leckerli außer Sichtweite von Jaqeem zu halten. Als der Vertrag über den Beritt auslief, gab Macella das Pferd an seine Besitzer zurück und hatte das gute Gefühl, ihnen ein wunderbares Geländepferd geben zu können, aber er war immer noch ein recht gefährlicher »Teddybär«.

Missverständnisse

Pferde sind stumm; sie können nicht sprechen. Die oben geschilderte Situation unterstreicht, wie leicht das Verhalten von Pferd falsch interpretiert und wie leicht falsche Motive untergeschoben werden können. Jaqeem wollte niemanden umbringen, er wollte die Menschen nur »umarmen«, um so Aufmerksamkeit, Lob und Leckerbissen einzustreichen. Er war keineswegs ein »Verbrecher«, sondern einfach nur ein gut ausgebildetes Tier, das korrekt auf den visuellen Reiz eines Leckerli reagierte. Sobald seine Geschichte klar war, sprachen seine Handlungen eigentlich für echten »Pferdeverstand«, weil er genau wusste, wann er was tun musste, um eine Belohnung zu bekommen. Er gab genau das zum Besten, was man ihm beigebracht hatte.

Wenn man diesen Vorfall nun betrachtet, welches Tier ist dann intelligenter? Der Mensch, der nicht weit genug vorausdenkt, oder das Pferd, das etwas tut, weil es weiß, dass es dafür belohnt wird? Welches Tier ist ehrlicher? Der Mensch, der wichtige Informationen verschweigt, weil es ihm peinlich ist, oder das Pferd, das genau so reagiert, wie man es ausgebildet hat?

Wenn die Tatsachen nicht auf den Tisch gekommen wären, wäre Jaqeem wahrscheinlich als gefährlicher »Verbrecher« gebrandmarkt und schwer dafür bestraft worden. Der plötzliche Umschwung von einer Belohnung zu einer Bestrafung für ein und denselben Reiz hätte ihn auf jeden Fall durcheinandergebracht und unter Umständen zu Verteidigungsmaßnahmen gegen die Bestrafung geführt. Es ist nicht einfach, für stumme Tiere zu »übersetzen«. Man braucht Wissen, Erfahrung, Einfühlungsvermögen und eine offene, hinterfragende Einstellung, um einige der seltsamen Verhaltensweisen auszuloten, mit denen man es zu tun bekommt. Selbst wenn das Verhalten inakzeptabel und anscheinend so glasklar ist wie die »Angriffe« von Jaqeem, so gibt es doch oft kleinste Einflüsse durch den Zeitpunkt, körperliche Reize oder die Geschichte des Tieres, die man herausfinden muss, um mit der Korrektur erfolgreich zu sein: *Als ich meinen Quarter-Horse-Hengst Dream gekauft habe, hatte er mit allen in seinem Umfeld größeren Ärger,* erzählt John Lyons. *Er war in der Box total aggressiv und hat Leute gebissen. Auch anderen Pferden gegenüber war er wenig freundlich. Er war oft geschlagen worden und schlug jetzt einfach zurück. Als ich schließlich zu ihm durchgekommen bin, habe ich herausgefunden, dass er einfach bloß Aufmerksamkeit wollte. Da war er wie ein kleiner Junge. Er wollte einfach, dass man sich die ganze Zeit mit ihm abgab; er hat es total geliebt, wenn man ihn gestreichelt und gekrault hat. Ursprünglich hatte er sich damit Ärger eingehandelt, weil die Leute dachten, er wäre aggressiv, und dann angefangen haben, zurückzuschlagen ... Es gibt ein paar solche Pferde wie Dream, denen es egal ist, wie sehr man sie schlägt, sie kommen zurück und kämpfen immer besessener. Gewinnen sie den Kampf, dann bekommen sie das Etikett »Verbrecher« verpasst, oder Schläger oder Beißer. Dann lässt man sie in Ruhe, aber das ist ja genau das Gegenteil von dem, was Dream gebraucht hat, also ist er immer schlimmer geworden ... Dream hat mir beigebracht, dass es richtig aggressive Pferde gibt, die beim Menschen einfach einen falschen Start gehabt haben und innerlich eigentlich ganz besondere Pferde sind.*

Vorfälle wie die mit Jaqeem und Dream gibt es leider nur zu häufig. Falsche Vorstellungen, falsche Behandlung und schlechte Ausbildungsmethoden haben viele verwirrte, verängstigte und sich wehrende Pferde hervorgebracht und damit zu dem Glauben geführt, es gäbe verrückte Pferde oder »Verbrecher«. Bei den meisten der erfahrenen Pferdemenschen, die ich interviewt habe, herrscht allerdings die einhellige Meinung, dass 99,9% der verrückten Pferde und der »Verbrecher« vom Menschen gemacht sind: *Als ich noch bei Glenn Randall gearbeitet habe, haben ihm die Leute eine ganze Menge von »Verbrecher-Pferden« gebracht,* sagt Rex Peterson. *Glenn hat sie »Löwen und Tiger« genannt. Und Sie können mir glauben, die waren alle von Menschenhand zu dem gemacht worden, jedes einzelne davon.* Mit dem selben Grundtenor beobachtet Chris Hawkins: *Ich glaube nicht, dass der liebe Gott jemals ein böses Pferd erschaffen hat – man braucht schon Menschen dazu, um böse Pferde zu machen.* Sicher existiert die Möglichkeit, dass durch genetische Veranlagung oder hormonelles Ungleichgewicht Tiere entstehen, die geistig verwirrt sind. Genetisch bedingte Verrücktheit ist aber äußerst selten; die überwiegende Mehrheit der »Verbrecher-Pferde« ist vom Menschen gemacht und kann normalerweise vom Menschen wieder korrigiert werden – wenn das Pferd den richtigen Umgang und die richtige Pflege bekommt –, wie das glücklicherweise bei Jaqeem und Dream der Fall war.

Ist »Pferdeverstand« Intelligenz?

Im vorherigen Kapitel wurde das Pferd als Beutetier mit einfachen, meist körperlich orientierten Bedürfnissen beschrieben: Schutz, Vermehrung, Gesellschaft, Futter und Überleben. Deswegen sind die geistigen Funktionen des Pferdes mit körperlicher Aktivität verbunden. Menschen als Raubtiere, die Zusammenhänge erkennen, müssen kreativ denken, Strategien entwickeln und sich Jagdmethoden zurechtlegen können. Wenn man zu diesen Bedürfnissen noch das breite Spektrum menschlicher Emotionen hinzufügt, die Phantasie und die sprachlichen Anforderungen, dann ist klar, dass Menschen sich mit viel komplexeren geistigen Funktionen beschäftigen. Deswegen ist auch das menschliche Gehirn deutlich größer, komplexer und fortschrittlicher gebaut als das des Pferdes.

Pferde haben eine ganz andere Wahrnehmung und lernen völlig anders als Menschen oder andere Tierarten. Jede Spezies entwickelt ganz eigene intellektuelle Begabungen, um in speziellen ökologischen Nischen überleben zu können. Deswegen sind so häufig geäußerte Aussagen wie die, dass Schweine, Hunde oder Schildkröten schlauer seien als Pferde, völlig bedeutungslos, weil jede Tierart ihre eigene Messlatte für Intelligenz hat. Pferdeintelligenz versetzt Pferde in die Lage, nicht nur auf der ganzen Erde zu überleben und sich zu vermehren, sondern sich auch erfolgreich an unglaublich künstliche Umgebungen und die unterschiedlichen Arbeitsanforderungen anzupassen, die an sie gestellt werden: vom Ziehen eines Karrens bis zum Auftritt im Zirkus, von der Teilnahme bei Olympia bis zum Angriff unter Artilleriebeschuss. Deswegen sage ich: »Pferde mögen stumm sein, aber sie sind nicht dumm.«

Ebenso wie bei Menschen gibt es auch bei Pferden Abstufungen in der Intelligenz. Innerhalb der Art kann es durchaus möglich sein, das Intelligenzniveau zu messen, wie man das beim Menschen durch IQ-Tests versucht. Aber selbst beim Menschen wird in den letzten Jahren immer stärker diskutiert, wie aussagekräftig die Messung und das Vergleichen von Intelligenz sind. Wenn Intelligenztests schon innerhalb einer Tierart nicht genau oder allgemein gültig sind, welche Hoffnungen bestehen dann für Intelligenzvergleiche zwischen verschiedenen Arten?

Dr. Temple Grandin hat einen Doktortitel im Bereich Verhaltensforschung bei Tieren und ist trotzdem Autistin. Diese geistige Behinderung zehrt oft sehr an den Kräften. In ihrem faszinierenden Buch »Ich bin die Anthropologin auf dem Mars« berichtet sie, dass sie nicht so wie die meisten Menschen zu denken in der Lage ist. Statt dessen denkt sie in Bildern, die sie miteinander assoziiert.

»Von Wissenschaftlern, die der Meinung sind, dass Sprache eine unbedingte Voraussetzung für das Denken ist, wird mir die Fähigkeit zu denken abgesprochen.«

»Als ein anerkannter Wissenschaftler mir sagte, dass Tiere nicht denken, antwortete ich ihm: wenn das wahr wäre, müsste ich den Schluss ziehen, dass ich nicht denken kann. Er konnte sich nicht vorstellen, dass man in Bildern denken kann, und konnte das auch nicht als wirkliches Denken anerkennen. Viele Denker, deren Denken auf Sprache basiert, können meine Denkenswelt nicht verstehen. Ich habe beobachtet, dass es sich bei den Menschen, die den Tieren die Fähigkeit zu denken absprechen, meist um stark verbal ausgerichtete Denker handelt, denen es an der Fähigkeit mangelt, sich etwas visuell vorzustellen. Solche Leute können ausgezeichnet verbal oder folgerichtig denken, aber sie können keine Bauzeichnungen lesen.«

»Es ist wahrscheinlich, dass Tiere in Bildern und Erinnerungen von Gerüchen, Lichtmustern und Geräuschkulissen denken. Meine eigenen visuellen Denkmuster

ähneln dem Denken von Tieren wahrscheinlich mehr als die Denkmuster von verbalen Denkern. Die Diskussion darüber, ob Tiere denken können oder nicht, ist dümmlich. Für mich war schon immer offensichtlich, dass sie es können ... Die Unterschiede zwischen sprachabhängigem Denken und bildabhängigem Denken erklären vielleicht auch, warum Künstler und Buchhalter sich gegenseitig nicht verstehen können. Sie sind praktisch Äpfel und Orangen.« (Grandin 160).

Wie es Elizabeth Marshall Thomas, die Autorin des Buches »The Hidden Life of Dogs« (Das verborgene Leben der Hunde) ausdrückt: »Hunde haben Hundegedanken«. Ich würde das auch auf in der Landwirtschaft genutzte Tiere anwenden. Eine meiner Studentinnen hat einmal die Bemerkung gemacht, dass Pferde nicht denken, sondern lediglich assoziieren würden. Wenn es nicht als denken gilt, dass man assoziieren kann, dann müsste ich daraus schließen, dass ich nicht in der Lage bin zu denken. In visuellen Bildern zu denken und zu assoziieren, ist einfach nur eine andere Form des Denkens, anders als das lineare Denken, das auf der Sprache beruht. Beide Arten des Denkens haben ihre Vor- und Nachteile.« (Grandin 173)

Selbst der Ausdruck »Intelligenz« bezieht sich auf die kognitiven und abstrakten Denkvorgänge von Menschen. »Pferdeintelligenz« sollte nach spezifischen Pferdestandards gemessen werden. Bei Pferden findet man unterschiedliche Ausprägungen von Intellekt oder »Pferdeverstand«: Da werden einzigartige und wirkungsvolle Begabungen, Eigenschaften und Bewusstheiten kombiniert, die es ihnen erlauben, zu lernen, sich anzupassen und zu überleben. Diana Thompson bemerkt dazu: *Moshe Feldenkrais hat einen Ausdruck, für den Pferde als Beispiel dienen können: »Die Fähigkeit, sich anzupassen, ist ein Zeichen von Intelligenz.« Vom Standpunkt der Evolution stirbt eine Tierart aus, die sich nicht anpasst.*

Die egozentrische menschliche Natur versucht natürlich, die Position des Einzelnen an der Messlatte »Intelligenz« festzumachen, aber Mutter Natur hat einfachere Messmethoden, die mehr auf Tatsachen beruhen: Anpassung und Überleben. In der Pferdegesellschaft ist deswegen eine erfahrene, ältere Leitstute die allgemein anerkannte »Alte Weise«.

Im Laufe der Zeitalter haben Pferde sich als Meister der Anpassung und des Überlebens erwiesen: *Pferde sind formbare, veränderliche Wesen mit einer erstaunlich großen Fähigkeit, sich an die Umwelt und Ausbildungsmethode anzupassen,* sagt John Lyons. *Egal, was ein Pferd früher gemacht hat, wenn es an einen neuen Besitzer geht, kann es ein ganz anderes Pferd werden. Das ist so prima an Pferden. Wenn jemand die Aussage trifft, dass ein Pferd dumm ist, dann ist das jemand, der nicht sehr viel über Pferde weiß. Dumm ist das Letzte, was Pferde sind. Je besser ich als Lehrer werde, desto »schlauer« werden die Pferde, mit denen ich arbeite. Ich werde immer besser darin, den Pferden zu erklären, worum es geht, und deswegen scheinen die Pferde von vornherein schon schlauer zu sein. Das hat aber überhaupt nichts mit dem jeweiligen Pferd zu tun. Ich bin jetzt besser darin, einem Pferd zu erklären, was ich will, und deswegen scheint das Pferd intelligenter zu sein, aber es ist schon immer intelligent gewesen. Wir müssen bessere Lehrer werden und bessere Lehrpläne aufstellen.*

Wenn sie realistische Erwartungen mit klar verständlichen und angepassten Lehrplänen, dem richtigen Zeitpunkt und »pferdefreundlichen« Methoden verbinden, entdecken die Menschen, die mit den Pferden umgehen, plötzlich, dass die Pferde ja total schlau sind ...

Die meisten Menschen, die sagen, ein Pferd wäre »schlau«, meinen damit, dass es sich leicht ausbilden lässt oder gut ausgebildet ist und seinen natürlichen Reflex von »Flucht oder Kampf« gut unterdrücken kann. Diese Definition bürdet die Verantwortung für die »Schlauheit« des Pferdes dem Ausbilder auf, der für das Vertrauen des Pferdes in seine Menschen sorgen muss, und lässt den Pferdeverstand teilweise außer Acht. Da der Pferdeverstand vom Pferd meist ganz andere Reaktionen fordert als solche, die die meisten Menschen als »schlau« betrachten würden (vor einem fliegenden Stück Papier scheuen oder einem Briefkasten im großen Bogen ausweichen), hängt es von der Begabung des Menschen ab, bei einem Pferd das Fundament für »Cleverness« zu legen – durch Ausbildung und Vertrauen. Alle Menschen, die mit einem Pferd umgehen, tragen die Verantwortung dafür, diese erwünschte Ausbildung und dieses Vertrauen ständig zu stärken: *Bill Steinkraus hat mir da einmal einen sehr guten Rat gegeben,* erinnert sich Sam Savitt. *Er sagte: »Lüg dein Pferd nie an. Wenn du einem Pferd sagst, dass alles okay ist und es etwas Bestimmtes tun kann, dann musst du dir absolut sicher sein, dass es das auch kann. Wenn es das nämlich nicht kann und jedes Mal etwas passiert, dann verliert es das Vertrauen zum Menschen und gleichzeitig sein Selbstvertrauen.«*

Von Natur aus schlaue Pferde

Die Instinkte und die körperliche Empfindsamkeit des Pferdes sind beeindruckend und müssen in Betracht gezogen werden: *Pferde haben eine unheimliche Auffassungsgabe. Sie verstehen Botschaften, die wir Menschen überhaupt nicht bemerken oder von denen uns gar nicht bewusst ist, dass wir sie aussenden,* erklärt Dr. Robert Miller. *Mir erzählen Leute »Wenn ich rausgehe, weil ich ihn putzen will, lässt er sich fangen, aber wenn ich ihn reiten will, lässt er sich nicht einfangen.« Da habe ich dann gefragt »Tragen Sie denn da andere Stiefel?« »Ja ...« »Meinen Sie denn nicht, dass das Pferd das sehen kann?« »Aber der kann das doch nicht unterscheiden ...« »Das glauben Sie aber, dass Pferde das unterscheiden können! Solche Assoziationen ziehen Pferde sofort. Pferde haben eine ungeheure Auffassungsgabe und ein unfehlbares Gedächtnis.«*

Die Wahrnehmungsfähigkeit von Pferden geht über so offensichtliche Sachen wie das Unterscheiden verschiedener Stiefel hinaus; sie können auch Ängste und Launen erkennen. Wissenschaftler stellen Theorien auf, dass Pferde hormonelle oder »emotionale« Gerüche wahrnehmen können, die beispielsweise durch Angstschweiß entstehen. Aber ganz egal, wie sie es machen, sie können den seelischen Zustand von

Menschen unheimlich gut erkennen. *All diese Geschichten darüber, dass Pferde wissen, wenn ein Mensch Angst hat, die sind absolut wahr,* sagt Macelle O'Neill. *Pferde können uns durchschauen, als wären wir aus Plexiglas. Bei Pferden muss man meinen, was man sagt, und man muss sagen, was man meint. Wenn man da nicht völlig integer ist, braucht man nicht zu glauben, dass man jemals eine Bindung zu einem Pferd aufbauen kann. Wenn man jemanden beobachtet, der sein Pferd zu täuschen versucht, kann man regelrecht zusehen, wie das Pferd sich dagegen wehren wird. Pferde reagieren auf so etwas wie ein Barometer.*

Wenn man diese Pferdebarometer richtig lesen kann, hat man einen wichtigen Vorteil. Pferde bemerken eine Bedrohung schon lange vor ihrem Reiter, sodass es ungeheuer hilfreich ist, wenn man das Verhalten eines Pferdes richtig interpretieren kann: *Ich reite oft im Griffith Park, der ist genau im Herzen von Los Angeles,* sagt Caroline Thompson. *Eines Tages waren mein Pferd Chester und ich auf einer der Routen unterwegs, die wir am besten kennen. Als wir an diese scharfe Kurve kommen, an der man nicht sehen kann, wie der Weg sich fortsetzt, bleibt Chester plötzlich stehen und weigert sich, weiterzugehen. Wir sind diesen Weg ja schon oft geritten, also habe ich mit ihm geredet und ihn schließlich überredet, weiterzulaufen. Wir kommen um die Kurve, da steht ein Kerl, der die Hosen runtergelassen hat und masturbiert. Ich hatte keine Ahnung, dass der da stand, aber Chester hat es gespürt, dass etwas anders war als sonst. Dass da jemand ist, dem man nicht näher kommen sollte. Wir waren auf solchen Wegen schon oft an Wanderern vorbei gekommen, aber in die Nähe von diesem Kerl wollte Chester nicht gehen. Und er hatte völlig Recht! Wer ist da das intelligentere Geschöpf? Pferde sind nur dann »dumm«, wenn man nicht versteht, worauf sie reagieren. Sie sind viel empfindsamer und haben viel bessere Instinkte als Menschen.*

Schlaue Pferde – vom Menschen gemacht

Der Palomino-Hengst von Roy Rogers, Trigger, wurde als »Das schlaueste Pferd im Film« bezeichnet. Das war kein leeres Hollywood-Geschwätz – Trigger hatte diesen Titel verdient. Er war nicht nur ein guter Sportler, der solche Dinge wie plötzliches Durchstarten oder Steigen auf Kommando beherrschte. Trigger hatte auch ein Repertoire von über hundert Tricks auf dem Kasten, von denen viele noch nie zuvor von einem Pferd verlangt worden waren. 1954 saß Trigger in dem Film »Bleichgesicht Junior« zusammen mit Roy Rogers, Bob Hope und Jane Russell um einen Pokertisch, mit Karten im Huf und Augenschirm auf der Stirn. Beim Hotel Dixie in New York buchte Trigger sich ein, indem er das Gästebuch mit einem X unterschrieb. Er bekam spezielle Gummistiefel, damit er Roy auf seinen vielen Besuchen in Kinderkliniken und Waisenhäusern sicher und leise begleiten konnte. Bei diesen Gelegenheiten hielt Trigger ein Ende eines Sprungseiles und Roy das andere Ende, sodass die nicht so kranken Kinder darüber springen konnten. Trigger benutzte oft die öffentlichen Aufzüge und stieg einmal sieben Stockwerke die Treppe hoch, um in einem Krankenhaus in Liverpool in England Roy und Dale, die dort mit einer ernsthaften Grippe lagen, Blumen und Grußkarten zu überbringen. Weil Trigger seinen Reiter Roy zu den meisten öffentlichen Auftritten begleitete, musste er oft Gebäude betreten – nicht nur mit Sägespänen ausgelegte Reithallen, sondern Hotellobbys oder Theaterbühnen. Diesen vielen Aufenthalten in Häusern verdankte Trigger seinen ungewöhnlichsten Ausbildungsinhalt: *Ich habe Trigger beibringen lassen, auf die Toilette zu gehen,* erklärt Roy Rogers. *Dazu haben wir ihn ungefähr um die Zeit, in der er sein Geschäft verrichten musste, direkt vor den Hinterbeinen in die Rippen gepikst. Das haben wir dann immer wieder geübt. Er ist jedes Mal zusammengezuckt, aber ziemlich bald hat er die Beine breit gestellt und es laufen lassen. Schließlich haben wir ihn so weit gebracht, dass man ihn nur kurz zu piksen brauchte und er pinkelte.« Sein Ausbilder Glenn Randall hat dazu zwei Jahre voller Konsequenz und Geduld gebraucht, aber Dinge geschafft, die vor ihm kein anderer Pferdeausbilder erreicht hat.*

Trigger hat mir beigebracht, dass Pferde jede Menge lernen können, erzählt Roy Rogers weiter. *Im Grunde hängt das davon ab, wie viel Zeit man reinhängen kann. Man muss praktisch mit dem Pferd leben, wenn man ihm spezielle Sachen beibringen will.*

Bei der richtigen Ausbildung ist es erstaunlich, was manche Pferde lernen können: *Wir waren in Europa und haben an dem Film »Black Beauty« gearbeitet, und da hat mir Caroline Thompson gesagt »Da läuft in Frankreich gerade eine Oper mit Pferden, die musst du dir einfach ansehen«,* erzählt Rex Peterson. *Na ja, ich habe gedacht »Eine Oper mit Pferden! Wofür sollte ich mir eine Oper mit Pferden ansehen? »Aber Caroline war die Chefin, also bin ich hingegangen ... Da habe ich ein Pferd gesehen, das rückwärts galoppiert ist! Ich hatte davon schon gehört, Glenn hatte mir das erzählt – der hatte das ein einziges Mal gesehen –, aber ich hatte nie gedacht, dass ich das selbst mal sehen würde. Da war ein Andalusier-Rappe! Er ist nicht rückwärts gerannt, der ist nicht rückwärts geschlichen – der ist wirklich rückwärts galoppiert! Das ist wohl das Größte, was ich von einem Pferd jemals gesehen habe. Ich habe Pferde in der Levade gesehen und in der Kapriole oder was auch immer. Aber für mich war das das Größte, was ich jemals bei einem Pferd gesehen habe. Ich würde alles geben, wenn ich lernen könnte, wie man einem Pferd so was beibringt.*

Bei den amerikanischen Cowboys gibt es einen alten Spruch: »Ob ein Pferd sich als gutes Rinderpferd erweist oder als schlechtes, hängt eigentlich von der Intelligenz des Ausbilders ab«. (Montana 2) Trigger hatte in Glenn Randall einen außergewöhnlichen Ausbilder und in Roy Rogers einen außergewöhnlichen Partner, und so wurde er das außergewöhnliche Pferd, das Millionen seiner Fans geliebt haben und an das sie sich heute noch erinnern.

Wunderpferde gibt es nur wenige, und so sollte das auch sein, vertritt Helen Crabtree die Meinung. *Wenn man schlau genug ist, um solche Pferde auszubilden, gibt es nichts, was sie nicht könnten. So bekommt man einen Seattle Slew (berühmtes Rennpferd), einen Secretariat oder einen Wing Commander. Natürlich sind das die Ausnahmen, aber von den Leuten in der Kollegstufe ist ja auch nicht jeder ein Einser-*

schüler – das würde ja überhaupt keinen Spaß mehr machen, wenn sie alle so schlau wären.

Ich habe da einmal ein kleines Pferd gesehen, Fancy Stonewall, das war schon fast ein Geächteter. Der ist in der Halle herumgerannt und hat unmögliche Dinge angestellt, nur weil seine Ausbilder ihn nicht richtig rangenommen hatten. Die haben versucht, ihn zu Sachen zu zwingen, anstatt mit ihm zusammen daran zu arbeiten. Ich habe ihn gekauft, weil ich sehen konnte, wie diesem Pferd die Intelligenz regelrecht aus dem Kopf gewuchert ist. Das war eines der schlauesten Pferde, das ich jemals ausgebildet habe. Er ist Weltmeister geworden. Ein Pferd, das sich bei jemandem zu einem »Verbrecher« entwickelt, kann sich in anderen Händen als Weltmeister entpuppen.

Wenn ein Superpferd weiß, was man von ihm erwartet und das gerne tut, ist es oft die beste Strategie, es das einfach tun zu lassen: *In den sechziger Jahren hatte ich ein Pferd, ich schwöre, das hat allen anderen beim Rennen zugesehen, und dann ist es selbst gerade so schnell gerannt, wie es nötig war,* berichtet Martha Josey (S. 147) mit Bewunderung. Die Weltmeisterin im Fassrennen hat vier Jahrzehnte lang in den Endkämpfen der amerikanischen Rodeomeisterschaften gestanden. *Das war Cede Reed, eines meiner ersten wirklich guten Pferde. Mit dem habe ich 52 Fassrennen hintereinander gewonnen. Der lief so auf Automatik und das Ganze ist ihm so leicht gefallen, die Leute haben gedacht, den brauche ich nur aufzuziehen!*

Eine ganze Anzahl der Spitzenreiter, mit denen ich gesprochen habe, haben angedeutet, dass eine der schwierigsten Entscheidungen in ihrer Pferd-Reiter-Partnerschaft immer die war, wann sie ein außergewöhnliches Pferd einfach machen lassen sollten.

Ehrlichkeit

Einer der Aspekte, die ich an Pferden am meisten liebe, ist ihre Ehrlichkeit – sie sind absolut aufrichtig. Pferde lassen einen wissen, wie sie sich fühlen, was sie mögen, was sie nicht mögen, was sie tun können und wo sie ihre Grenzen haben – man muss sie nur beobachten. Natürlich muss man genug auf ein Pferd eingestimmt sein und genügend Ahnung haben, um zu wissen, wie man die Signale richtig interpretiert: *Glenn Randall hat immer gesagt: »Ganz egal, was ein Pferd macht – steigen, buckeln, schlagen, sich nach hinten überschlagen, was auch immer, ganz egal was, es warnt dich immer vor«,* bemerkt Rex Peterson. *»Ein Pferd sagt dir, was es machen wird, bevor es das macht.« Glenn hat auf seinem Stuhl sitzen und vom Boden aus in einem Pferd lesen können. Der hat dann gesagt: »Schau hin, dieses Pferd macht jetzt gleich das.« Und das hat es dann auch gemacht! Wie er das gewusst hat? Im Grunde heißt es, dass er ein Pferd innerhalb von Augenblicken lesen kann. Ich versuche jeden Tag, zu lernen, wie man in einem Pferd liest. Ich hoffe, eines Tages bin ich ein Zehntel so gut wie Glenn; der war da wirklich außergewöhnlich gut drin. Wie er das gemacht hat? War da Telepathie mit im Spiel? Ich weiß es nicht ... Diese Fähigkeit hat ihn zu einem großartigen Ausbilder gemacht. Manche sind schwer zu lesen, manche sind leicht zu* *lesen, aber kein Pferd lügt einen an. Wenn ich also da sitze und in einem Pferd lese, dann ist alles Tatsache. Alles ist ehrlich.*

Wenn ich ein Pferd in den Round Pen nehme und eine Stunde mit ihm arbeite, sagt Monty Roberts, *dann weiß ich über so ziemlich alles Wichtige Bescheid, was in seinem Leben passiert ist. Ich weiß dann, dass ein Pfleger es in den Bauch getreten hat; ich weiß dann, dass jemand ihm eines über den Schädel gezogen hat; ich weiß dann, dass der Pferdezahnarzt eine Nasenbremse benutzt hat; ich weiß dann, dass es da auch einen netten Pfleger gegeben hat – dass da auch Leute waren, die das Pferd respektiert haben. Nach einer Stunde in meinem Round Pen weiß ich eine ganze Menge über ein Pferd. Vielleicht ziehe ich auch einige voreilige Schlüsse, aber meine Informationen kommen auf jeden Fall direkt vom Pferd, und das kann nicht lügen.*

Menschen können mit sich selbst und mit anderen komplizierte geistige Spielchen spielen, aber Pferde können das nicht. Integrität ist beim Menschen die bewusste Entscheidung, ehrlich zu sein; Pferde können sich nicht für Ehrlichkeit *entscheiden*, sie sind jeden Augenblick das, was sie sind. Pferden fehlt die Vorstellungskraft, das Ego und die Auswahl an emotionalen Masken, die der Mensch einsetzt, um zu lügen und zu betrügen, zu verschweigen und zu erfinden.

Sie müssen einem Pferd nur tief in die Augen schauen, schlägt Chris Hawkins vor. *Sie sind wunderschön, da scheint wirklich die Seele des Pferdes durch. Ich vertraue Pferden, weil ihre Augen niemanden anlügen. Menschenaugen können einen anlügen – und machen das auch öfters.* Es mag wohl schwierig sein, jemandem in die Augen zu blicken und dabei zu lügen, aber wir alle wissen, dass die Geschichte der Menschheit voll von solchen Lügen ist (»Der Scheck liegt schon in der Post.« »Ich verspreche Ihnen: keine neuen Steuern!« »Hier wird jeder gleich behandelt.«).

John Steinbeck hat geschrieben, dass es ihn interessieren würde, warum Fürsten und Könige sich immer so zu Pferden hingezogen fühlten, obwohl sie doch alles haben konnten, was sie jemals begehrten, erzählt Buck Brannaman. *Seine Theorie war, das Pferd würde, weil es so ehrlich ist, den Prinzen ebenso schnell herunterbuckeln wie seinen Pfleger. Diese Art von Ehrlichkeit ist etwas, was ein Prinz hoch schätzt, weil sonst alle nur »ja« zu ihm sagen, ganz egal wozu ... Pferde sind die »Edelleute« der Ehrlichkeit.*

»Falsche« Pferde

Wenn Pferde so »edel und ehrlich« sind, woher kommt denn dann der Ausdruck »falsches Pferd«? Als ich nach falschen Pferden gefragt habe, haben die meisten Ausbilder es abgestritten, dass es solche Tiere überhaupt gibt: *So etwas wie ein falsches Pferd gibt es nicht,* antwortete Monty Roberts mit Nachdruck. *So etwas gibt es einfach nicht. Was es gibt, das sind Leute, die nicht akzeptieren wollen, was das Pferd ihnen sagt. Am häufigsten kommt es vor, dass man ein Pferd als »falsch« bezeichnet, wenn ein Pferd auf der eigenen Anlage gut geht und auf dem Turnier dann so, als wäre man nie diese Lektionen geritten. Aber denken Sie darüber doch mal einen Moment nach ... Warum geht es auf dem Turnier schlecht? Weil der Reiter aufgeregter ist als sonst, weil der unbekannte Ort so verwirrend ist, weil es auf dem Platz abgelenkt wird oder weil es im Turnier eine andere Ausrüstung trägt als im Training. Da haben sich Dinge verändert, daher verhält sich das Pferd anders, und nun ist es plötzlich ein »falscher Fuffziger«.*

Buck Brannaman pflichtet ihm bei: *Ich glaube, dass es so etwas wie ein falsches Pferd nicht gibt. Bei Pferden gibt es einige Dinge einfach nicht, die es bei Menschen gibt. Dinge wie Bosheit, Hass oder Eifersucht ... So sind Pferde nicht.*

Pferde sind absolut ehrlich, erklärt Carol Grant. *Ich glaube, Pferde sind gar nicht in der Lage, »falsch« zu sein. Ich höre Leute sagen: »Dieses Pferd ist falsch.« Ich glaube, dieses Pferd hat einfach nur gelernt, mit einem bestimmten Verhalten zu leben.*

Als ich noch klein war, habe ich ein »falsches« Pferd bekommen, eine große braune Stute, die hieß Beauty. Die Leute, die sie aufgezogen haben, müssen irgendetwas mit ihr angestellt haben, weil sie Leute wirklich aus dem Stall gescheucht hat: Sie hat sie angegriffen und deswegen haben sie sie mir gegeben. Ich weiß bis heute nicht, warum meine Eltern das zugelassen haben. Aber innerhalb von einem Monat habe ich mit diesem Pferd alles machen können, und dabei habe ich dafür gar nicht viel getan. Sie war das Pferd, mit dem ich immer gesprungen bin. Sie hat mir einfach vertraut. Und ich habe ihr vertraut, weil sie mich nie enttäuscht hat. Das war ein echtes Geschenk, dieses Pferd.

Larry Mahan stimmt zu: *Wenn ein Pferd falsch ist, liegt das wahrscheinlich daran, dass der Mensch es dazu gemacht hat. Ich habe gehört, dass man Pferde als »falsch« bezeichnet, aber ein Pferd betrügt nicht, wenn man es richtig ausbildet. Man muss sich selber so unter Kontrolle haben, dass man konsequent dieselben Signale gibt: weiche Hand, guter Sitz, weicher Schenkelkontakt, präzise Hilfen. Und man muss sich Zeit nehmen für das Pferd, damit es das Vertrauen in uns Menschen entwickeln kann und das Vertrauen, mit dem es sein eigenes Höchstpotential erreichen kann. Wenn man ein Pferd aber über seine eigenen Fähigkeiten hinaus antreibt, damit es das erreicht, wovon der Mensch denkt, dass das das Höchstpotential ist, dann ist das dem Pferd gegenüber nicht fair. Wenn man das tut, dann hat man plötzlich ein »falsches Pferd« oder einen »falschen Fuffziger«.*

Eine Ausnahme von der Gruppe derjenigen, die die Existenz von »falschen« Pferden nicht annehmen, ist William Steinkraus, der seine Einstellung so erklärt: *Jemand hat mir einmal gesagt: »Es gibt Leute, die klettern auf einen Baum und stehlen Äpfel, obwohl am Boden welche liegen.« In »Security-Firmen« habe ich einige total gute Leute getroffen, die im Innersten einen gewissen Hang zum Stehlen haben, und so sind Pferde auch. Manche Pferde haben einfach so ein klein bisschen Falschheit in sich und wenn man ihnen eine Chance gibt, sich durchzumogeln, dann mogeln sie sich durch. Bei Springpferden hört man ja oft den Ausdruck »er hat verweigert«. Man reitet ihn gut und passend hin und er verweigert. Nicht, weil technisch etwas nicht passt, sondern weil in seinem Charakter etwas nicht passt. Diese Pferde sagen, wenn sie an den Punkt kommen, an dem sie wirklich alles geben müssten: »Nein, ich habe keine Lust, alles zu geben«. Nicht, weil sie Angst haben, dass sie sich wehtun könnten, sondern sie sagen einfach »Nein! Ich mache das nicht!«. Das fällt unter die Überschrift Falschheit, weil die körperlichen Fähigkeiten da sind, aber das Pferd mental und psychisch verweigert.*

Ich möchte mich nicht auf dünnes Eis begeben, aber ich möchte doch die Frage stellen, ob das nicht eher ein Beispiel dafür ist, dass einem Pferd der Mut zu dem Versuch fehlt, »alles zu geben«, als dass es mit Falschheit in Verbindung gebracht werden kann. Mir erscheint es sehr ehrlich, wenn ein Pferd die Chance ergreift, sich durchzumogeln. Und doch, auf der selben Schiene: *Ein Pferd kann nicht lügen, aber ich denke doch, dass ein Pferd einen austricksen kann,* äußert Diana Cooper (S. 148), Pferdeausbilderin und Autorin eines Buches über das Zirkusleben. *Manche Pferde galoppieren auf ein Hindernis zu, und noch drei Galoppsprünge vor dem Sprung kann wirklich niemand sehen, ob sie davor stehen bleiben werden oder nicht. So ein Pferd trickst dich aus. Auf manche Pferde trifft das wirklich zu – die suchen eine Möglichkeit, dir eins auszuwischen.*

Pferde, die beim Rennen zwar die Fähigkeit haben, andere Pferde zu überholen, die das aber nicht wollen, werden von den Jockeys als »common« bezeichnet (Helm 89). Solche Pferde sind weder falsch noch wollen sie etwas verweigern, sie haben einfach nicht den Mut und das »Herz« eines Championpferdes.

Jedenfalls herrscht die mehrheitliche Meinung, dass ein »falsches« Pferd wahrscheinlich eher verwirrt ist und nicht versteht, was man von ihm verlangt, dass es vom Reiter falsch interpretiert wird oder auf Reize reagiert, die der menschliche Beobachter nicht wahrnimmt oder nicht versteht. Wenn ein Reiter ein Pferd zu einer bestimmten Lektion auffordert und etwas anderes geboten bekommt, sollte er mit der Korrektur zunächst bei seinen Kommunikationsfähigkeiten ansetzen – nicht bei etwaigen Hintergedanken des Pferdes.

Ich versuche nicht, Pferde als perfekt darzustellen – sie sind ganz sicher nicht perfekt. Aber im Allgemeinen sind sie ehrlich, wenn sie Bedürfnisse anmelden, oder in der Art, wie sie sich geben und wie sie reagieren. Ihre menschlichen Pfleger können aber, wenn sie ein Pferd nicht richtig verstehen, ihre Handlungen falsch interpretieren und ihnen dann ungerechtfertigt bestimmte Absichten oder Hintergedanken unterschieben. Es gibt faule, sture und widersetzliche Pferde, aber es gibt keine intrigierenden, Ränke schmiedenden oder durch und durch falschen Pferde.

Hintergedanken, Rache und Groll

Die Basis der »Denkfähigkeit« des Pferdes sind Reize und die entsprechende Reaktion oder Belohnung darauf. Damit gibt es für die Handlungen und Verhaltensweisen von Pferden zwar gute Gründe, aber keine strategischen Motive. Hintergedanken, Rache und Groll erfordern ebenso wie Falschheit und Intrigantentum ein Denkniveau, über das Pferde einfach nicht verfügen: *Pferde intrigieren nicht,* erklärt Dr. Robert Miller. *Manchmal könnten Leute schwören, dass ein Pferd etwas im Schilde geführt hat: »Der wollte mich erwischen ...« Pferde sind enorm intelligent, was die Lerngeschwindigkeit, die Desensibilisierung und die Merkfähigkeit angeht, aber sie haben null Denkvermögen. Die Leute glauben immer, sie könnten sehen, wie Pferde denken, aber in Wirklichkeit zählen Pferde nur zwei und zwei zusammen. Sie lernen, dass sie ein Tor öffnen können, wenn sie an dieser Kette knabbern. Dann machen sie das eine Tor auf und können danach alle weiteren Tore öffnen. Na gut, da gibt es eine Belohnung dafür. Es ist wirklich eine Frage von Reiz und Belohnung, aber die Leute interpretieren das als Denkvorgang.*

In den meisten Fällen reagieren Pferde ehrlich wie der Resonanzboden eines Musikinstrumentes. Wenn ein Problem länger besteht, wird das Verhalten des Pferdes die ganze Zeit über auf das Problem hinweisen, bis der Mensch begreift, dass die Quelle dafür wohl bei ihm liegt: *Letztes Jahr hat ein Mädchen mir ihr Pferd gebracht,* erzählt Jane Savoie (S. 148), Reservereiterin für den amerikanischen Dressur-Olympiakader 1992, Ausbilderin und Autorin. *Das war eine Anfängerin auf einem vierjährigen Pferd, das nichts konnte. Jedes Mal, wenn sie im Trab aussitzen wollte, ist das Pferd angaloppiert. Beim Leichttraben war alles okay. Da hat sich dieses Mädchen beschwert: »Sehen Sie? Jedes Mal macht sie das mit mir!« Sie hat einen Sündenbock gesucht und hat die Schuld auf das Pferd geschoben, als wenn das absichtlich versuchen würde, sie zu blamieren oder sie zu ärgern ... Ich habe da eine Weile zugeschaut und dann gesagt: »Dieses Pferd macht gar nichts mit dir. Wenn du aussitzt, ziehst du immer an einem Zügel und machst es damit dem Pferd unmöglich, in einem gleichmäßigen Takt zu traben. Dann ist es für das Pferd leichter, in den Galopp umzuspringen, weil du ihm beim Aussitzen das Hinterbein blockierst.« »Oooohh!«, hat sie gesagt. Ich habe sie dann die Hände nach unten nehmen und dort einfach ruhig halten lassen, sodass ihr klar wurde, warum das Pferd nun im Trab blieb. Aber ihre erste Reaktion war, dass das Pferd das machen würde, um sie zu ärgern. Pferde kennen eine solche Motivation nicht. So was machen sie nicht!*

Ein Team, eine Partnerschaft beim Reiten, kommt zustande, weil das Pferd etwas für seinen Reiter tun will. Nicht weil es selbst zu einem Turnier gehen will, um dort bei einer L-Dressur 72% der Punkte zu holen – das ist vielleicht die Motivation für den Reiter, aber ganz sicher nicht die fürs Pferd. Das Pferd muss es seinem Reiter Recht machen wollen, weil es dann belohnt wird. Pferde reagieren nicht auf dieselben Motivationen wie Menschen. Manchmal denke ich, dass die Menschen das vergessen. Das war ein gutes Beispiel dafür, dass der Reiter die Dinge kritisch überprüfen und dann die Verantwortung für die Korrektur des Problems übernehmen muss.

Erfahrenen Pferdeleuten ist klar, dass die meisten »Pferdeprobleme« in Wirklichkeit »Menschenprobleme« sind: *Wenn ein Pferd und sein Reiter eine schlechte Erfahrung gemacht haben und das Pferd beispielsweise immer in einer Ecke der Reitbahn Theater macht, in der das passiert ist,* erklärt Jill Hassler, *dann bin ich der Meinung, dass nicht das Pferd der Grund dafür ist, dass das Problem weiter andauert, sondern es sind die Befürchtungen des Reiters, die das Pferd dazu bringen, sich falsch zu verhalten. In vielen Fällen bin ich auf so ein Pferd gestiegen und habe das Pferd an die-*

ser Stelle vorbei oder in der Situation geritten, in der es sich sonst daneben benommen hat, aber der Reiter hat das nicht gekonnt. Dadurch weiß ich dann, dass der Reiter das Problem verursacht. Ich bin mir so sicher, wie ich weiß, dass ich Jill heiße, dass ein Pferd keine Rache plant.

Um Rache zu planen oder einen Groll zu hegen, muss man die Schuld auf jemand anderen schieben. Schuld ist ein menschliches Konzept. Pferde verstehen Ursache und Wirkung, Reiz und Reaktion, aber sie verstehen den Begriff Schuld nicht. Um Rache zu planen, braucht man strategisches Denkvermögen, über das Pferde nicht verfügen. Groll und Rache gehören zum menschlichen Verhalten, nicht zum Pferdeverhalten.

Die wichtigste Lehre, die ich von Pferden gelernt habe, ist die: Hege niemals einen Groll, äußert Mary Deringer Phelps. *Pferde mögen einen so oder so, weil sie selbst keinen Groll hegen. Die reden nicht vier Jahre lang kein Wort mit dir oder fallen dir in den Rücken. Es ist ihnen egal; sie wollen einfach, dass man um sechs zum Füttern auftaucht.*

Wenn man ein Pferd schlecht behandelt, erinnert es sich daran, sagt Octavia Brown (S. 149), Gründungsmitglied der amerikanischen Organisation für Behindertenreitsport. *Das würde ich nicht Groll nennen; so ein Pferd versucht nicht unbedingt, jemandem etwas anzutun, aber es wird versuchen, sich von diesem Menschen fernzuhalten. Und wenn es dazu nötig wird, dass man einen Huf hebt und die Ohren anlegt, wenn der böse Mensch sich nähert, dann wird es das auf jeden Fall tun. Wer würde nicht versuchen, etwas loszuwerden, das weh tut? Aber es geht nicht auf die Suche nach dem bösen Menschen und tut ihm etwas an; Pferde machen das nicht, dass sie Groll hegen oder Rache planen.* Und das ist ein Glück für uns! Wenn Pferde in der Lage wären, Groll zu hegen oder Rachepläne auszuführen, wäre die Menschheit wahrscheinlich schon vor urdenklichen Zeiten zertrampelt und vernichtet worden.

Lebenslehren

Pferde-Verstand und Pferde-Ehrlichkeit halten für Menschen, die sich auf ein wenig Seelenerforschung einlassen, viele Lehren bereit: *Pferde können in Menschen problemlos lesen,* behauptet Buck Brannaman. *Manchmal sagt einem ein Pferd durch die Art, wie es mitarbeitet, dass man gerade nichts Gescheites zusammenbringt. Als Mensch sollte man darauf wirklich hören, weil es für ein Pferd keinen Grund gibt, so etwas zu erfinden. Es hat nichts davon, wenn es lügt. Auf der gleichen Schiene gibt es Tage, an denen das Pferd einem durch die Art, wie Mensch und Pferd zusammenarbeiten können, sagt, dass man an diesem Tag der beste Kerl auf der Welt ist, und dann kann man das auch glauben. Ein Pferd bietet einem, was man verdient hat, und es ist manchmal nicht leicht, in diesen Spiegel zu schauen.*

Ungefähr drei Monate, nachdem ich meine Stute Freddie bekommen hatte, ließ sie mich in diesen Spiegel schauen. Ich habe dadurch eine Lektion über »Motive« gelernt. Zu dieser Zeit hatte ich mich völlig in dieses wunderschöne Tier verliebt, das mir mit den Lippen über die Backen rieb und mir »Küsschen« gab. Als ich sie eines Morgens putzte, drehte Freddie sich plötzlich herum und biss mich in die Schulter – richtig fest! Meine unmittelbare Reaktion war: »Wie konnte sie mir das antun? Sie muss mich richtig hassen!« Den ganzen Morgen über grübelte ich über Freddies Hass nach.

Als ich nach Hause kam, wurde mir klar: »Ich benehme mich lächerlich! Freddie kennt diese Emotionen gar nicht, die ich ihren Handlungen untergeschoben habe. Wenn sie mich mit ihren Lippen abtastet, ist das kein *Küssen*! Und gebissen hat sie mich wahrscheinlich, weil ich so eifrig geputzt habe, dass es ihrer empfindlichen Haut wehgetan hat – nicht weil sie mich hasst!« Da fing ich dann an, über mich selbst zu lachen, weil ich den Handlungen eines Pferdes menschliche Motive unterstellt hatte.

Als ich erkannt hatte, dass ich dem Pferd Motive unterstellt hatte, wurde mir auch klar, dass ich dasselbe gerne mit Menschen mache. Wenn jemand etwas tut, was mich verletzt, suche ich nach dem Motiv hinter dieser Handlung und erfinde am Schluss oft eines.

Durch diese Lehre mit Freddie habe ich gemerkt, wie wichtig es ist, für eine Handlung das wahre Motiv herauszufinden – und das ist nur dem wirklich bekannt, der diese Handlung ausgeführt hat. Ich habe gelernt, da nicht vorschnell zu urteilen. Wenn ich mich jetzt gekränkt fühle, spreche ich mit der jeweiligen Person, anstatt mich zu ärgern und ihr ein Motiv unterzuschieben. (In den meisten Fällen ist die Person sich nicht bewusst, dass überhaupt eine Kränkung passiert ist!) Inzwischen entscheide ich im Zweifelsfalle – sei es bei Menschen oder bei Pferden – zugunsten des Angeklagten – und damit im liebevollen Sinne, denn meistens wird genau diese Liebe ja in Frage gestellt. Danke, Freddie, dass du mir diesen Spiegel vorgehalten hast.

DENNIS MARINE, geboren 1951, ist Hufschmied und Rinderzüchter. Er wuchs in Nebraska auf, wo er seinem Vater im Pensionspferdestall und beim Einreiten der Jungpferde half. Seit seiner Abschlussprüfung zum Hufschmied an der Oregon State University ist Dennis schon über 20 Jahre im Geschäft. In letzter Zeit hat er sich wieder mehr auf den Handel von Rindern konzentriert. Hier liegt seine eigentliche Passion. Dennis und Sage, sein Quarter-Horse-Wallach, machen in Napa in Kalifornien eine Pause vom Zusammentreiben der Rinder. Das Bild entstand 1994.

MACELLA O'NEILL, geboren 1963, begann ihre reiterliche Karriere auf Sultan, einem Esel, den sie zu ihrem 3. Geburtstag von ihren Eltern geschenkt bekam. Nach ihrem Abschluss an der University of California in San Diego gründete sie 1983 mit ihrem Partner Charlie White die Diamond Mountain Stables, einen erfolgreichen Springstall. Seitdem arbeitet sie als Reitlehrerin, Ausbilderin und nimmt an Turnieren teil. 1997 führte sie die Liste der besten Springreiter in Nordkalifornien an. Hier ist sie auf Gizmo bei einem Benefizturnier abgebildet.

SUSAN STOVALL, geboren 1945, leitet in Indio in Kalifornien die Polo-Sektion des El Dorado Polo Club. Zwei Mal hat sie den höchsten amerikanischen Polopreis gewonnen – 1984 und 1987, als ihr Team gegen 26 andere Mannschaften siegreich blieb. 1997 war sie Mitglied des Frauenteams, das das internationale Frauen-Polo-Turnier in England gewann. Sie ist hier mit ihrer Vollblutstute Gratia (dem besten Polopony im Frauenpolo) und dem Sponsor des amerikanischen Frauenpolo, Mike Conant, abgebildet.

RON HARDING, geboren 1938, ist Pferdeausbilder, Züchter und Fachmann für die Betreuung von Wildpferden. Er fing 1974 bei der amerikanischen Behörde für die Verwaltung von staatlichem Landbesitz an und war von 1982 bis 1996 als Koordinator und Fachmann für Wildpferde in Oregon und Washington tätig. 1997 trieb er die bekannte Kiger-Mustangherde zusammen und half bei der Gründung der Kiger Mesteño Association. Hier zeigt Ron stolz zwei seiner Lieblingspferde: Foxy, eine eingetragene Quarter-Horse-Stute, und ihr eingetragenes Paintfohlen Checotah Fox. Das Bild entstand 1994 in der Nähe von Burns in Oregon.

J. MICHAEL PLUMB, geboren 1940, ist Pferdeausbilder, Herausgeber von »Michael Plumb's Horse Journal« und Vielseitigkeitsmeister. Er hält einen amerikanischen Rekord als der Reiter, der am häufigsten in den Olympiakader berufen wurde: 1960 für die Spiele in Rom mit dem Pferd Markham; 1964 für die Spiele in Tokio mit Bold Minstrel; 1968 für die Spiele in Mexico City mit Plain Sailing; 1972 für die Spiele in München mit Free & Easy; 1976 für die Spiele in Montreal mit Better and Better, mit dem er Silber in der Einzel- und Gold in der Mannschaftswertung gewann; 1980 für die Spiele Fontainebleau (Ersatzspiele) auf Laurenson; 1984 für die Spiele in Los Angeles auf Blue Stone; und 1992 für die Spiele in Barcelona auf Adonis. Auf diesem Bild überwindet er gerade mit seinem hübschen Count Trey mühelos einen Oxer.

Rex Peterson, geboren 1954, wuchs in den Sandy Hills in Nebraska auf. Er arbeitete als Pferdeausbilder für die Filmindustrie, spezialisierte sich auf Freiheitsdressuren und hat schon viele Preise gewonnen. »Unterhaltung mit Pferden« ist sein Lebenselixier. Er trat bereits als Kind zusammen mit seiner Familie in Wildwest-Shows auf und zeigt dort u. a. die Ungarische Post und verschiedene Stunts. Rex hat jahrelang mit dem legendären Hollywood-Ausbilder Glenn Randall zusammengearbeitet. Hier fordert er einen seiner Pferdepartner, den Quarter-Horse-Hengst Doc's Keepin' Time oder »Justin«, den Star des Black Beauty–Films von 1994, zu einem »Kompliment« auf.

Caroline Thompson, geboren 1956, ist Drehbuchautorin und Regisseurin vieler bekannter Filme. Sie war Regisseurin für den 1994 entstandenen Film »Black Beauty« nach dem Roman von Anna Sewell und hat dabei mit Rex Peterson und seinem Pferd Justin (Doc's Keepin' Time), dem Star des Films, zusammengearbeitet. Caroline lebt in Südkalifornien, wo sie selbst Pferde hält und gerne in den Hügeln der Umgebung ausreitet. Hier ist sie während der Dreharbeiten zu »Black Beauty« in England mit Justin abgebildet.

ANNE KURSINSKI, geboren 1959, ist Turnierreiterin und hat schon über dreißigmal als Mitglied des amerikanischen Nationalkaders an den nationalen Meisterschaften teilgenommen, neunmal an den Endkämpfen des World Cup und viermal an den Olympischen Spielen – von denen sie 1988 und 1996 mit Silbermedaillen nach Hause kam. Im Laufe ihrer Karriere hat sie zahlreiche Titel erritten: 1983 gewann sie bei den Pan American Games die Goldmedaille in der Einzelwertung und mit der Mannschaft; 1988 wurde sie von der Amerikanischen Reiterlichen Vereinigung zur Pferdefrau des Jahres gewählt; 1991 erklärte sie das amerikanische Olympiakomitee zur Reiterin des Jahres; 1996 gewann sie den Whitney Stone Cup – diese Liste an Auszeichnungen könnte noch fortgeführt werden. Auf diesem Bild aus dem Jahre 1968 überwindet die neunjährige Anne in La Cañada in Kalifornien in ihrem Siegerstil ein Hindernis mit einem Pferd des Flintridge Riding Club.

JILL KEISER HASSLER, geboren 1944, leitet die Hilltop Farm in Maryland, einen Turnier- und Ausbildungsstall. Sie hat fast zwanzig Jahre lang ein Programm für behinderte Reiter angeboten und die amerikanische Vereinigung für Behindertenreitsport geleitet. Jill ist begeisterte Reitlehrerin und liebt es, die Ponykinder auf ihre Prüfungen vorzubereiten. Sie war Vorstandsmitglied im amerikanischen Pony Club. Jill Keiser Hassler ist Autorin von zwei bekannten Reitlehren und kann mit Stolz darauf zurückblicken, Dressur- und Vielseitigkeitsreiter bis zu nationalen Titeln gefördert zu haben. Hier ist Jill mit ihrem fünfjährigen Vollblutwallach Night Hawk auf der Hilltop Farm abgebildet.

CHRIS HAWKINS, geboren 1931, ist eine begeisterte Pferdefrau, die auf ihrer Ranch im Staat Washington Quarter Horses züchtet. Sie stammt von den Komantschen ab und war maßgebend an dem Kampf für ein Gesetz zum Schutze der Wildpferde und Wildesel beteiligt, das 1971 verabschiedet wurde und fortan den Schutz und die Kontrolle der verwilderten Pferdeherden in den USA regelte. Hier ist sie mit ihrem geliebten Mustanghengst Tajhe Maneche abgebildet. Er war das erste Pferd, das in den frühen 70-er Jahren im Rahmen des neuen Schutzgesetzes aus dem Ochoco National Forest in Oregon adoptiert wurde.

5. Kapitel

Von der Kommunikation zur geistigen Einheit: Von Hilfen zur Telepathie

Es ist so einfach, dass es schwierig ist.
Anonym

Wenn ich mit meinem Pferd arbeite, rede ich nicht nur auf es ein; da findet immer ein Zwiegespräch statt.
Jane Savoie

Um 1890 beschloss ein deutscher Lehrer im Ruhestand, Wilhelm von Osten, seinem Pferd Hans die Grundlagen des Rechnens beizubringen. Es dauerte nicht lange, bis Hans zweistellige Zahlen addieren und subtrahieren konnte, indem er die Antworten durch Aufstampfen mit dem Huf gab. Er bestand seine Mathematikprüfungen so unglaublich gut, dass sein Ruhm sich über ganz Europa verbreitete. Selbst die Skeptiker waren beeindruckt, weil Hans sogar dann seine Leistungen erbrachte, wenn sein Ausbilder nicht anwesend war – Hans stampfte die korrekte Antwort, ganz egal, wer ihm die Aufgabe stellte.

Erst als man einen Versuch durchführte bei dem niemand in Hans' Nähe war, der die Lösung für die ihm gestellten Aufgaben kannte, wurden seine Handlungen eher zufällig. Erst dadurch wurde die wahre Fähigkeit dieses Pferdes enthüllt: der »kluge« Hans war kein Mathematiker unter den Pferden, sondern nur ein besonders guter Beobachter. Das Pferd reagierte auf Hinweise, die ihm die Menschen im Publikum gaben. Sie fieberten der richtigen Antwort entgegen und »telegrafierten« sie unbewusst über ihre Körpersprache an Hans (Hart 20-21). So wurden Hans' Fähigkeiten in der Mathematik entlarvt, und die Vorstellung, Pferde und Menschen könnten miteinander kommunizieren, verschwand wieder in der Ungläubigkeit.

Was aber niemandem von all den Personen, die mit Hans arbeiteten, klar zu sein schien, war die Tatsache, dass Hans doch ganz außergewöhnliche Kommunikationsfähigkeiten zeigte, indem er unscheinbare körperliche Anzeichen so korrekt interpretierte. Zugegeben, Hans verfügte nicht über die Fähigkeiten, die man ihm ursprünglich zugeschrieben hatte (das Verständnis gesprochener Sprache und die abstrakte Denkweise der Arithmetik), aber immerhin interpretierte er die Körpersprache des Menschen korrekt und war in der Lage, auf andere Menschen zu übertragen, was er von seinem Ausbilder gelernt hatte. Der Bedeutungsgehalt dieser Tatsache ging seinem Publikum aber nicht auf. Leider ist in den meisten menschlichen Gesellschaftsformen eine Kommunikation, die nicht auf den »Methoden« des Menschen beruht, undenkbar – wir versuchen immer, den Anderen unsere Sprache beizubringen und verschwenden nur wenig Energie an den Versuch, ihre Sprache zu lernen. Der Biologe Stephen Hart bemerkt dazu: »An der Geschichte des klugen Hans wird die Neigung deutlich, die menschliche Sprache als das einzig Wahre zu betrachten. Die Menschen dieser Zeit waren bereit zu glauben, dass Hans die menschliche Sprache versteht und die gesprochenen Kommandos zum Addieren und Subtrahieren begreift – mit solchen Leistungen konnten sich die Beobachter identifizieren. Aber sie erklärten Hans zum Betrüger und verloren das Interesse an ihm, als die Skeptiker beweisen konnten, dass das Pferd »nur« ausgesprochen einfühlsam die Körpersprache des Menschen lesen konnte – dieses Kommunikationsmittels sind wir uns nur ganz vage bewusst.« (Hart 118)

Kommunikation zwischen Mensch und Pferd

Um sich genauer mit der Kommunikation zwischen verschiedenen Tierarten befassen zu können, muss man sich für eine Weile von dem Kommunikationsmittel Sprache lösen und sich geistig für folgendes öffnen: Körpersprache, sichtbare und fühlbare Bilder, geistige Einheit und Telepathie.

Was ist das eigentlich, Kommunikation zwischen Mensch und Pferd? Es handelt sich um einen Dialog, der auf Körpersprache aufgebaut ist. Nicht zu vergessen, die Stimm- und Körpersignale oder auch künstlichen Hilfsmittel, auf die das Pferd reagiert, weil der Mensch es ihm so beigebracht hat. Daraus lässt sich eine Unterhaltung schaffen, die sich bei einigen Menschen, die die Sprache wirklich fließend beherrschen, bis zur »geistigen Einheit« entwickeln kann.

Wie jede lebende Sprache entwickelt sich auch der Austausch zwischen Menschen und Pferden weiter. Je mehr wir von der Natur des Pferdes verstehen, um so besser ist auch die Kommunikation. Natürliches Pferdeverhalten wird genutzt, um wirkungsvollere und kooperativere Reaktionen zu erzielen. *Ich habe Pferde ausgebildet, seit ich fünfzehn war,* erzählt Ron Harding. *Bis fünfundzwanzig habe ich viel mit den alten Cowboy-Methoden gearbeitet – ich habe sie mit dem Lasso eingefangen, sie beim Anbinden halb erwürgt, sie ausgesackt, einen Sattel drauf geschmissen, mich draufgesetzt und mich festgehalten. Diese Pferde ... die waren gebrochen. Wir haben es nicht anders gewusst. Aber dann fingen wir an, Fragen zu stellen: »Wie denken diese Pferde eigentlich? Vielleicht sollte ich das mal ausprobieren ... vielleicht macht das*

Pferd was Bestimmtes, wenn ich es an einer bestimmten Stelle berühre ... und vielleicht könnte ich mal zusehen, wie die anderen Pferde mit ihm umgehen ... und vielleicht könnte ich selber mal wie ein Pferd handeln ...« Sie wissen schon. »Vielleicht reagieren sie besser auf mich, wenn ich mich so verhalte wie sie.« Und schon ist man mitten drin im Kommunikationsprozess ... Der früher eher diktatorisch wirkende menschliche Monolog – die Forderungen des Menschen nach einem unterwürfigen Pferd – wird also allmählich als Dialog zwischen verschiedenen Tierarten erkannt, der um so intensiver wird, je besser man die »Antwort« des Pferdes versteht. Dieses neue Verständnis, vom diktatorischen Monolog zum interaktiven Dialog, ermöglicht die faszinierenden »Mensch-Pferd-Unterhaltungen«, die wir heutzutage genießen können.

Nachdem ja der Mensch die »Tierart« ist, die zu Vernunft und Kommunikation fähig ist, ist der einfachste Weg zu einer Kommunikation zwischen Pferd und Mensch der, dass der Mensch lernt, sich mit dem Pferd zu verständigen, erklärt Dr. Robert Miller. *Wenn wir verstehen, wie andere Tiere miteinander kommunizieren, können wir diese Information dazu nutzen, mit ihnen in Kommunikation zu treten. Genau das lehren diese neuen Ausbilder-Gurus: wie man mit Pferden in der Pferdesprache kommuniziert. Das Geheimnis für die Kommunikation mit Pferden liegt darin, dass man die Bewegungen kontrolliert, denn Bewegung heißt überleben. Wenn man die Bewegungen eines Pferdes bestimmen kann, dann steigt man in den Augen des Pferdes in der Hierarchie auf. So erzielt man in der Pferdesprache »Dominanz« über ein Pferd.* Wenn man als Mensch diesen Rang erzielt hat, arbeitet das Pferd aus dem Respekt vor der Rangordnung heraus mit dem Menschen zusammen – anstatt aus erzwungener Unterwürfigkeit. So wird ein Zwiegespräch ermöglicht, das, anstatt auf angsterfüllter Resignation, auf kooperativer Unterordnung basiert.

Es gibt keinen geheimnisvollen »Zaubercode«, mit dem man die Pferdesprache knacken könnte. Wie bei jeder anderen Sprache wird die Kommunikation einfach, sobald man das Alphabet, die Grammatik, die Vokabeln und die Aussprache beherrscht. Sich diese Grundlagen anzueignen, erfordert allerdings Lerneinsatz, gewisse Fähigkeiten, Übung und Geduld – man muss gewillt sein, diese Dinge zu investieren. Zuerst bestehen die Dialoge nur aus einfachen Phrasen, Fragen und Antworten, aber daraus wird eine immer komplexere Unterhaltung, weil Mensch und Pferd durch Erfahrung, Fähigkeiten und gegenseitiges Verständnis ihr Vokabular erweitern: *Ich liebe diesen Vorgang, mit einem Pferde regelrecht zu »sprechen«,* bemerkt Jane Savoie. *Wenn ich mit meinem Pferd arbeite, rede ich nicht nur auf es ein; da findet immer ein Zwiegespräch statt. Ich sage etwas und ich bekomme ein Feedback. Ich fordere es zu etwas auf und bekomme eine Reaktion, zum Beispiel »Ja, okay, das habe ich kapiert« oder »Das macht mich nervös«. Dann reagiere ich darauf. Ich liebe solche Gespräche.*

Die Schönheit einer Sprache kann man nur erfahren, wenn man sie versteht und immer komplexere, feiner abgestufte Nuancen entwickelt – so schafft man bald nicht nur Zwiegespräche sondern eine ganz feine Sprache.

Die Kommunikation mit dem Pferd beim Reiten wird dadurch komplizierter, dass man mit dem Körper sprechen und die Sprache erfühlen muss. erklärt Jill Hassler. *Man muss eine ganze Menge über sich selbst lernen um richtig kommunizieren zu können. Ein Pferd kann ein gefährliches »Haustier« sein, wenn man nicht erfolgreich mit ihm kommunizieren kann. Reiten ist wesentlich komplexer als fast jede andere Art von Wettbewerb oder Sport, weil man es nicht nur mit sich selbst oder einem anderen Menschen zu tun hat, sondern mit einem Wesen, mit dem man sich größtenteils ohne Worte »unterhalten« muss.*

Je höher die Anforderungen auf dem Turnier werden, desto komplizierter werden die geforderten Bewegungen und Lektionen und desto wichtiger wird eine deutliche Kommunikation. Um wirkungsvoll kommunizieren zu können, muss ein Reiter präzise Anweisungen geben: *Ich habe gemerkt, dass Pferde unwahrscheinlich kooperative Geschöpfe sind, wenn der Mensch eine ehrliche Kommunikation mit ihnen betreibt,* sagt Penelope Smith. *Meistens sind sie sehr geduldig mit den Menschen, wenn man ihnen zeigt, was man von ihnen erwartet. Wenn man ihnen gegenüber deutlich und eindeutig ist, sind sie im Allgemeinen kooperativ. Pferde können unheimlich gut zuhören, und sie lieben es, wenn man sich klar ausdrückt.*

Abgesehen von Schlägen, ist das Schlimmste, was man einem Pferd antun kann, ihm verwirrende oder zweideutige Signale zu geben. Als Reiter muss man entscheiden, was man will, und dann in der Lage sein, diese Aufforderung deutlich und präzise an das Pferd zu übermitteln. Danach muss man es beherrschen, die Reaktion richtig zu interpretieren.

Um als Reiter Fortschritte zu machen, muss die Kommunikation immer besser werden, sagt Rege Ludwig (S. 149), hochkarätiger Polotrainer und Reitlehrer. *Das Pferd muss ja schließlich nicht über ein Hindernis springen, auf einer Rennbahn im Kreis rennen oder Polo spielen. Daher muss man ein Pferd dazu bringen, dass es das für den Menschen tut. Und je mehr man das Pferd für sich gewinnt, desto besser ist die Chance, dass es eine gute Leistung bringt. Deswegen muss der Mensch dafür sorgen, dass das Pferd ihn versteht.*

Bei der Kommunikation zwischen Mensch und Pferd wird einem klar, wie wichtig deutliche, klare Kommunikation und feinfühliges Hinhören sind. Ein erfolgreicher Reiter muss entschieden, deutlich, kontrolliert, konsequent, sensibel und reaktionsbereit sein – klingt wie die Jobbeschreibung für den Bundeskanzler! Wenn man diese Eigenschaften auf alltägliche Diskussionen mit anderen Menschen übertragen könnte, würde man dadurch sicher die eigenen Kommunikationsfähigkeiten erweitern.

Stimmsignale und emotionale Nebentöne

Das Pferd muss in seiner Zusammenarbeit mit dem Menschen eine fremde Sprache lernen, eine fremde Zeichensprache und eine fremde Körpersprache. So schwierig es für uns Menschen auch ist, mit Pferden zu kommunizieren, so haben wir doch zumindest den Luxus, all diese Sprachen geschaffen zu haben. Den Pferden werden diese Sprachen aufgezwungen; sie müssen mühsam herausfinden, was all die neuen Tonsignale, körperlichen Hilfen und die menschliche Körpersprache bedeuten, und sie dann jeweils neu interpretieren, wenn ein anderer Reiter daherkommt.

Ich habe eine Menge Leute sagen hören: »Mit einem Pferd kann man nicht reden«, stellt Ron Harding fest. *Das ist überhaupt nicht wahr! Wenn man Pferde ausbildet, dann kommuniziert man mit Pferden, also man redet mit ihnen. Mein Pferd, Flash, hat nach 30 Tagen Training siebzehn Stimmkommandos verstanden. Wirklich verstanden! Das ist wie bei einem Kind: wenn es mal die ersten zwei oder drei Sachen verstanden hat, fängt es an, zuzuhören. Das nächste Mal gibt man also ein Kommando und zeigt dem Pferd, was man will, und wenn man das vier oder fünf Mal mit diesem Pferd gemacht hat, dann versteht es das auch. Von da an muss man nur noch wiederholen, wiederholen, wiederholen ...*

Bestimmte Worte können für bestimmte Pferde eine besondere Bedeutung bekommen – wie James Brady (S. 150) es bei seinem Kumpel fürs therapeutische Reiten, Bernie, herausgefunden hat. James war Pressesekretär für den amerikanischen Präsidenten Ronald Reagan und erlitt bei einem versuchten Attentat einen Kopfschuss. *Um mal ein Beispiel zu geben, wie gut Pferde einzelne Worte verstehen können. Es war so eine Sache, in Bernies Gegenwart das Wort »Möhre« zu sagen. Ich hatte am Rollstuhl hinten eine Tasche dran, in die hat er dann den ganzen Kopf rein gesteckt. Auf die Art hat er den Rollstuhl komplett hochheben können! Er hat nicht versucht, mich zu verletzen, er hat einfach nur seine Möhre gesucht. Also habe ich gelernt, zu sagen »Bernie, jetzt gehen wir und holen dir welche von diesen »orangefarbenen Dingern«. Bernie hat auch die Bezeichnungen für Farben gekannt – wenn es orange war, dann war es eine Möhre, und das war gut ...*

Nicht das Wort selbst, sondern der Tonfall ist sehr wichtig. *Das beste Beispiel dafür ist das »Whoa« beim Westernreiten. Das darf niemals »mach langsam« bedeuten,* warnt Jack Huyler. *Es sollte immer »Halt« bedeuten, es ist nämlich die Sicherheitsbremse.*

Das »Whoa« ist also zumindest allen Westernreiten als Signal für »Halt« bekannt, aber wie sagt man einem Pferd, dass es loslaufen soll? Dafür hat man einen größeren verbalen Spielraum: *Ich hatte ein Stütchen, das war am Palmsonntag geboren, deswegen habe ich es Palm Reward genannt,* erinnert sich Iriving Pettit (S. 172), der Traber züchtet, ausbildet und auf Rennen fährt. *Der habe ich mit der Leine auf den Rücken schnalzen und sie mit der Gerte antippen können, und sie ist einfach ihren Stiefel weitergelaufen; aber wenn ich ihr eine Kusshand gegeben habe, ist sie abgegangen wie ein Cadillac. Ich habe sie für 3000 Dollar an einen Mann verkauft, als sie ein bisschen älter als zwei war, und zu dem habe ich gesagt: »Ich hoffe, sie machen mit ihr eine Million.« Na ja, sie ist wirklich gut gelaufen; sie hat ihm eine Viertelmillion eingelaufen.* Eine ganze Stange Geld für ein paar Kusshände!

Weil ich fahre und nicht auf dem Pferd sitze, erklärt Jimmy Fairclough, *muss ich die Stimmhilfe viel mehr einsetzen, als die anderen Hilfen. Wenn ich meinem Gespann etwas zurufe, erkennen sie alle meine Stimme, und jedes Pferd kennt seinen Namen. Selbst wenn jemand anderes mein Gespann fährt und ich pfeife den Pferden – ich brauche sie gar nicht zu berühren – dann würden die losgehen. Ich bin schon Hindernisfahrten gefahren und Marathons, wo wir ganz enge kleine Kurven fahren mussten und ich habe nicht gedacht, dass wir die überhaupt schaffen. Eines von den Pferden hat dafür nach vorne gehen müssen, um Platz für die anderen zu machen; da rufe ich den Namen, und es springt wirklich vorwärts und weiß genau, was es machen muss. Kein Peitscheneinsatz, nichts mit den Zügeln, einfach nur Stimme, und sie wissen, was sie machen müssen und sie kriegen es hin.*

Zu den erfrischenden Aspekten der Pferdeausbildung auf Stimme gehört die Tatsache, dass man den Erfolg nicht daran messen kann, wie hoch man den Stimmpegel schalten muss – ganz im Gegenteil. *Katja Schumann, die Pferdeausbilderin im Big Apple-Zirkus in New York City, geht mit den Pferden unendlich ruhig um,* äußert sich Diana Cooper. *Katja steht in der Mitte dieser Arena, und acht Araberhengste rasen mit 100 Sachen um sie rum – da ist eine ganze Menge los. Und da spricht sie nie lauter als im normalen Gesprächston. Ich habe sie gefragt »Wenn du im Training so leise mit ihnen sprichst, wie machst du sie dann auf dich aufmerksam, wenn es bei der Vorstellung rundherum so laut ist. Da spielt die Kapelle, die Clowns rennen rum und 1500 Zuschauer schreien und klatschen?« Da hat Katja gesagt: »Genau deswegen bin ich ja so leise. Wenn es rund herum so laut ist, muss ich leiser sein als die Musik.« Sie hat mir das so erklärt: »Wenn ich mit dir SO REDE (das hat sie geschrien), dann machst du einen Schritt rückwärts, nicht wahr? Aber wenn ich mit dir SO REDE (das hat sie geflüstert), dann lehnst du dich nach vorne; du kommst näher her und passt mehr auf, damit du mich hören kannst. Also mache ich genau das, und so passen die Pferde ganz genau auf.«*

Nun ja, ich war davon absolut fasziniert, erzählt Diana weiter. *Als ich nach Hause kam, habe ich mir meinen netten alten Schimmel geholt, Terralot heißt er, und habe ihn an die Longe genommen. Und anstatt nun TERRALOT! zu rufen, wenn ich wollte, dass er sich auf mich konzentriert, habe ich gesagt TERRALOT. Nach einer Viertelstunde hat er sich voll auf meine Körpersprache konzentriert – ich habe bloß noch geflüstert.*

So kann die Stimme bei »Gesprächen« zwischen Menschen und Pferden eine sehr wichtige Rolle spielen, aber es geht auch ohne. Stimmkommandos sind im Schauring meist verpönt, sodass man für solche Situationen andere Kommunikatins-Methoden nutzen muss.

Körpersprache von Pferden und Menschen

Pferde reagieren von Natur aus auf ein Gewicht auf ihrem Rücken, weil sie sich unter diesem Gewicht so zurechtrücken müssen, dass sie jederzeit gut im Gleichgewicht sind. Also überwachen Pferde die kleinsten Veränderungen im Sitz des Reiters. *Pferde können in Bewegungen lesen,* erklärt Roy Rogers. *Wenn ich mich nach vorne gelehnt und »sssssssttt« gesagt habe, ist Trigger losgegangen wie eine Rakete, und wenn ich auch nur angefangen habe, mich nach hinten zu lehnen, haben seine Brem-*

sen gequietscht. Trigger war auch am Boden ganz auf die Signale von Roy eingestellt: *Wenn ich gewollt habe, dass Trigger zählt und den Leuten sagt, wie alt er ist, habe ich meinen Fuß auf den Boden gestellt und nach rechts zu ihm hingedreht, und da hat er angefangen zu zählen. Wenn ich dann wollte, dass er aufhört, habe ich bloß die Zehen zurückgezogen, und er hat sofort aufgehört. Mit dem Trick haben wir einen Heidenspaß gehabt; ich habe Trigger aufgefordert, er soll den Leuten sagen, wie viele Tage eine Woche hat, dann hat er bis sieben gezählt und ich habe gesagt »noch einen, Trigger«, und er hat den Kopf geschüttelt: »Nein«. Aus einer Menge Sachen, die der konnte, konnte man irgendwelche Späßchen machen, indem man sich dumm gestellt hat, wissen Sie.*

Die Fähigkeit von Pferden, kleinste Signale zu interpretieren, erscheint oft wie Zauberei – wie bei Triggers Zähltrick. *Ich hatte einen kleinen Falben namens Jeep, den habe ich ungezäumt überall hinreiten können – in ein fremdes Haus rein oder wohin auch immer,* berichtet Jack Huyler. *Jeep hat mir vertraut, und wir haben ohne sichtbare Signale miteinander reden können. Das hat unheimlichen Spaß gemacht! Einer meiner Lehrerkollegen war überzeugt, dass diese Kommunikation über Telepathie ablaufen muss. Aber das war es nicht – es war Schenkeldruck – einfach fließende Körpersprache. Kommunikation zwischen Pferd und Reiter heißt: Der Verstand des Reiters sagt dem Körper, was er zu tun hat, dann reagiert das Pferd in seiner Körpersprache. Die Ohren sind ein wichtiger Spiegel des Gemütszustandes von Pferden. Reiter neigen oft dazu, die Ohren zu übersehen – echte Pferdeleute beobachten die Pferdeohren ständig.*

Freilaufende Pferde beherrschen Körpersprache und andere sichtbare Signale meisterhaft – und das müssen sie auch, weil zwischen ihnen und ihren Ausbildern keine Zügel oder andere Hilfsmittel verlaufen. Sie arbeiten frei und haben dadurch ihre »Freiheiten«. *Ich glaube, die Leute wissen gar nicht, wie gut die Pferde auf sie reagieren,* äußert sich Rex Peterson dazu. *Mir wird das immer klar, wenn ich mit meinen Pferden Freiarbeit mache. Da gibt es zwischen ihnen und mir nichts außer Vertrauen. Die Pferde vertrauen mir; ich vertraue den Pferden. Wenn mein Vertrauen ins Wanken gerät, werden die Pferde unsicher. Wenn ich nervös werde, werden sie nervös. Wenn ich mich entspanne, entspannen sie sich. Warum? Weil ich ihnen diese Gefühle mit meiner Körpersprache mitteile.*

Körpersprache, dieses magische Geheimnis aus Bewegung und Emotion, ist oft nur schwer zu verstehen, obwohl wir doch jede Minute unseres Lebens mit ihr konfrontiert werden: *Da hatte ich mal ein Erlebnis mit einer Frau auf einer Araberschau in Phönix* erzählt John Lyons. *Als Englisch-Reiterin konnte sie nicht verstehen, wie man Druck ausüben kann, ohne wirklichen Körperkontakt zu haben. Wir standen in einer kleinen Menschentraube an einem Verkaufsstand, dort stöberte ein Mann gerade bei den Videos. Ich ließ die Frau zu ihm hingehen. Sie sollte sich etwa 15 Zentimeter vor ihm hinstellen. Der Mann wusste nicht, worüber wir geredet hatten, er kannte die Frau auch nicht. Es dauerte nicht lange, da trieb sie ihn durch den ganzen Stand hindurch – wie ein Lamm bei einem Schäferhunde-Wettbewerb – einfach nur, weil sie sich immer so nah bei ihm aufhielt. Er hatte sie noch nicht einmal angesehen, aber er ist immer einen Schritt weitergegangen. Er hat also auf ihren Druck reagiert, obwohl sie keinen körperlichen Kontakt hatten. Man kann mit der Körpersprache alles Mögliche machen und eben auch Druck auf Pferde oder Menschen ausüben, ohne dass man direkten Körperkontakt hat.*

Das »Sprachlabor« für Körpersprache hat immer geöffnet – es ist überall, wo es Leben gibt. Unterhaltungen in »Körpersprache« finden ständig statt: in Bussen, im Büro, auf der Straße, in Bars oder auf dem Tanzboden – egal, ob die Teilnehmer sich dessen bewusst sind oder nicht. Wer diese Sprache fließend beherrscht, hat in jeder Beziehung mit einem Lebewesen einen Vorteil.

Körpersignale: verschiedene Dialekte, verschiede Bedürfnisse

Auf der Suche nach einem neuen Springpferd habe ich eine ganze Menge Pferde geritten. Jedes geht anders, und ich kann keine Schnell-Forschungen betreiben – ich brauche Zeit, bis ich mich in die Bewegungen eines mir unbekannten Pferdes hinein entspannen kann. Aber als Reiter erwarten wir von den Pferden, dass sie unsere Körpersignale sofort lesen können, ganz egal, wie unterschiedlich wir im Körperbau sind. Meine Reitlehrerin ist 1,80 m groß, wiegt 61 Kilo, ist geschmeidig wie eine Weide und besteht nur aus Beinen. Ich bin 1,60 m mit einer Menge Pfunden und reite ungefähr so wie eine Pellkartoffel mit ganz kurzen Beinen. Wenn ich meine Stute Freddie zum Rechtsgalopp auffordere, dann springt sie im Rechtsgalopp an. Dasselbe tut sie bei meiner Reitlehrerin. Das erstaunt mich jedes Mal wieder. Ich hatte eigentlich gedacht, dass die unterschiedlichen »Körperdialekte« verschiedener Reiter für Pferde verwirrender sein müssten. Schließlich spreche ich ja auch den gleichen Dialekt wie die Leute aus meiner Gegend, kann sie aber nicht immer verstehen. Und doch wird ein gut ausgebildetes Pferd reagieren, wenn der Reiter auch nur so etwas Ähnliches wie ein Signal gibt.

Wir haben in meiner Fernsehsendung »Horse World« mal einen Beitrag über Dressur gebracht, erinnert sich der Rodeomeister Larry Mahan. *Da haben die mich auf einen 21 Jahre alten Wallach gesetzt – den einzigen Appaloosa, der jemals in den amerikanischen Dressurkader aufgenommen worden ist. Ich hatte keine Ahnung, was ich da tat, und machte dadurch auf diesem Pferd eine Menge Fehler. An einer Stelle hat die Dame mich aufgefordert, etwas Bestimmtes zu tun, und gleichzeitig hat sie dieses Signal erklärt: »Bewegen Sie einen Fuß so, und machen Sie noch dieses und jenes ...«. Also, ich habe das wohl nicht korrekt gemacht, aber dem Pferd dennoch ein Signal gegeben, das es kannte. Es ist angaloppiert und sprang Einerwechsel. Das hatte er eben verstanden. Die Dame sagte »Nein, das ist nicht richtig«, aber ich habe das Pferd noch zehn oder zwölf Meter weitermachen lassen, weil es so schön war. Für jeden Fehler, den ich an diesem Tag gemacht habe, hat dieses Pferd immer eine Reaktion auf meine Handlung parat gehabt. So viele verschiedene Signale und Gänge und Lektionen! Ich habe mich gefühlt wie ein Cessna-Pilot, der sich plötzlich im Cockpit eines Jagdbombers wiederfindet und der auf dem Instrumentenbrett rumspielt, um herauszufinden, was passiert, wenn er diesen Knopf drückt oder an dieser Anzeige dreht oder diesen Hebel zieht. Es war eine wertvolle Erfahrung für mich.*

Wie vorher angesprochen, ist es wichtig, bei der Kommunikation präzise vorzugehen. Ebenso wichtig ist Klarheit. Präzise Körpersignale sorgen für die Klarheit, in der viele Pferde Sicherheit finden: *Eines der Pferde, über die ich eine Menge geschrieben habe, war eine Stute, namens Drummer Girl,* erzählt Vicki Hearne (S. 172), preisgekrönte Schriftstellerin und Ausbilderin für Pferde und Hunde. *Das war ein Vollblut, ein Fuchs von der Rennbahn, und so makellos gebaut wie kein anderes Pferd, das ich jemals gesehen habe. Sie war so ein Pferd, das übergeschnappt ist, wirklich übergeschnappt, wenn man einfach nur aufgesessen ist und der Sache ihren Lauf gelassen hat. Wenn man ihr aber ganz, ganz genaue Anweisungen gegeben hat – diesen Huf hierhin und diesen hierhin – dann war sie beruhigt und glücklich. Die meisten Pferde würden da sagen »Maul, mecker, mecker – lass mich in Ruhe!«. Aber Drummer Girl hat diese präzisen Anweisungen vom Reiter gebraucht. Ich habe dieses Pferd geliebt und eine Menge von ihr gelernt. Sie hat mich gelehrt, wie wichtig Klarheit ist.* Klarheit ist in vielen Situationen wichtig. Es gibt einem Sicherheit, wenn man detaillierte Anweisungen erhält.

Zuhören: Kommunikation vom Pferd zum Menschen

Monty Roberts hat der Sprache der Pferde, den Namen »Equus« gegeben. Er beschreibt das als eine echte Sprache, die »vorhersagbar, deutlich und wirkungsvoll ist. Zuallererst handelt es sich dabei um eine stumme Sprache. Körpersprache ist weder auf Menschen noch auf Pferde beschränkt«.

»Ich konnte feststellen, dass die [dominante] graubraune Stute den Fohlen und Jährlingen ständig etwas beibrachte, ohne dass es dazu eines einzigen Lauts bedurft hätte.«

»Das Sicherungssystem des Leithengstes, ... setzte eindeutig Ruhe voraus. Ich sollte bald herausfinden, dass dabei nichts dem Zufall überlassen blieb. Jede noch so geringfügige Bewegung eines Pferdes hatte ihren Grund. Nichts war belanglos, nichts blieb unbeachtet.«

»Zuerst entdeckte ich zwei Schlüsselmerkmale der Sprache »Equus«: die Stellung des Körpers und die Richtung, in die er sich fort bewegt.«

»Es handelte sich um exakte Botschaften, um vollständige Begriffe und Sätze, die stets das gleiche bedeuteten und immer die gleiche Wirkung zeigten. Sie wiederholten sich immer wieder.« (Roberts 87-89)

Einem Pferd »zuzuhören«, bedeutet, dass man seine emotionalen und körperlichen Haltungen erkennt und sie interpretiert, weil man sowohl die Signale des Pferdes als auch seinen Zustand und seine Bewegungen liest: *Pferde sind immer ganz bewusst auf den Anderen eingestimmt. Viele Menschen können das auch sein,* sagt Buck Brannaman, *Ich benutze das Wort »Gefühl« ganz unterschiedlich, es nimmt eine ganze Menge verschiedener Bedeutungen an. Ich meine mit »Gefühl« nicht nur die körperliche Berührung. Manche Leute zeigen überhaupt keine Gefühle oder haben mit Pferden oder anderen Tieren gar nichts zu tun. Ich rede da jetzt nicht vom »mystischen« Standpunkt aus drüber. Es geht wirklich nur um völlig normalen Menschenverstand – man fühlt das so aus dem Bauch raus. Manchmal ist es wirklich nicht mehr als ein Gedanke – so flüchtig, dass es so scheint, als wäre gar nichts passiert, aber trotzdem passiert etwas mit dem Pferd – das ist »Gefühl«. Welchen Preis zahlt man für »Gefühl«? Ich habe Pferden mein ganzes Leben gewidmet.*

Wenn man Pferden gut zuhören kann, ist es leichter, den Dialog im ruhigen Gesprächston zu halten. Wenn man Signale schon früh erkennen kann, kann man im Gespräch reagieren, bevor es zu einem Schreiduell ausartet: »*Wer gut mit Pferden umgehen kann, der hört sie sprechen. Wer sehr gut mit Pferden umgehen kann, der hört sie flüstern,*« zitiert Monty Roberts. *Wenn man auf das Flüstern hört und entsprechend handelt, ist man für das Pferd ein besserer Gesprächspartner, als wenn man erst drauf wartet, bis es spricht.* Die feine Empfindsamkeit von Pferden begünstigt das Flüstern in der Kommunikation und damit die geistige Einheit.

Pferde sind großartige Gesprächspartner, sagt Stagg Newman. *Die Herausforderung liegt für uns darin, dass wir lernen müssen, der Pferdesprache zuzuhören und sie zu verstehen, weil nun mal Pferde unsere Sprache nicht sprechen. Man muss auf all die unterschiedlichen Zeichen hören: man muss fühlen, wie das Pferd unter einem geht. Sehen, was die Augen und Ohren ausdrücken … Wenn man sich auf Pferde richtig einstimmt, kann jeder das Zuhören lernen. Manche Leute haben da gottgegebene Fähigkeiten, die die meisten anderen nie erreichen werden: so eine Art sechsten Sinn. Das ist Kommunikation, die ich nicht beschreiben und erklären kann. Man kann nicht mit Logik allein kommunizieren. Wenn da non-verbale und unbegreifliche Botschaften hin- und hergehen, muss man sich darauf einstellen und damit umgehen.*

Von der Interpretation zum Verständnis

Einer der schwierigsten Aspekte an der Kommunikation ist die Interpretation. Jeder von uns hat schon einmal diesen erstaunten Gesichtsausdruck gesehen, wenn ein anscheinend glasklares Gespräch vom anderen Teilnehmer falsch gehört oder falsch verstanden wurde. Wenn es schon bei Gesprächen in einer gemeinsam gesprochenen Sprache so leicht zu Fehlern kommt, dann würde es fast so scheinen, als ob eine genaue Interpretation bei einer non-verbalen Unterhaltung zwischen zwei unterschiedlichen Tierarten gar nicht möglich wäre. Nun, das stimmt nicht. Aber man muss schon geistig offen sein, eine Menge wissen, mitfühlen, bewusst zuhören und dem anderen Geschöpf Sympathie entgegenbringen, um korrekt interpretieren zu können.

Menschen, die diese Fähigkeit besitzen, scheinen mit einer besonderen Begabung gesegnet zu sein: *Wirklich gute Reiter sind begabt,* äußert sich Mary Deringer Phelps dazu. *Leute wie die Olympiateilnehmer Anne Kursinski, Michael Matz und Hugh Wiley – die sind begabt. Man kann jemandem zwar das Reiten beibringen, und die-*

ser Jemand kann unheimlich gut koordiniert sein. Aber jemand, der dieses Talent zu Reiten hat, bei dem läuft es beinah von selbst. Ich bin in einem Jahr mal für eine Woche bei Hugh Wiley im Stall geritten. Hugh fragte mich in einer Reitstunde: »Warum haben sie das gemacht?« Ich fragte zurück: »Was gemacht?« Er fragte erneut: »Warum haben Sie das Pferd so an diesen Sprung rangeritten?« Ich erwiderte: »Keine Ahnung«. Da meinte er: »Sie haben das gemacht, weil Sie Talent haben«. Na, da habe ich vielleicht gemerkt, wie mir das Blut in den Kopf schoss – ich war so stolz!

»Talent«, »Gefühl« oder »sechster Sinn« – wie auch immer man diese Fähigkeit nennt, es handelt sich um eine intuitive Empfindsamkeit, die non-verbale Eindrücke aufnimmt, interpretiert und die passende Reaktion auslöst. Wenn man diese Fähigkeit besitzt, ist das auch bei zwischenmenschlichen Beziehungen von Vorteil: *Mein Partner Charlie hat mir gesagt, er hasst an unserem Zusammenleben die Tatsache, dass er keine Chance zum Lügen hat,* sagt Macelle O'Neill. *Ich kann in Menschen und Tieren sofort lesen und täusche mich nur selten. Ich mache das wohl eher unbewusst. Ich kann niemandem erklären, was ich da mache.*

Ein Tier-Dolmetscher hat mir einmal gesagt, dass Menschen viel besser kommunizieren könnten, wenn sie es schaffen würden, »auf-andere-zentriert« zu sein anstatt »ego-zentriert« oder »selbst-zentriert«. So einfach ist das. Statt dessen laufen die Leute durch die Gegend und denken nur an sich – an ihre Kleidung, ihre Arbeit usw., aber sie denken nicht an ihr Pferd und stimmen sich nicht wirklich auf dieses andere Wesen ein. Das ist an Pferden am stärksten therapeutisch, sie regen einen wirklich an, sich mal auf andere einzustimmen – und das kann einem im Leben enorm helfen.

Ich glaube, dass jeder von uns das Gefühl für eine non-verbale Kommunikation und die sich ergebende Interpretation in sich trägt. Das Problem liegt aber darin, dass wir unsere Gefühle nicht beachten, weil es für uns selbst nichts Greifbares oder Beweisbares ist. Bei der Interpretation einer non-verbalen Kommunikation geht es nicht um Logik, es müssen auch Körpersprache, Emotionen und andere, nicht greifbare, intuitive Komponenten mit einbezogen werden. Je besser man das beherrscht, desto präziser, ausgewogener und vollständiger ist das Verständnis, das man so erzielt.

Visualisierungstechniken

Die Lehre von der Psychokybernetik oder von den Visualisierungstechniken (auch Imaging genannt), ist eine faszinierende Theorie, für die die Geschichte des Amerikaners Major Nesmeth beispielhaft stehen kann. Er verbrachte sieben Jahre als Kriegsgefangener in Vietnam. Der Major, ein Golfspieler, beschäftigte sich geistig, indem er sich jeden Schlag aus jeder möglichen Perspektive, an jedem Loch und auf jedem Golfplatz vorstellte, auf dem er jemals gespielt hatte – in einer Zelle, die so winzig war, dass er nicht einmal aufrecht stehen konnte, geschweige denn einen Chip schlagen. Nach seiner Befreiung kehrte der Major auf den Golfplatz zurück. Erstaunlicherweise hatte sein Handicap sich um 20 Schläge verbessert – obwohl er seit über sieben Jahren Golf nur vor seinem geistigen Auge gespielt hatte (Savoie 15). Die Theorie lautet, dass das Gehirn des Menschen nicht zwischen der tatsächlichen Erinnerung an ein körperlich erlebtes Ereignis und der detaillierten Vorstellung davon unterscheidet. So wird es möglich, dass man Geist und Körper für eine Handlung trainiert, ohne diese Handlung jemals körperlich zu üben.

Visualisierungstechniken sind ungeheuer wichtig, sagt Doug Lietzke (S. 173), ein Sportpsychologe und Vielseitigkeitsreiter. *Und zwar deswegen, weil die winzigste Vorstellung und der flüchtigste Gedanke des Reiters sich in kaum wahrnehmbaren Körperbewegungen niederschlagen. Pferde sind so empfindsam, dass sie das merken. Man kann das leicht demonstrieren, wenn man einmal ein Stück Schnur von ungefähr 30 cm an eine metallene Mutter bindet. Jetzt nimmt man das Ende der Schnur zwischen Zeigefinger und Daumen und hält das Ganze so vor sich, dass die Mutter frei und ruhig in der Luft hängt. Und dann stellt man sich vor, dass die Mutter vor- und zurückschwingt. Das muss man sich jetzt denken: vor und zurück, vor und zurück. Normalerweise fängt sie innerhalb von Sekunden an zu schwingen. Jetzt machen Sie dasselbe und stellen sich vor, dass die Mutter einen Kreis beschreibt. Zuerst ist das nur ein kleiner Kreis, den man fast nicht sieht, und dann wird er immer größer. Das klappt nicht bei jedem, aber bei ungefähr 90% der Leute funktioniert es. Damit kann man ziemlich dramatisch demonstrieren: »Ich weiß, dass meine Hand sich nicht bewegt, aber diese Mutter am Ende dieser Schnur bewegt sich. Warum passiert das? Habe ich mir gewünscht, dass es passiert?« Na ja, ich schaffe es nicht, mir meinen Hut vom Kopf runterzuwünschen, also muss es wohl eine ganze Menge ganz winziger Körperbewegungen geben.*

Natürlich hat es schon lange vor der wissenschaftlichen Zementierung der Psychokybernetik-Theorie Leute gegeben, die Visualisierungstechniken angewandt haben: *Es bringt sehr viel, wenn man sich eine Leistung vorher bildlich vorstellt,* sagt William Steinkraus. *Ich mache das schon mein ganzes Leben – ich stelle mir bildlich vor, was ich tun will. Ich glaube nicht, dass ich Turnierreiten, Golf oder Geige spielen könnte – was auch immer davon – ohne mir das vorher vorzustellen.*

Methoden geistig durchzuspielen, ist eine Form der Psychokybernetik; die meisten Sporttrainer benutzen Visualisierungstechniken, und ich glaube, dass die bildliche Vorstellung die Kraft hinter der Verwirklichung von Träumen ist. Wie Jane Savoie versichert: »Wenn man es träumen kann, kann man es auch machen.« Janes Buch »Winning Feeling« ist eine großartige Quelle für Visualisierungstechniken, die man fürs Reiten anwenden kann.

Eine der Techniken, die man bei der Visualisierung verwendet, besteht darin, dass man ganz entspannt bleibt und im Kopf einen »geistigen Film« mit lebhaften Details ablaufen lässt: *Vor einem Turnier* führt Jack Huyler aus, *bin ich immer im Bett gelegen und habe geplant, wie ich bei bestimmten Wettbewerben reiten würde. Ich habe den Wettbewerb im Kopf ablaufen lassen, bevor ich schlafen gegangen bin; danach habe ich dann immer ganz genau gewusst, was ich machen wollte. Ich denke das im Kopf durch und probe es so oft, bis ich es richtig machen kann, ohne darüber nachzudenken. Das Pferd macht das dann auch richtig, weil ich genau die richtigen Signale gebe. Wir können es dann beide besser, weil es ein konditionierter Reflex geworden ist. Mein Hengst El Paso Doc war wahrscheinlich das beste Gymkhana-Pferd, das es jemals gegeben hat. Der hat 1969 Rekorde aufgestellt, die bis heute nicht gebrochen sind. Aber ich denke, dass wir einige dieser Wettbewerbe im Bett gewonnen haben – ich bin dagelegen und habe über die Spiele nachgedacht – das glaube ich wirklich.* Die Vorbereitung auf ein großes sportliches Ereignis kann eigentlich nicht viel einfacher sein – man liegt im Bett und trainiert sein Muskel-Gedächtnis durch Visualisierungen bis man in Siegerform ist. Das ist so einfach, dass es fast schon illegal klingt.

Visualisierung mit anderen Sinnen

Wirkungsvolle Visualisierungen gehen über den »geistigen Film« hinaus. Sie sollten Elemente enthalten, die über andere Sinne aktiviert werden: Gerüche, Tastempfindungen, Rhythmus, Druck, Emotionen, Gefühle, »Vibrationen«, geteilte Energien ... alle positiven und bleibenden Eindrücke. Je mehr Details und Eindrücke man in die Visualisierung hineinpacken kann, desto vollständiger wird sie, bis man schließlich eine »geistige Erfahrung« schafft und nicht nur einen »geistigen Film«, der auf Sehen und Hören beschränkt ist. Also bestehen echte Visualisierungen aus visuellen und sonstigen Sinneseindrücken, die beide zu diesem durchschlagenden psychokybernetischen Vorgang beitragen.

Wenn Leute lernen, Visualisierungstechniken korrekt anzuwenden, können sie tiefste Gefühle wieder erschaffen, führt die Ausbilderin und Schriftstellerin Jill Hassler aus. *Ich lehre Visualisierungstechniken, die nicht den Gedanken selbst nachspielen, sondern das gute Gefühl, das der Reiter zu einer bestimmten Zeit auf dem Pferd hatte [Visualisierung mit anderen Sinnen]. Auf diese Art wird das Reiten vom Fühlen gelenkt, weil das Fühlen die Fähigkeit ist, mittels derer man erfolgreich mit seinem Pferd kommunizieren kann. Manche Leute denken, mit »Fühlen« wäre gemeint, dass sie spüren können, wie jemand sie berührt. Ich meine aber ein tiefer gehendes Niveau von Fühlen – das innere Gefühl für Takt, Geraderichtung und Gleichgewicht, das man bekommt, wenn man die Bewegungen des Pferdes unter sich und die Verbindung zwischen Mensch und Pferd spüren kann. Diese Gefühle sind grundlegend nötig für die Fähigkeit, beim Reiten zuhören zu können. Mit diesem grundlegenden »Hören-Fühlen« kann man ein Gespräch mit dem Pferd aufrecht erhalten. Die Visualisierung verläuft also so: Zuerst fühlt man, dann merkt man sich das Gefühl, dann spielt man es wieder ab. Wenn man dann das nächste Mal aufs Pferd steigt, denkt man über das Gefühl überhaupt nicht mehr nach, es ist einfach da, weil man es sich mit allen Sinnen visualisiert hat. Es wird zu einer unbewussten Bewusstheit, die für die Kommu-*

nikation sehr hilfreich ist. Visuelle und andere Visualisierungstechniken finden im Unbewussten statt, sie nehmen eine Abkürzung am bewussten Denkvorgang vorbei, der langsamer und mechanischer ablaufen kann.

Ich habe einige ältere Reitschüler, die eine ungeheure Auffassungsgabe und ganz bestimmt einen wahnsinnig hohen IQ haben, berichtet Michael Plumb. *Ich habe gemerkt, dass es Leuten, die so intelligent sind, manchmal nicht gerade leicht fällt, mit Pferden zu kommunizieren. Zuerst fangen sie zu denken an, dann verinnerlichen sie den Gedanken, dann kauen sie ihn durch, und wenn sie schließlich mit der Unterhaltung mit sich selbst fertig sind, fragen sie noch mal nach: »Was soll ich da machen oder fühlen?« Dann ist alles schon vorbei. Beim Reitunterricht ist das Schwierigste, den Schülern das Fühlen beizubringen.* An dieser Stelle merkt man, wie wertvoll Visualisierungen sein können, weil sie helfen, Leute von dem unbewussten Denkvorgang im eigenen Kopf wegzubringen und sie in einen unterbewussten Zustand des »Seins« in der Erfahrung zu versetzen.

Die Psychokybernetik hat vor allem in der Welt des Sports überzeugende Beweise dafür geliefert, dass Visualisierungstechniken die Leistung des Einzelnen verändern können und das auch tun. Beim Reiten würde sich eine Verbesserung höchstwahrscheinlich in einer Steigerung der Pferdeleistung zeigen, weil die Körperbewegungen des Reiters wirkungsvoller werden. Können Visualisierungstechniken die Fähigkeiten eines Pferdes aber auch dann beeinflussen, wenn der Reiter gar nicht anwesend ist? An diesem Punkt wird die Sache höchst interessant und umstritten. Denn jetzt geht es um die Existenz eines sehr emotionsgeladenen Konzeptes: um die Telepathie.

Telepathie

Nachdem ich Penelope Smith interviewt hatte, eine Expertin auf dem Gebiet der Kommunikation zwischen verschiedenen Tierarten, war ich von ihrer Arbeit so fasziniert, dass ich sie bat, zu weiteren Gesprächen auf unsere Ranch zu kommen. Wir hatten am Mittagstisch ein lebhaftes Gespräch, und im Anschluss bot sie an, ihre kommunikativen Fähigkeiten zu demonstrieren, indem sie sich mit unseren Tieren unterhalten wollte. Auf dem Weg in den Stall fragte Penelope mich »Was soll ich die Tiere fragen?«

Plötzlich wurde mir klar, dass ich nie einen richtigen Gedanken daran investiert hatte, welche Fragen wir unseren Pferden stellen könnten; ich musste eine Minute nachdenken und sagte dann »Frag' sie einfach, ob es ihnen hier gefällt und ob sie irgendetwas brauchen«.

Penelope und ihr Mann Michel, mein Mann Kip, unsere Nichte Jacquie und unser Freund Michael sahen zu, wie sie sich konzentrierte und an die Arbeit ging.

Haji, unser Anglo-Araberschimmel, und Lucky, ein braunes Quarter Horse, standen in nebeneinander liegenden Boxen. Unsere zwei Hunde Zeppo und Baxter hüpften aufgeregt hinter der Gruppe her in das schattige Innere des Stalls. Penelope bat alle, nicht zu sprechen, während sie selbst zur Ruhe kam, um mit den Pferden zu kommunizieren.

Zuerst näherte sie sich Haji. Nach kurzem Schweigen fing sie sachlich an: »Er sagt, es gefällt ihm hier ... er mag die Leute ... alles ist gut ... Er sagt, Lucky ist manchmal zu »aufmüpfig«, aber wenn es zu arg wird, dann übernimmt er, Haji, die Führung, bis alles wieder ruhiger wird. Wenn Haji dann zu übermütig wird, ist Lucky wieder dran.« Ich fing an zu lachen. Penelope hielt den Finger vor den Mund und bat damit um Ruhe. »Er sagt, er hätte das Radio gerne die ganze Zeit hier drin. Er findet es gut, wenn er Musik hören kann.«

Nun wandte sie ihre Aufmerksamkeit Lucky zu. Als sie in seine Box trat, sprang Boots, die Katze unseres Pflegers, vom Heuboden herunter, balancierte den Balken entlang, der über den Schiebetüren der Boxen verläuft, hielt oberhalb von Penelope an, setzte sich dort hin, legte den Schwanz um sich herum und sah dem Geschehen zu. Die Hunde unten am Boden fingen an zu winseln und hoch zu springen, weil sie ihre verlockende Beute so außer Reichweite sahen. Penelope wandte sich Lucky zu und sagte laut: »Lucky gefällt es hier ... die Leute sind nett ... aber er sagt, er wäre lieber im Haus bei den Leuten, wie ein Hund.« Dabei warf Kip mir einen zynischen Blick zu. Penelope sprach weiter: »Lucky sagt, er hätte gerne einen Ball zum Spielen – einen großen blauen.« Alles lachte bei dieser Äußerung.

Penelope wandte ihre Aufmerksamkeit der Katze zu. Sie sagte: »Die Katze denkt, dass das alles sehr interessant ist. Sie freut sich, dass ihr euch so viel Gedanken um sie macht, dass ihr mit ihr sprecht. Sie sagt, sie ist in den Stall gezogen, weil die Pferde mit ihr sprechen. Sie hat versucht, mit den Hunden zu sprechen, aber sie denkt, die Hunde sind dumm, weil sie immer nur Katzen jagen wollen, anstatt zu reden. Aber was kann man schon erwarten – es sind ja schließlich *Hunde*!« Bei diesen Worten stand Boots auf und kletterte wieder auf ihren Beobachtungsposten auf dem Heuboden. Unser Brittany-Spaniel Baxter folgte ihr auf dem Boden, setzte sich dann hin und beobachtete sie still. Es sah aus, als hätten sie nun dieses lang erwartete Gespräch.

Penelope drehte sich zu uns herum und sagte: »Baxter hat so oft Magenprobleme, weil er denkt, er hätte nicht genug Liebe für alle. Darüber macht er sich solche Sorgen, dass er sich selbst ganz krank macht. Und Zeppo ...«, machte Penelope weiter und meinte damit unseren Mc Nab–Schäferhund, »den habt ihr so ziemlich abgeschrieben und meint, er taugt nur zum Tennisbälle-Jagen, aber er ist in Wirklichkeit sehr intelligent. Er hat eine Menge überschüssiger Energie und hat deswegen für sich und für Baxter eine Aufgabe gesucht: sie halten den Hof für euch ruhig, indem sie andere Tiere wegjagen. Sie gehen in einem großen Kreis Streife, nur nicht in dem Bereich da drüben« – dabei deutete sie auf die Nordecke des Hofes. »Sie sind ganz erfolgreich, nur einen Coyoten gibt es, der zu Zeppo immer sagt, er soll »Leine ziehen«! Dieser Coyote hat nicht alle Tassen im Schrank, weil er vor einiger Zeit etwas Gift erwischt hat«. Kip warf mir einen weiteren verwirrten, aber trotzdem stechenden Blick zu.

Penelope bückte sich, streichelte Zeppo über den Kopf und meinte zu ihm: »Ist schon gut, du musst die Sache etwas gelassener sehen«. Da mussten wir wieder lachen, denn es war nahezu unmöglich, Zeppo zu mehr »Gelassenheit« zu bewegen – er entspannte sich nie und selbst die Kastration hatte ihn nicht langsamer gemacht.

Wir hatten es in den sechs Jahren, seit wir ihn hatten, noch nicht geschafft, seinen »Aus-Knopf« zu finden.

Damit war die Vorführung beendet, und Penelope fragte »Habt ihr da mit irgendetwas was anfangen können?« Ich sah zu Kip hinüber, weil ich nicht die Einzige sein wollte, die diese Nachrichten entzifferte. Er brauchte eine Weile, bis er antwortete, aber schließlich sagte er: »Ja. Eigentlich mit allem.« Dann fragte er misstrauisch: »Wie viel hat Becky dir vorher erzählt?« Ich war etwas beleidigt, dass er dachte, wir hätten uns abgesprochen, und antwortete scharf: »Überhaupt nichts!«

Da war nun Penelope dran mit dem Lachen. »Hört auf! Ich will hier keine Ehe kaputtmachen. Das passiert oft: keiner glaubt es. Das ist das größte Problem. Die Leute glauben nicht, dass es möglich ist, selbst wenn es vor ihren Augen passiert! Kip, wir haben kein Komplott gegen dich geschmiedet. Wenn die Sachen, die ich weitergegeben habe, irgend einen Sinn ergeben, dann liegt das daran, dass die Tiere mir Dinge erzählt haben, die sie mit euch oder bei euch erlebt haben. Aber das kommt wirklich alles von ihnen und nicht von mir.«

Bei diesen Worten wurde sie von Jacquie unterbrochen. »Manches davon klingt da ziemlich merkwürdig. Warum sollte Lucky lieber im Haus sein wollen? Was meint Haji mit der Musik im Stall? Ist Baxter krank? Und wo ist dieser verrückte Coyote?«

»Ja«, sagte Michael, »erklär' uns mal, was das alles bedeutet.« »Okay, okay«, sagte Kip, »aber erst gehen wir mal rein und machen es uns gemütlich – ich brauche nach alledem erst mal eine Stärkung. Möchte noch jemand von euch eine heiße Tasse Kaffee?« Während Kip sich um den Kaffee kümmerte, begann ich, die Kommentare der Tiere zu erklären. Ich fing mit Haji an:

»Haji ist seit August 1989 hier; Lucky haben wir im selben Jahr im November bekommen. Als Lucky herkam, habe ich gedacht, dass Haji der Chef der beiden werden würde, weil es sein Revier ist. Die ersten paar Wochen war das auch so, aber dann ist deutlich geworden, dass Lucky sich angestrengt und die Oberhand gewonnen hatte und nun der Chef war. Ich war etwas erstaunt, habe aber nicht viel darüber nachgedacht, bis plötzlich, ungefähr ein Jahr später, wieder Haji der Chef war. 18 Monate später hatte Lucky wieder das Sagen im Paddock. Ich weiß nicht so viel über die Rangordnung bei Pferden und habe deswegen den Tierarzt und meine Reitlehrerin gefragt, was es mit diesem Rollentausch auf sich hat. Beide haben gemeint, solche ständigen Wechsel wären nicht gerade üblich, weil die Hackordnung normalerweise stabil bleibt, bis ein neues Pferd in die Gruppe kommt. Lucky ist übrigens ziemlich aufmüpfig. Er treibt mich mit dem Kopf durch den Paddock, und ich muss ziemlich aufpassen, falls ich jemals zwischen ihn und das offene Tor auf die Weide hinaus zu stehen komme!

Der Kommentar über die Musik bezieht sich auf unseren Pfleger Tony, der seine Krachkiste oft mit in den Stall nimmt, wenn er dort arbeitet. Ich kann mir gut vorstellen, dass das Haji wirklich gefällt.

Luckys Aussage, er wäre lieber im Haus, ist für ein Pferd ein wenig seltsam, aber in seinem Fall absolut verständlich. Lucky ist auf der Rinderfarm unserer Familie geboren, der Lone Pine Ranch. Drei Tage nach seiner Geburt ist seine Mutter bei einem Unfall umgekommen. Er ist von der Tochter des Vorarbeiters, Ardis, mit der Flasche aufgezogen worden, und zwar im eingezäunten Vorgarten des Hauses. Als Spielgefährten hatte Lucky die Farmhunde, sodass er bald ebenso wie seine Kumpels die Lastwagen gejagt hat, die die Einfahrt hinaufgefahren sind. Wenn die Küchentüre offen war, hat Lucky sich zusammen mit seiner Hundegesellschaft ins Haus geschlichen. Er hat es im Haus so gut gefunden, dass Ardis ihm ein Halfter anlegen und ihn hinausschleifen musste. Ardis hat uns erzählt, wie niedlich er da war – er hat sich in die Ecken gedrückt in der Hoffnung, dass man ihn da nicht sehen würde – aber er war nun einmal ein schnell wachsendes Fohlen und fast unübersehbar.

Auch der blaue Ball ist leicht zu erklären, wenn man weiß, dass Luckys Putzzeug blau markiert ist und Hajis Sachen rot sind; es ist also ziemlich interessant, dass Lucky um einen *blauen* Ball bittet.

Es ist bemerkenswert, dass Boots sich überhaupt hat blicken lassen. Wir sehen sie so selten, dass ich oft ganz vergesse, dass wir überhaupt eine Katze haben. Sie bleibt in ihrem Versteck, wenn die Hunde herumlaufen. Die Aussage, dass sie von selbst in den Stall gezogen wäre, ist faszinierend, weil sie die letzten fünf Jahre im Pfleger-Appartment gewohnt hat. Erst vor sechs Monaten ist sie in den Stall umgezogen, nachdem der Pfleger sich eine neue junge Katze zugelegt hat, die Boots anscheinend nicht ausstehen kann.

Baxters hat sich in der Vergangenheit immer wieder erbrochen. Ich habe da sehr bald die Tierärztin um Rat gefragt und sie hat gesagt, das wäre nicht schlimm, so lange es nicht chronisch würde. Es kommt nur alle paar Monate vor und scheint ihm nicht viel auszumachen, sodass ich der Sache danach nicht weiter nachgegangen bin.

Der Coyote ist noch so eine wirklich seltsame Sache. Wir haben tatsächlich einen verrückten Coyoten. Tony hat ihn das erste Mal um drei Uhr morgens gehört, als er die Pferde durch den Paddock gejagt hat. Da hat er geklungen wie eine lachende Hyäne. Beim Rennen ist es ihm mehrfach passiert, dass er gegen einen Zaunpfosten gelaufen und hingefallen ist. Dann hat er sich wieder aufgerappelt und ist schnurstracks gegen den nächsten Pfosten gerannt. Tony hat gedacht, er hätte die Tollwut und hat versucht, ihn zu erschießen, aber er hat den dunkelbraunen Lucky in der pechschwarzen Nacht nicht sehen können und hat es deswegen nicht gewagt, in die Richtung des Paddocks zu schießen. Statt dessen hat er in die Luft geschossen, und der Coyote ist weggerannt – dabei hat er gelacht wie ein Verrückter. Wir haben uns dann gedacht, dass er wahrscheinlich so schlimm die Tollwut hätte, dass er bald sterben würde, aber das war nicht der Fall. Er ist nach drei Wochen wiedergekommen, und nach sechs Monaten, und nach einem Jahr. Also hatte er keine Tollwut, aber wir hatten auch keine Ahnung, wodurch sein verrücktes Verhalten ausgelöst wurde.

Was die anderen Tiere betrifft – wir sehen kaum welche. Kip und ich machen unsere Scherze darüber, dass wir wohl auf einer Giftmülldeponie gebaut haben müssen, weil wir praktisch nie Wildtiere sehen, obwohl wir von 100 Hektar Wald umgeben sind. Manchmal sehen wir ein Eichhörnchen oder einen Waschbären. Bei den wenigen Gelegenheiten in den letzten fünf Jahren, bei denen wir irgendwelches Getier gesehen hatten – wilde Truthähne und Reiher – waren sie in diesem nördlichen Viertel, von dem Penelope gesagt hat, dass die Hunde es aussparen würden.

Also das muss ich dir lassen, Penelope, du hast gerade einen ungeheuren Eindruck gemacht. Wenn du regelmäßig auch nur halb so erfolgreich bist, könntest du *beweisen*, dass es Telepathie wirklich gibt«.

Wenn es nicht eine Menge Zeugen für das gäbe, was da an diesem Sonntag im Herbst 1994 stattgefunden hat, hätte ich ein Problem damit, diesen Bericht hier mit einzufügen, denn mir ist durchaus klar, dass das schwer zu glauben ist. Es ist aber so abgelaufen, wie ich es berichtet habe, und ich habe danach angefangen, mich mit dem faszinierenden Thema der Kommunikation mit Tieren stärker auseinander zu setzen.

Was mir an Penelopes Bericht über die Geschichten unserer Tiere am meisten auffiel, war die Tatsache, dass die Informationen so ungewöhnlich waren. Wenn jemand ein Scharlatan ist, würde ich erwarten, dass er auf Nummer sicher geht und sich auf typischere Pferde-Themen wie beispielsweise Futter, Arbeit oder Schmerzen verlegt. Warum soll er etwas riskieren und die Aufmerksamkeit auf ungewöhnliches Verhalten richten, wie diesen Rollentausch an der Herdenspitze, die Frage nach einem Radio oder das Wohnen im Haus? Warum sollte er einen verrückten Coyoten überhaupt erwähnen? Diese Beschreibungen sind sehr seltsam und sehr speziell und passen nur in den wenigsten Fällen. Aber Penelope hat das so berichtet, obwohl es unwahrscheinlich klingen musste.

Es ist für ihre Arbeit nicht unbedingt erforderlich, in Gegenwart der Tiere zu sein. Sie kann sich auf große Entfernungen und selbst über das Telefon auf die Tiere einstimmen. Auf diese Weise hat Penelope Haji und meine Stute Freddie erneut besucht und noch weitere Informationen geliefert. Auch diese Informationen waren nicht gerade typisch, aber sie haben gestimmt. Man mag mich für naiv halten, aber ich glaube, sie ist da auf dem richtigen Weg – ihre Kommunikationsform ist die der geistigen Einheit.

Ist es möglich, dass ein Geschöpf telepathisch (also über direkte Kommunikation von Gehirn zu Gehirn) mit einem anderen Geschöpf kommuniziert? Von den Personen, die ich interviewt habe, haben fast 60% ihre Meinung über Telepathie abgegeben. 46% dieser Personen glauben an Telepathie, 33% glauben nicht daran und 21% sind sich nicht sicher. Von denen, die an Telepathie glauben, sind 70% weiblich und 30% männlich, von den »Ungläubigen« sind 80% männlich und 20% weiblich. Von denen, die sich nicht sicher sind, sind 70% männlich und 30% weiblich.

Befassen wir uns zuerst einmal mit den »Ungläubigen«. Sie haben ziemlich festen Boden unter den Füßen, weil unter klinischen Bedingungen durchgeführte Versuche zur Telepathie bisher noch keine durchgehend positiven Ergebnisse erzielt haben. Für viele Menschen ist das eine definitive Aussage: kein wissenschaftlicher Beweis – keine Telepathie. Jimmy Fairclough bezeichnet sie als Voodoo. Richard Shrake denkt, es sind alles nur Tricks. William Streinkraus glaubt, dass da nur auf einem ungeheuer feinfühligen Niveau Schlüsse gezogen werden. Und John Lyons nennt es ASWU: außersinnlichen Wahrnehmungs-Unsinn. John führt dazu aus: *Pferde sind schon an sich ganz besondere Tiere. Ich denke, dass man das Pferd sogar herunterspielt, wenn man es zu einer Art superintelligentem Tier mit zusätzlichen Sinnen hochstilisieren will. Pferde sind auch nicht intelligenter als Menschen; es sind Tiere, die in der Lage sind, bestimmte Dinge zu tun, und sie haben eine sehr feine Wahrnehmung für körperliche Dinge – aber keine außersinnliche Wahrnehmung.*

Das muss man gelten lassen. Die Verfechter der Telepathie beschränken diesen Extra-Sinn allerdings nicht auf Pferde, sondern glauben, dass es sich dabei um einen überall vorhandenen sechsten Sinn handelt, den Tiere nutzen und den der Mensch besitzt, auch wenn er ihn hat verkümmern lassen.

Der moderne Mensch ist durch die »Zivilisation« von der instinktiven Kommunikation mit Hilfe der Sinne abgeschnitten. Wir leben in sicheren Häusern, in denen wir Botschaften, die mit dem Wind oder durch Schwingungen im Boden übertragen werden, nicht empfangen können. Wir sind nicht mehr von unseren Sinnen abhängig, um uns vor Eindringlingen oder Ereignissen zu warnen; statt dessen haben wir Bewegungsmelder, Alarmanlagen und Rauchmelder. Kommunikation findet entweder direkt oder über Drähte statt. Wenn das Potenzial für Telepathie beim Menschen einmal angelegt war oder noch ist, dann ist es über eine »Reha-Behandlung« vielleicht möglich, es zu kurieren.

Buck Brannaman gehört zur Gruppe derer, die sich in punkto Telepathie nicht ganz sicher ist: *Ich würde gerne glauben, dass es Telepathie gibt. Mir ist nicht bekannt, dass es das wirklich gibt, aber mir ist auch nichts Gegenteiliges bekannt. Vielleicht ist es ja Humbug, aber es tut ja keinem weh, wenn ich das denke. Ich möchte gerne glauben, dass ein Gedanke an sich bereits ausreicht – wirklich nur ein Gedanke.* Wie auch Buck bemerkt, gilt ein mangelnder Beweis für die Existenz nicht als Beweis für die Nicht-Existenz. Wenn dem so wäre, könnte man dem größten Teil der Astrophysik und einem guten Teil der Nuklearphysik keinen Glauben schenken, weil die Theorien auf Indizienbeweisen beruhen.

In die Gruppe derer, denen die Vorstellung von Telepathie zusagt, gehört der Direktor des amerikanischen Zentrums für therapeutisches Reiten in Washington DC, Bob Douglas (S. 174), der sich wie folgt äußert: *Menschen, die in Kommunikation mit Pferden getreten sind, betrachten das ganze Leben völlig anders. Ich denke, sie verstehen das Leben besser. Ich würde nie auf so jemandem herumhacken.*

Mir persönlich sagt die Vorstellung der Telepathie als einer anderen Methode der Verbindung zwischen den Parteien zu – zwischen Mensch und Mensch, zwischen Tier und Mensch, zwischen Tier und Tier. Penelope Smith hat da sicher mit unserem Zoo einige gute Beweise geliefert. Ich denke, die Möglichkeit einer telepathischen Kommunikation macht das Leben interessanter. Ich will in diesem Buch keine Beweise für oder gegen die Telepathie liefern, aber einige Überlegungen möchte ich doch noch weitergeben.

Ich glaube, dass es beim Austausch zwischen Pferd und Mensch Dinge gibt, die man physikalisch nicht erklären kann, bemerkt Dr. Elizabeth Lawrence (S. 174), Professorin für Umwelt- und Bevölkerungsgesundheit an der veterinärmedizinischen Fakultät der Tufts University und Autorin von Büchern über die Beziehung zwischen Mensch und Pferd. *Dieses Gefühl der Kommunikation, dieses Gefühl des Wissens – man könnte das Wort »Telepathie« dafür verwenden, aber das würde einen vielleicht von dem wegführen, was man gerade zu erreichen versucht, weil es einen negativen Touch hat. Es gibt intellektuelle Vorurteile gegen dieses Wort, und ich denke, es ist wichtig, dass man all diesen Dingen offen gegenübersteht.*

Diana Thompson kommt bei diesem Ausdruck auf ein anderes Thema: *Ich benutze das Wort »Telepathie« gar nicht gerne, weil dieser Ausdruck für mich etwas Trennendes hat, und da ist für mich nichts Trennendes. Ich nenne es lieber »einstimmen«. Wenn ich mit Menschen oder einem Pferd arbeite, stimme ich mich auf jedem Niveau ein, auf dem ich nur kann. Das ist wirklich ein Fühlen mit dem ganzen Körper und die Telepathie gehört dazu, weil sie zum Gehirn gehört. Manchmal bekomme ich Kommunikationsbotschaften direkt ins Gehirn, und manchmal bekomme ich Emotionen und Gefühle übermittelt. Jeder hat diese Fähigkeit. Wenn man einen Raum voller Leute betritt, dann spürt man die Atmosphäre dort, die Stimmung – das kann jeder fühlen. Oder man geht die Straße entlang und plötzlich hat man das Gefühl »Oha, hier stimmt etwas nicht«. Man sieht sich um und da kommt gerade so ein richtiger Schlägertyp um die Ecke. Das hat man gespürt, bevor man die Person gesehen und der Verstand einen gewarnt hat. Diese Fähigkeit hat jeder von uns. Es kommt nur darauf an, ob man das bei sich selbst herausarbeiten und erkennen will.*

Penelope Smith stimmt ihr zu, dass diese Fähigkeit bei jedem zu finden ist, und führt das noch aus: *Jeder kann lernen, telepathisch zu kommunizieren, aber die Telepathie ist in unserer Gesellschaft schön säuberlich in die Ecke gedrängt worden. Man bringt uns bei, unserer Intuition zu misstrauen; man bringt uns bei, dass es unmöglich ist, Gedanken und Absichten von anderen Wesen zu empfangen. Dabei tun wir genau das die ganze Zeit, aber in unserer Kultur wird es nicht anerkannt. Schon den kleinen Kindern wird beigebracht, dass nur Narren an so was glauben und dass es Telepathie nicht gibt. Wenn Leute also diese Fähigkeit entwickeln wollen, müssen sie sich erst einmal von diesen Aussagen lösen.*

Manche Leute lesen ein Buch, hören sich die Tonbänder über Kommunikation zwischen den Tierarten an und plötzlich geht ihnen die ganze Sache auf. Die sagen dann: »Oh! Genau das habe ich die ganze Zeit gemacht.« Dann erwächst in ihnen allmählich die Fähigkeit, und sie üben, und dann geht es richtig los. Aber sie müssen immer noch weiter üben. Das ist etwas, was sich mit der Zeit entwickelt, und dann wird man immer besser. Schließlich ist es ja eine Sprache – die allgemein gültige Sprache, die von jeder Tierart verstanden wird.

Manche Leute wollen nicht so viel Zeit und Energie investieren, dann klappt es auch nicht. Das ist halt keine Fünf-Minuten-Terrine; ich kann keinen Zauberstab schwenken, und plötzlich hat man's. Das ist etwas, damit muss man es sehr ernst meinen. Es muss so sehr aus dem Herzen kommen.

Man muss die Barrikaden, die man sich selbst aufgebaut hat, auch selbst erkennen wollen. Und diese Barrieren sind oft etwas ungeheuer Gefühlsmäßiges. Zu den größten Barrikaden gehören die eigene Wahrnehmung und die eigenen intuitiven Fähigkeiten. Wenn man von einem Tier eine Botschaft empfängt, sagt man oft: »Huch, nein, das kann gar nicht sein«, und bricht die Kommunikation ab. Wenn man es einfach akzeptieren würde, selbst wenn man es nicht ganz genau mitkriegt oder es nicht sofort versteht, wenn man dazu Ja sagt und dann versucht, mehr davon zu erhalten, dann fängt es an, sich zu entwickeln. Aber viele Leute laufen rum und bleiben in ihren eigenen Zweifeln gefangen. Die sagen dann: »Huch, nein, das kann nicht sein, ich projiziere das bloß, blablabla ...« Also entwickelt sich bei denen auch nichts. Die Tiere zeigen es einem. Die sind die besten Lehrer. Die zeigen einem, wenn man sie richtig verstanden hat – dann fühlen sie sich wohler und sind kooperativer. Wenn man sie falsch verstanden hat, sie falsch interpretiert oder die eigene Meinung auf sie projiziert, dann mögen sie das nicht, und dann sind sie auch nicht kooperativ. Aber wenn man es richtig macht, dann versteht man sie; dann macht man, was sie angeregt haben; dann bietet man Lösungen an, die für die Tiere akzeptabel sind, die für sie arbeiten; und dann merkt man, dass sie sagen: »Jawohl, das ist großartig, du hast mich verstanden!«, und dann geht es richtig los. Es wird eine ganz andere Beziehung so, eine ganz andere Art zu leben.

Ich erinnere mich an einen Cowboy, der mich mal angerufen hat, erzählt Penelope weiter. *Er hatte ein Cutting-Pferd, das er in- und auswendig kannte. Na ja, und der hat mich sozusagen getestet. Ich habe ihm einige Dinge über sein Pferd erzählt – wie es sich gefühlt und wie es gelebt hat. Da hat dieser Cowboy zu mir gesagt: »Wissen Sie, dass Sie mir gerade in zehn Minuten das gesagt haben, was ich in fünfzehn Jahren über dieses Pferd rausgefunden habe?«* Es ist so einfach, dass es unmöglich wirkt.

Telepathie – Ortsgespräche

Wir haben also alle die Fähigkeit, uns einzustimmen. Dann betrachten Sie doch einmal ganz offen einige der Erfahrungen, über die im Rahmen des Themas Gedankenübertragung berichtet wurde: *Eine meiner Schülerinnen hatte seit einiger Zeit Schwierigkeiten, ihr Pferd zu fliegenden Wechseln zu bewegen,* erinnert sich Linda Tellington-Jones. *Nun, sie hat sich ein Bein gebrochen, und als ich sie besuchen kam, hat sie gejammert, dass sie nicht trainieren könne. Also habe ich ihr vorgeschlagen: »Warum tust du nicht einfach so – bloß so zum Spaß – als ob dein Pferd deine geistigen Bilder sehen könnte? Nimm dir jeden Tag zehn Minuten und geh geistig in Kurzform eine Lektion durch, von der du gerne möchtest, dass das Pferd sie kann. Stell dir vor, dass dein Pferd das sehen kann; stell dir vor, dass das Pferd spüren kann, wie du atmest, und dann machst du einen guten fliegenden Wechsel.« Solange sie das gebrochene Bein hatte, ist sie die Lektionen in ihrem Geiste jeden Tag durchgegangen, und als sie nach mehreren Wochen, aufstieg, ging ihre Stute fliegende Wechsel! Ich kenne so viele ähnliche Geschichten, dass es schon langweilig wird. Ich habe die Erfahrung gemacht, dass Pferde diese Bilder aufnehmen. Es ist für mich gar keine Frage, dass sie unsere Bilder empfangen können. Ich denke das nicht nur, ich weiß es. Wenn das nicht Telepathie ist, was ist es dann?* Nun, manche würden sicher sagen, dass die geistige Vorstellung die Fähigkeiten der Schülerin verbessert hatte, sodass sie ihrem Pferd bessere Hilfen geben konnte, als die beiden wieder zusammenarbeiteten. Wenn man für alles offen bleibt, gibt es zwei Möglichkeiten: das Pferd war besser ausgebildet oder die Schülerin hatte ihre Fähigkeiten verbessert. Es bleibt die Frage: kann die lebhafte Konzentration einer Visualisierungstechnik in Richtung eines anderen Wesens projiziert werden?

Jane Savoie berichtet von einer interessanten Erfahrung mit ihrem Pferd in Florida: *Mein Pferd war krank und bekam ein Antibiotikum. Der Tierarzt sagte, ich sol le ein wenig mit ihm arbeiten. Nun ja, ich ritt es etwas und fühlte mich dabei ganz schummrig – hatte für mein Unwohlsein aber keine Erklärung. Ich erzählte das dem Tierarzt und der sagte: »Nun ja, wissen Sie, Sie sind sehr intuitiv, und das Antibiotikum, das ich ihrem Pferd gegeben habe, führt bei Pferden gerne dazu, dass sie etwas benebelt sind«. Er sagte, ich würde die Schwingungen von meinem Tier aufnehmen, und fügte hinzu, dass dazu viele Leute in der Lage sind.* Ist es möglich, dass Jane für Botschaften von ihrem Pferd so offen war, dass es seinen körperlichen Zustand auf sie projizieren konnte? Könnte es sich dabei um eine umgekehrte Visualisierung, vom Pferd zum Menschen, handeln? Wenn ja, dann könnte das die Basis für Telepathie sein – bei der visuelle Eindrücke auf andere Lebewesen hin projiziert werden.

Für viele Menschen ist es ein sicheres Zeichen, dass ein Besuch beim Psychiater längst mal wieder fällig ist, wenn sie Stimmen aus dem Nichts hören. Es könnte sich dabei aber auch um das eigene Pferd handeln, das gerade zum Ausdruck bringt, dass etwas gut ist: *Nachdem ich mich am Rücken verletzt hatte, habe ich mit dem Reiten fast wieder ganz von vorne beginnen müssen,* erzählt Becky Hart (S. 175), Weltmeisterin und Ausbilderin im Distanzreiten. *Ich habe lernen müssen, mich zu entspannen und loszulassen, also habe ich Unterricht im Reiten aus der Körpermitte genommen. Einmal bin ich mit Rio einen steilen Hang hinuntergeritten, und er ist dabei gut vorwärts gegangen. So ist er nie gegangen, bevor ich mit dem Reiten aus der Körpermitte angefangen hatte. Na ja, er zeigte also diesen tollen Schritt und plötzlich hatte ich das Gefühl, ich hätte ihn sagen hören »Ich finde das toll, wie du mich jetzt reitest«. Das war wirklich interessant. Da war einfach plötzlich dieser Gedanke in meinem Kopf. Ich weiß nicht, wo der herkam. Es hat sich nicht angefühlt wie etwas, das ich gedacht hatte. Es hat sich angefühlt, als wenn es von außen gekommen wäre.* Es ist beachtenswert, dass die Botschaft, die da plötzlich in Beckys Kopf auftauchte, aus Rios Perspektive formuliert war und nicht aus ihrer eigenen.

Ich hatte in einem meiner Seminare einmal eine Frau, erzählt Diana Thompson, *bis Mittag war mir klar, dass sie ganz direkt mit den Tieren reden konnte. Sie konn-*

te an ein Pferd rangehen und es streicheln, und plötzlich bekam sie vom Pferd einen Blick nach dem Motto »Holla, wer bist du denn?« Die Pferde haben sie richtig verblüfft angesehen. Also bin ich zu ihr gegangen und habe gesagt: »Ich weiß, dass Sie etwas machen, aber was genau machen Sie?« »Ich spreche mit ihnen«, hat sie geantwortet. »Wie machen Sie das?« habe ich gefragt. »Na ja, es ist wie Reden, aber man macht das geistig«. Sie erklärte das so: »Es ist als würde man etwas ganz laut sagen, aber es kommt dabei kein Ton heraus.« Ihr Vater war taub, und sie hatte eine nonverbale Kommunikation mit ihm entwickelt. Sie hört die Tiere so, als ob sie sich in ihrem Gehirn »mit Worten« unterhalten würden.

Telepathie – Ferngespräche

Nun haben wir also einige Beispiele für persönliche Verbindungen auf kurze Entfernung gesehen. Aber was ist mit Verbindungen zu Tieren, die sich weit weg befinden und über das Telefon ablaufen? Wenn man den Gesprächspartner nicht sehen kann, kann man die Verbindung nicht mehr auf Körpersprache oder physikalische Wahrnehmung schieben. *Vor kurzem war ich Einkaufen und es hat so richtig Spaß gemacht,* erzählt Pat Lawson, *aber irgendwas – und ich kann nicht sagen, was es war – hat mir immer wieder gesagt: »Geh nach Hause. Es ist Zeit, nach Hause zu gehen. Geh nach Hause.« Ich hatte zwar gerade erst mit dem Einkaufen angefangen, bin aber dennoch gleich zurückgefahren. Ich dachte: »Ach, was soll's, ich gehe heim und mache mir ein bisschen was zu Essen.« Also bin ich heimgefahren. Und als ich da so in der Küche sitze und zu Mittag esse und den Pferden zusehe, da sehe ich, dass Star anfängt, sich zu wälzen und sich in die Flanken zu beißen. Er hatte eine Kolik. Wenn ich jetzt noch Einkaufen gewesen wäre, so unterwegs von Geschäft zu Geschäft, dann hätte ich das nicht gesehen und ihm nicht helfen können. Weiß der Himmel, wie lange es gedauert hätte, bis es wirklich Ernst geworden wäre.* Die meisten Eltern können sich mit einem solchen Vorfall identifizieren. Ist das ein Beispiel für außersinnliche Wahrnehmung oder ist es nur Zufall?

In dem Ausbildungsstall, in dem ich reite, gibt es ein junges Pferd, das von allen nur »Fummel« genannt wird, weil es ständig an etwas herumfummeln muss. Dieses große, schlaksige Vollblut war im jugendlichen Taumel seiner vier Jahre ein wenig unbeholfen und nicht sehr selbstsicher. Nach einem Jahr auf dem Betrieb war unsere Ausbilderin, Macella O'Neill, in Sorge um ihn, weil er sich im Gegensatz zu den anderen Pferde niemals wälzte oder sich auch nur für eine erfrischende kleine Pause hinlegte – er war immer auf den Hufen ... hatte immer etwas zu fummeln. *Ich hatte noch nie gesehen, dass dieses Pferd sich mal hingelegt hätte,* erklärt Macella. *Und ich hatte ihn nie mit Stroh oder Sägespänen in der Mähne oder im Schweif gesehen. Das hat mir Sorgen gemacht, weil ich denke, dass es für Pferde sehr entspannend ist, wenn sie sich hinlegen. Und jetzt lachen Sie nicht, aber ich habe ihn immer rausgelassen, wenn es richtig heiß war, und habe manchmal sogar mit ihm gespielt, alles in dem Versuch, ihn dazu zu bekommen, dass er sich entspannt und sich hinlegt, aber er hat es nie getan. Dann hat eine Kundin von mir mal am Telefon mit der Tierkommunikatorin, Jeri Ryan, über ihr Pferd gesprochen. Sie hat mich gefragt, ob ich auch eine Frage an Jeri hätte, und da habe ich gesagt: »Ja, frag' sie doch mal, ob Fummel sich auch mal hinlegt.« Nun gut, sie hat Fummel gefragt und gesagt: »Nein, nie. Er hat Angst, dass er nicht mehr hochkommt.« Also habe ich gesagt: »Bitte sagen Sie ihm doch, dass alles in Ordnung ist. Ich möchte gerne, dass er sich hinlegt und sich entspannt.« Also gut, Jeri hat noch eine Weile mit ihm gesprochen und ich bin runtergegangen, um ihn rauszulassen. Innerhalb einer Stunde ist Fummel mitten auf dem Platz gelegen, flach wie ein Pfannkuchen! Er hat in der Sonne ungefähr eine halbe Stunde lang ein Nickerchen gemacht. Seit diesem Tag hat sich dieses Pferd gern hingelegt.*

Kommunikation oder Zufall? Egal, ob man es glaubt oder nicht, ist diese Art der Kommunikation ein interessantes Thema.

Die faszinierendsten Berichte beziehen sich auf Gespräche, die über weite Entfernungen hinweg stattgefunden haben: *Als wir angefangen haben, mit Zapatero zu arbeiten,* erzählt Jane Savoie, *hat mein Reitlehrer Robert Dover ihn sich angesehen und gesagt: »Bei diesem Pferd müssen wir Selbstsicherheit aufbauen. Er muss das Gefühl haben, dass es nichts gibt, was er nicht wie ein Weltmeister kann.« Robert hat gewusst, wie wichtig es für dieses Pferd war, dass es sich wichtig machen darf – frei nach dem Motto: »Ich kann das!« Also haben wir sehr darauf geachtet, dass sein Training auf Erfolg aufgebaut ist, und ich habe ihn immer sehr gelobt.*

Na gut, ich kann den Gedanken nicht ertragen, dass eines meiner Tiere Schmerzen hat und ich will auch immer wissen, ob irgendetwas sie ärgert. Aus diesem Grund rufe ich selbst dann, wenn ich gerade an der amerikanischen Ostküste bin, von Zeit zu Zeit ein Medium in Kalifornien an und lasse ihn die Sache mal überprüfen. Na ja, dieses Medium hat also mit Zapatero gesprochen und hat angefangen, zu lachen. Ich habe ihn gefragt, was denn so lustig ist, und da hat er gesagt, er hätte noch nie ein Pferd so reden hören. Jeder fünfte Satz aus Zapateros Maul war »Ich bin ein richtig gutes Pferd!« Der hatte wirklich eine verdammt hohe Meinung von sich. »Ich kann das ... Und ich bin gut vorbereitet ... Dem haben wir wirklich sein Selbstvertrauen aufgebaut! Er hat sich selbst als Meister gesehen, und genau darauf hatten wir ja abgezielt. Das war eine gute Sache!

Geistige Einheit

Wenn die Kommunikation so natürlich fließt und die »Gesprächspartner« sich ohne Worte verstehen, eins zu sein scheinen, dann kann das als eine Art geistige Einheit bezeichnet werden. Feinfühliges, stummes Gespräch, das zum absoluten Verständnis führt. Geistige Einheit wird von den Wenigen erzielt, denen ein anderer so wichtig ist, dass sie ihn vollständig kennen lernen und so Gedanken einfach teilen und austauschen können. Mit oder ohne Telepathie – es kommt einem wie Telepathie vor. Es ist die innigste Verbindung, die es gibt: *Die Kommunikation zwischen mir und meinem Pferd geht so ungeheuer tief,* staunt Anne Kursinski. *Was ich da mache und die Ebe-*

ne, auf der ich das mache ... das ist alles ganz filigran und wir sind ungeheuer aufeinander eingestimmt, alles ohne Worte. Das ist eine ganz feine, magische Verbindung, wir werden da eins. Ich glaube, dass bei wirklich guten Reitern die Kommunikation zwischen Pferd und Reiter tiefer geht als nur über Hände, Schenkel und Stimme. Bei den Visualisierungstechniken ist auch mehr dabei, als das, was man anfassen kann. Ich denke, da ist auch etwas anders mit dabei, etwas ... das über unser normales Verständnis hinausgeht. Das ist geistige Einheit.

Einmal habe ich mich beim Polospielen auf jedem Pferd furchtbar angestellt, merkt Rege Ludwig an. *Ich hatte wirklich einen schlechten Tag. Da ist alles schief gelaufen. Und dann habe ich dieses Pferd bekommen, Mike, auf dem ich seit Jahren spiele. Plötzlich ist irgend was passiert, und ich habe angefangen, gut zu spielen. Da haben Mike und ich uns einfach total gut verstanden. Mike hat einfach Dinge mitgekriegt, die ich den anderen Pferden nicht übermitteln konnte oder die die anderen Pferde nicht mitgekriegt haben. Seine Reaktionen waren genau richtig, und ich konnte besser spielen. Das war eine wunderbare Erfahrung! Ich stand richtig unter Strom, ich hatte da plötzlich dieses Pferd, das mich verstanden hat, und ich konnte das Spiel um 180 Grad wenden.* Das ist geistige Einheit.

Wenn ich an ein Pferd rangehe, das ich nicht kenne, strecke ich ihm immer die flache Hand so hin, dass es sie sehen kann, beschreibt Chris Hawkins. *Dann versuche ich, unter sein Kinn zu kommen und es dort zu kraulen. Dann kann ich ihm ganz sanft den Kopf anheben und mit ihm reden, und dann lehne ich mich ganz, ganz langsam zu ihm hin und lege meine Nase an seine Nüstern und atme zusammen mit dem Pferd. In der Pferdesprache heißt das nämlich »Ich will dein Freund sein«. Jeder hat schon gesehen, dass Pferde das machen. Ich habe noch nie ein Pferd erlebt, das mich abgelehnt hat, nachdem es beim Atmen gesagt hat, dass es mein Freund sein will.*

Meine Pferde haben keine Worte, mit denen sie sich ausdrücken können. Aber das Gefühl, wenn einem ein Pferd den Kopf auf die Schulter legt und einem am Hals herumschnuffelt, ist so unglaublich schön. Das sollte man einmal erlebt haben. Also, wenn das keine geistige Einheit ist, was soll das dann sonst sein? Das ist geistige Einheit.

Ich frage mich, warum ich meine Verbindung mit Pferden immer mit Zauberei in Verbindung bringe? sagt Linda Tellington-Jones nachdenklich. *Ich denke, das liegt daran, dass ich immer das Gefühl gehabt habe, ich könne mit Pferden sprechen und ich wüsste, was sie denken. Diese Möglichkeit hat mich darauf vorbereitet, Verbindung mit Dingen aufzunehmen, die man nicht sehen kann, und die Welt viel stärker spirituell zu sehen.* Auch das ist geistige Einheit.

Ich will die Natur von Pferden besser verstehen können, oder die Natur des »Andersseins«, und das ist bei Pferden wirklich die größte Motivation für mich, erklärt Caroline Thompson. *Ich will das Unbegreifliche verstehen können. Es wird immer Dinge geben, die man nicht versteht, aber es gibt auch immer wieder Augenblicke, da versteht man total. Diese wenigen Augenblicke von perfektem, geteiltem*

Verstehen – geistige Einheit – das ist das größte Glücksgefühlt, das man überhaupt haben kann.

Lebenslehren

Wir leben im Zeitalter der technischen Verständigung: Radio, Fernsehen, Handys, Faxgeräte, E-Mail, das Internet ... Millionen von Menschen und Milliardenbeträge arbeiten daran, Kommunikation für jeden zugänglich und ohne Zeitverzögerung zu ermöglichen. Die Kommunikation ist vielleicht der wichtigste Teil des menschlichen Lebens, weil sie die Basis für jegliche Beziehungen bildet. Auf dieser grundlegenden und sehr komplizierten Bühne können Pferde uns viel beibringen: *Die Arbeit mit Pferden hat auch meine Kommunikationsfähigkeiten mit Menschen deutlich verbessert,* äußert sich Jill Hassler. *Das Wichtigste ist, sie hat dazu geführt, dass ich versuche, die Dinge aus dem Blickwinkel des Anderen zu sehen und zu verfolgen.*

Zweitens, weil ich für ein Pferd die Kommunikation auf die einfachste Grundform bringen muss, habe ich gelernt, einfach und deutlich zu sprechen. Deswegen habe ich nicht mehr so viele unbeendete oder schlechte Gespräche wie früher.

Drittens, wenn man bei einem Pferd »Wischiwaschi« redet, wird das Pferd auch nur »Wischiwaschi« reagieren. Wenn man mit einem Pferd aber deutlich redet, und das Pferd versteht einen, dann vergisst das Pferd, dass es da jemals ein Kommunikationsproblem gegeben hat. Dadurch habe ich gemerkt, dass es bei einem Missverständnis wichtig ist, das man sich mit dem anderen Beteiligten klar ausspricht, damit man dann weitermachen kann.

Die Pferde haben mir beigebracht, zu »vergeben und vergessen«. Wenn etwas mal klargestellt ist, kann ich den anderen vergeben und schlechte Gespräche vergessen. Bomm, einfach so! Ich habe das wirklich durch die Pferde gelernt.

Bei Pferden klappt es nicht, wenn wir Menschen uns ausschließlich auf unsere eigene Sprache verlassen; wir sind gezwungen, uns auf ihre Sprache einzustimmen, wenn wir kommunizieren wollen. *Wir müssen schlau genug sein, um zu verstehen, was die Pferde uns sagen,* wiederholt Richard Shrake (S. 176), Ausbilder, Reitlehrer und Turnierrichter. *Wir müssen die Pferdesprache lernen. Wenn man nicht weiß, was die Pferde sagen, dann ist das, als würde man in einem anderen Land leben und die Sprache dort nicht lernen. Man muss sensibel sein und Verständnis für andere aufbringen, und man muss zuhören. Wenn man nicht gut genug auf sie eingeht – egal ob das nun Pferde oder Kunden sind ... oder sonst wer – dann bekommt man Ärger.*

Und dann gibt es noch diese geheimnisvollen Gespräche mit Pferden, die nur wenige Menschen hören können: *Wir hatten in unserem Programm für therapeutisches Reiten einen achtjährigen autistischen Jungen, der nicht unabhängig von anderen sprechen konnte,* erzählt Bob Douglas. *Wenn man zu ihm gesagt hat »Komm, wir machen das«, dann hat er geantwortet »Komm, wir machen das«. Aber er hatte nie von selbst ein Wort gesprochen. Dann habe ich ihm sein Pferd Buster vorgestellt, und ihm in den Sattel geholfen. Dabei sagt er: »Nein«. Nun war dieses »Nein« wahr-*

scheinlich das wichtigste Wort, das er jemals gesagt hat, und wohl auch das wichtigste Wort, das ich jemals gehört habe. Von diesem Punkt an hat zwischen ihm und Buster ein Dialog begonnen. Die beiden haben kommuniziert. Ich bin mir nicht ganz sicher, was Buster zu ihm gesagt hat, aber der Junge hat auf jeden Fall angefangen, sich mit Buster in Beziehung zu setzen und mit ihm zu sprechen. Er hat zum Beispiel gesagt: »Guter Kerl, ich mag dich.« Er hat also eine Unterhaltung angefangen! Zwar mit dem Pferd, aber immerhin. Inzwischen ist er 14 und spricht von selbst. Es ist unglaublich, was durch die Pferde passieren kann. Das ist es wirklich.

Die Notwendigkeit, den Charakter von Pferden zu erkennen, trainiert auch das menschliche Auge für die Natur: *Ich liebe diesen Ausspruch über Pferde »Der hat einen freundlichen Ausdruck«*, sagt Dr. Elizabeth Lawrence. *Wenn ich einen Menschen treffe und denke »Dieser Mensch hat einen freundlichen Ausdruck«, dann beruht das auf meiner Erfahrung mit Pferden.* Normalerweise irrt man sich hier nicht.

Um Pferde verstehen zu können, werden wir von ihnen gezwungen, über uns selbst hinauszublicken – in ihre Welt, um dort ihre Kommunikationsmethoden zu lernen. Sie lehren uns den unermesslichen Wert der Klarheit. Sie lehren uns, dass die wirkungsvollste Kommunikation oft durch bloßes Flüstern oder in kooperativer Stille durch »Fühlen« zu erzielen ist. Für Pferdeleute, die ihre Unterhaltungen mit dem Pferd bereits mittels Fühlen führen, ist alles ganz einfach; aber für diejenigen von uns, die sich noch zu dieser einfachen Sache durchkämpfen, ist es sehr schwierig. Pferde lehren uns, dass das Lernen durch *Zuhören* stattfindet. Sie lehren uns, dass es wichtig ist, eine falsche Kommunikation sofort zu korrigieren, ihr aber keinerlei Bedeutung mehr beizumessen, sobald sie korrigiert ist. Sie lehren uns wertvolle Fähigkeiten und Einsichten, mit denen wir unsere Kommunikation sowohl mit Pferden als auch mit Menschen verbessern können.

JIMMY FAIRCLOUGH, geboren 1958, ist Vorsitzender der Fairclough Fuel Company und Turnierfahrer. Bei den Zweispänner-Weltmeisterschaften 1991 in Österreich war er Vierter in der Einzelwertung und gewann mit dem USET-Team die Goldmedaille. Für die Faircloughs ist das Fahren eine Familienangelegenheit, bei der Jimmy seinen Söhnen das Fahren beibringt und seine Frau Robin bei den Turnieren mitfährt. Mit Robin als Navigator preschte Jimmy mit seinem dynamischen Gespann Speedy (Holsteiner) und Leo (Hannoveraner) bei den Weltmeisterschaften 1993 in Gladstone in New Jersey über die Geländestrecke.

Jenny Butah, geboren 1945, ist Psychotherapeutin. Sie ritt bis zum Alter von 18 Jahren und fing nach einer Pause von 30 Jahren wieder damit an. Heute reitet sie Dressur, macht Wanderritte und nimmt Kurse im Reiten aus der Körpermitte. Hier ist sie 1995 mit ihrem Vollblüter Dusty während eines Seminars abgebildet.

Lt. Carl Clipper, geboren 1946, ist Commander bei der amerikanischen berittenen Polizei für die Städte Washington und New York. Er hat sich von der Motorrad-Staffel zur berittenen Polizei versetzen lassen. Er hat bei vielen Ereignissen in den Parks und bei Präsidentenauftritten in der Hauptstadt Dienst getan, wobei das herausragende Ereignis für ihn sein Kommando über die berittene Polizei bei den Olympischen Spielen in Atlanta 1996 war. Hier sind Lt. Clipper und sein Dienstpferd Midnight Dancer 1993 während einer Routinestreife abgebildet.

AMY HUBBARD, geboren 1980, ist Schülerin an einer High School und will aufs College gehen. Zu ihren bisherigen reiterlichen Höhepunkten gehört die Qualifikation für den amerikanischen Springkader im Pony Club. Amy leistet ihrem hübschen Fuchswallach B.W. (Bretton Woods) in einem ruhigen Minütchen auf der Koppel Gesellschaft.

DIANA THOMPSON, geboren 1956, ist Pferdeausbilderin und Journalistin. Mit drei Jahren ritt sie auf Ponys, mit sieben bekam sie ihr erstes Pferd zu Weihnachten. 1985 war sie Assistentin von Linda Tellington-Jones bei der TTEAM-Ausbildung des russischen Olympiakaders in Moskau. Sie ist die Begründerin und Herausgeberin des »The Whole Horse Journal«, einer neuartigen Zeitschrift, die sich mit ganzheitlicher Pferdegesundheit und sanften, wirkungsvollen Ausbildungsmethoden befasst.
Diana ist hier mit Buckley abgebildet, einem Pferd, das sie körperlich und seelisch gefördert hat.

BEV DOOLITTLE, geboren 1947, ist eine international anerkannte Künstlerin. Sie malt mit Wasserfarben und ist für ihre einzigartige »camouflage technique« bekannt, bei der viele Bilder auf geniale Art und Weise mit dem Gewebe des Hauptkunstwerkes verbunden werden. Bev hat sich von der Kraft und Schönheit von Pferden immer inspiriert gefühlt. Hier ist sie mit einem ihrer Lieblingsmodelle, einem Paint aus einer Araber-Quarter-Horse-Kreuzung, abgebildet. Paints finden sich oft in Bevs Arbeiten. Ihr Werk »Paints«, das kennzeichnend für Bevs Stil ist, hat ihre Technik in der Kunstwelt bekannt gemacht.

Genie Stewart-Spears, geboren 1951, ist Pferdejournalistin und Fotografin. Sie geht auf Distanzritte und hat schon die meisten Großen dieses Sports fotografiert. Genie ist hier mit ihrer Stute Commander's Lory abgebildet, mit der sie 1995 einen Fünftageritt über 185 Meilen gegangen ist, den New Mexico Renegade Ride. Dieser Ritt war 1994 das Distanz-Debut für Genie und Lory. Sie beendeten ihn als Neunte, wobei Genie in der Leichtgewichts-Kategorie den ersten Platz belegte. Lory weicht von den üblichen Arabertypen im Distanzsport etwas ab – sie ist eine Saddlebred-Foxtrotter-Kreuzung.

Laura Bianchi, geboren 1952, trat 1981 als erste weibliche Beamtin in den Polizeidienst von San Franzisko ein. Später wurde Laura Ausbilderin für die berittene Polizei und hat Artikel über die Ausbildung von Polizeipferden geschrieben. Von 1987 bis 1988 war sie Mitglied des Grand National Color Guard Team, das Meisterschaften reitet. Hier ist Laura mit ihrem Polizeipferd Bill abgebildet, kurz bevor die beiden auf Streife durch den Golden Gate Park in San Franzisko starteten.

PAT LAWSON, geboren 1946, ist Rechtsanwältin und die Gründerin der Ebony Horsewomen, einer gemeinnützigen Truppe afroamerikanischer Reiterinnen, die Stadtkinder unterstützen. Die Truppe organisiert Programme zur Drogenbekämpfung, zum Strafrecht, zu Gesundheit und Ausbildung. Als Tochter eines Jockeys erwachte bei Pat schon früh das Interesse an Pferden, die sie ihr ganzes Leben lang als Quelle der Kraft und des persönlichen Wachsens begleitet haben. Hier ist Pat abgebildet, wie sie einem Großstadtkind seine allererste Erfahrung im Sattel ermöglicht. Sie reitet ihren wunderbaren Palomino Rising Star.

6. Kapitel

Detektivarbeit: Folgerichtiges Denken

Die Pferde haben mich zu sehen gelehrt – zu wissen, was ich sehe und was ich nicht sehe.
Bev Doolittle

An einem sonnigen Nachmittag beschloss ich nach der Reitstunde, mit meiner Vollblutstute Freddie noch etwas auszureiten. Ich hinterließ bei meiner Reitlehrerin Kelly meine Route und nahm dann Kurs auf den Highway 29 im Napa Valley, wo sich breite, grasbewachsene Wege in ausreichendem Abstand zum Highway meilenweit an den Weinbergen entlang ziehen. Die ersten eineinhalb Kilometer verliefen ereignislos, aber als wir uns dem Scott-Way näherten, einer Art »Sackgasse«, die den Highway kreuzt, wurde Freddie unruhig und wehrte sich.

Als ich sie zum Weitergehen aufforderte, sprang sie mit allen Vieren in die Luft. »Ruhig, Kleine, ruhig, was ist denn ...« versuchte ich sie zu beruhigen, während ich die Zügel kürzer fasste. Plötzlich explodierte sie mit einem heftigen Buckler, der mich weit aus dem Sattel schleuderte. Glücklicherweise fiel ich wieder in den Sattel zurück, aber ich war kaum gelandet, als sie schon wieder buckelte und dann laut wiehernd stieg! Mir schossen furchtbare Gedanken an den harten Boden unter mir durch den Kopf, und an eine Freddie, die wie wild den Highway entlang oder mitten in den Verkehr hineinrennen würde! Ich wusste, dass ich oben bleiben musste, also warf ich ihr die Arme um den Hals, klammerte mich fest und betete. Sie stieg wieder, wobei diesmal der Metallhaken an ihrem Tie-down, riss, sodass ihr der Lederriemen bei jeder Bewegung um den Kopf flog.

Ich erinnerte mich, dass meine Ausbilderin mir gesagt hatte, ein Pferd könne nicht gleichzeitig steigen und sich vorwärts bewegen, also muss man es antreiben, dann kommt es wieder runter. Verzweifelt setzte ich mich auf und klammerte mit meinen Schenkeln, sodass ich sie vorwärtstreiben konnte, weg von diesem gefährlichen Highway. Freddie stieg wieder und lief auf den Hinterbeinen wie ein durchgedrehter Zirkushund. Noch ein Buckler, und schon waren wir runter vom Gras und standen auf dem Asphalt des Scott-Way. Wie von Zauberhand hörte sie mit dem Buckeln und Steigen auf und tänzelte nur noch etwas herum, wobei sie wütend schnaubte. Ich ließ sie im Schritt die Straße entlanggehen und versuchte, sie und mich zu beruhigen; dann stieg ich ab und kümmerte mich um den Tie-down, der immer noch am Nasenriemen ihres Zaumzeuges hin- und herschwang.

»Was war denn das?« fragte ich laut. Plötzlich erschien mir der Stall sehr weit weg. Gerade mal eineinhalb Kilometer, aber mit noch einer Szene wie dieser, würden wie es nie bis dorthin schaffen. Während ich immer noch versuchte, meine Nerven wieder zu beruhigen, überprüfte ich Freddie auf Bienenstiche oder Schlangenbisse – auf irgendeinen Hinweis für ihre so heftige Reaktion. Ich ging um sie herum, streichelte sie und sprach mit ihr, bis sie sich wieder ganz beruhigt hatte. Wir ritten den Scott-Way bis zum Ende und wechselten wieder auf die Grasfläche. Da explodierte sie erneut. So arbeiteten wir uns am Highway entlang in Richtung Stall. Schließlich hörte sie auf damit, tänzelte und schnaubte aber immer noch, bis wir auf einen nahen Privatweg auswichen, auf dem sie sich wieder total beruhigte.

Im Stall, erzählte ich Kelly von unserem Rodeo an der Straße. Sie sagte darauf: »Das ist seltsam; da sind noch zwei Pferde am Scott-Way ziemlich durchgedreht. Es ist ein Glück, dass niemand verletzt worden ist, aber irgendetwas stimmt da nicht.«

Auf dem Weg nach Hause hielt ich an der Stelle an und untersuchte die Gegend, aber ich fand nichts. Eine Woche später ritten mein Mann Kip und ich mit unseren Wanderreitpferden aus, die beide schon siebzehn Jahre alt sind: Lucky, ein abgeklärtes Quarter Horse, mit Spitznamen Eeyore und Haji, ein hübscher ruhiger Anglo-Araber. Als wir uns dem Scott-Way näherten, diesmal aus der anderen Richtung, fing Haji zu tänzeln an. Lucky schlug zwischenzeitlich nach hinten aus und passte sich seinem Tempo an.

»Das ist doch wirklich komisch!«, sagte ich, »Was ist nur in dieser Gegend los?« Wir waren auf dem Scott-Way angelangt, und die Pferde hatten sich wieder beruhigt. Kip und ich suchten die Gegend noch einmal nach allem ab, was solch eine Reaktion auslösen könnte. Keiner Tierkadaver, nichts der gleichen. Uns fiel nichts auf.

Als wir am Highway entlang ritten, sahen wir kleine, neon-orangefarbene Schilder, die darauf hinwiesen, dass Erdarbeiten in diesem Gebiet nur in Absprache mit der Telefongesellschaft erlaubt sind. »Könnte das der Grund sein?«, fragte ich mich. Möglich war es durchaus, denn die Pferde reagierten ja nicht, so lange sie auf dem befestigen Weg des Scott-Way unterwegs waren. Sie benahmen sich so merkwürdig sobald sie auf das feuchte Gras kamen. Allerdings war ich mir nicht sicher, ob Telefonleitungen mit ihrer niedrigen Spannung ausreichen, um den gesamten Untergrund unter Spannung zu setzen.

Ich rief die Telefongesellschaft an und sprach dort mit einer Frau, die mich fragte: »Befinden sich in dem Bereich auch Überlandleitungen?« »Ja«, antwortete ich. Sie sagte: »Es ist möglich, dass zwischen diesen beiden Elektronenquellen ein Stromfluss stattfindet. Gibt es dort in der Nähe einen Drahtzaun?« Auch diesmal lautete die Antwort »Ja«. »Berühren Sie den Zaun nicht. Er könnte elektrisch geladen sein. Ich schicke sofort jemanden los, der sich die Sache ansieht.« Daraufhin kamen Kundendienstmitarbeiter der Telefon- und der Elektrogesellschaft, und ich zeigte ihnen die Stelle. Sie lag genau zwischen dem im Boden verlegten Telefonkabel und einem Schaltkasten der Elektrogesellschaft. Hier sah man immer noch Freddies tiefe Hufabdrucke.

Wir bekamen später einen Brief, dass der Schaden behoben ist. Die Pferde reagierten seither am Scott-Way nie wieder so auffällig. (Ich habe den Verdacht, dass die Gesellschaften den Schaden repariert haben, aber nichts zugeben wollten, weil sie Angst vor Schadensersatzansprüchen hatten.) Jedenfalls war das Problem damit gelöst.

Nachdem klar war, dass Strom der Auslöser für Freddies heftige Ausbrüche gewesen war, fühlte ich mich richtig schlecht. Meine arme Stute hatte über ihre eisenbeschlagenen Hufe plötzlich elektrische Schläge abbekommen und konnte das natürlich nicht verstehen. Kein Wunder, dass sie die Füße nicht auf dem Boden halten wollte!

Sobald aber alle Puzzleteile auf dem Tisch lagen – der Grund für das Verhalten der Pferde aufgeklärt war – konnten wir das Gesamtbild zusammensetzen und so das Problem und die Lösung dazu ausfindig machen.

Ereignisse wie diese haben mir gezeigt, dass es, wenn man mit Pferden unterwegs ist, manchmal den Anschein haben kann, als würde man durch ein Minenfeld reiten, in dem einige der Minen nicht markiert sind. Die meiste Zeit hat man Richtung und Geschwindigkeit unter Kontrolle und kann, wenn man gut aufpasst, die offensichtlichen Explosionen vermeiden. Aber gelegentlich geht eine dieser versteckten kleinen »Überraschungen« los. Es ist wichtig, dass der Reiter die Augen nach unvorhergesehenen Dingen offen hält und in der Lage ist, in jeder Situation richtig und kontrolliert zu reagieren.

Aufmerksamkeit

Wenn man mit Pferden zu tun hat, wird man zur Aufmerksamkeit »erzogen«. Man lernt, dass *alles* passieren kann und dass man bereit sein muss, damit umzugehen.

Als ich vom Pferd gefallen bin und mir dabei das Knie verrenkt habe, sagt Tracy Cole, *hat mein Vater zu mir gesagt: »Das hast du davon, wenn du auf etwas reitest, das einen eigenen Kopf hat. Darauf musst du vorbereitet sein.« Seit er mir das gesagt hat, reite ich viel bewusster.* Tracy möchte damit sagen, dass man zum eigenen Besten ständig aufmerksam sein muss. Für Reiter ist das eine grundlegende Sicherheitsmaßnahme. Allerdings kann es zu Angst und Nervosität führen, wenn man sich dazu *zwingt*, ständig aufmerksam zu bleiben – und das ist im Umfeld von Pferden eher unerwünscht.

Ist man selbst entspannt, kann sich auch das Pferd entspannen. Daher muss man aufkommende Ängste bekämpfen und immer darauf vorbereitet sein, dass etwas Unvorhergesehenes passieren kann. Dazu braucht man Erfahrung und Selbstvertrauen, das sich allmählich einstellt, wenn man viel Zeit im Sattel verbringt: *Ich bin mit einem Freund ausgeritten, wir haben geredet, hatten die Füße aus den Steigbügeln genommen, sind einfach so entlang geschlendert. Plötzlich flog vor uns ein Vogel auf,* erinnert sich Phyllis Eifert. *Wir lagen beide sofort unten, bevor wir wussten was eigentlich passiert war, und die Pferde waren natürlich weg ...* Wenn man so entspannt ist, dass man nicht mehr auf das Pferd oder seine Umgebung achtet, kann schnell solch ein Missgeschick passieren.

Man sollte seine Umwelt ganz bewusst wahrnehmen, rät Dennis Marine. *Natürlich darf man auch nicht so draufsitzen, als ob man im Berufsverkehr auf der Autobahn unterwegs ist und jederzeit mit einem Unfall rechnen muss. Sonst ist der Unfall vorprogrammiert, weil man diese Vorsicht und Unsicherheit auf das Pferd überträgt. Entspannt aber aufmerksam sein – das ist das Ziel. Am Steuer darf man ja auch nicht schlafen.* Um diesen Mittelweg zwischen einer nervösen »Alarmstufe rot« und einem duseligen »im-Koma-liegen« zu erreichen, muss man sein Gespür für sich selbst, das Pferd und die Umgebung erweitern. *Ich lehre das Bewusstsein für das eigene Selbst durch Körperbewusstsein und Geschehen-Lassen,* berichtet Sally Swift, die das »Reiten aus der Körpermitte« entwickelt hat, bei dem es sich um eine Kombination aus Visualisierungstechniken und Mechanik sowie Anatomie der Bewegung handelt.

Bewusst und geschehen lassen sind beim Reiten aus der Körpermitte zwei wichtige Begriffe. Wenn man sich seiner selbst bewusst wird, wird man auch seine Umwelt bewusster wahrnehmen. Zuerst sollte man wissen, wie der eigene Körper funktioniert, dann muss man ihm auch einmal erlauben, zu funktionieren«, ohne ständig über ihn regieren zu wollen. Erlauben Sie das auch einmal Ihrem Pferd. Wenn man sich allmählich seiner selbst bewusst wird, wird man auch das Pferd besser verstehen. Das Pferd kann sich nicht richtig bewegen, wenn der Mensch es körperlich behindert – wenn es aus dem Gleichgewicht kommt oder steif ist – also muss man mit der Bewegung des Pferdes einfühlsam und geschmeidig mitgehen. Wenn der menschliche Körper und das Pferd harmonieren, erzielt man wunderbare Ergebnisse. Man wird dazu angehalten, weniger nachzudenken und besser zuzuhören, zu fühlen, was passiert. So kann man den Augenblick mit sich selbst, dem Pferd und der Umgebung leben.

Bewusster Umgang mit Pferden

Man muss auf jeden Fall auf sein Pferd achten, sagt Cathy Ziffren. *Man selbst ist der Stecker, und das Pferd ist sozusagen die Steckdose – man stöpselt sich förmlich beim Pferd ein. Dann ist man in der Lage zu fühlen, was das Pferd fühlt, und das Pferd fühlt, was sein Reiter fühlt.* Mit den Kommunikationsmöglichkeiten, die im vorherigen Kapitel angesprochen wurden, kann der Reiter Botschaften und Probleme empfangen, sie interpretieren und auf sie reagieren, bevor es zu einer Explosion kommt.

In meinem Buch gibt es zwei Arten von Reitern, beobachtet Richard Shrake. *Da gibt es zum einen die Reiter, die an jedem Tag, an dem sie auf ein Pferd steigen, Pro-*

bleme haben. Sie gehen sozusagen von »Feuer zu Feuer« und versuchen, es auszutreten. Dann gibt es die Reiter, die mit ihrem Pferd gefühlvoll umgehen und gut zurechtkommen. Bei dieser Gruppe entwickelt sich gar kein »Feuer«, weil die Harmonie, die zwischen Pferd und Reiter herrscht, es nicht so weit kommen lässt, dass echte Probleme auftauchen. Solche sensiblen, bewussten Reiter fühlen ein Problem, wenn es noch ein Funke ist, und blasen diesen Funken aus, bevor er sich entzündet. Solche Reiter haben ihr Gefühle und ihre Aufmerksamkeit dem Pferd gegenüber so verinnerlicht, dass sie sich nun ganz natürlich in einem entspannten und sehr bewussten Zustand befinden.

Wettbewerbe bewusst erleben

Bei Turnieren oder anderen Wettbewerben kann man ohne eine gewisse Aufmerksamkeit und Konzentration nichts leisten. Man muss sich der besonderen Situation ganz bewusst stellen. Taktiker sollte man sein und strategisch geschickt das Spiel, die vielen Spieler darin und die spannungsgeladene Umgebung überwachen können. *Um beim Distanzreiten im Wettkampf erfolgreich abzuschneiden, muss man alles um sich herum offen wahrnehmen können,* erklärt die Pferdejournalistin und Distanzreiterin Genie Stewart-Spears. *Keinesfalls darf man die anderen Spieler in diesem Spiel unterschätzen. Man muss wissen, was man selber tun kann und wie viel das Pferd noch zu leisten in der Lage ist. Dazu gehört eine ganze Menge Disziplin, weil man sich selbst und das Pferd wirklich kennen und immer realistisch bleiben sollte – man darf nicht träumen und darf vor nichts die Augen verschließen.*

Turnierbesuche sind eine anstrengende Herausforderung an den Geist. Die absolute Präsenz, die von Körper und Geist gefordert ist, verlangt eine Menge Kraft. Das ist anstrengend, sodass man diese Konzentration nicht unbegrenzt aufrechterhalten kann – vor allem dann nicht, wenn alles so schnell geht wie auf dem Turnier: *Eines der großen Probleme beim Polo ist, dass wir uns nicht genug umschauen,* meint Rege Ludwig. *Wenn wir nicht im Auge haben, was um uns herum passiert, verpassen wir eine Menge Schläge. Wenn man anfängt, Schläge zu verpassen, wird man verlieren. Beim Polo muss man so sehr auf sein Pferd, auf sich selbst und auf die eigene Fähigkeit vertrauen können, in jeder Situation wirklich richtig zu reagieren, damit man dann seine Aufmerksamkeit voll auf das Spiel richten kann. Man weiß einfach, wenn man etwas braucht, dann ist es da. Wenn man diese Selbstsicherheit hat, braucht man sich nicht auf sein Pferd zu konzentrieren. Müsste man das, würde man das Geschehen um sich herum verpassen. So kann man sich aufs Spiel konzentrieren und rechtzeitig auf alles reagieren.*

Wenn ein Spieler auch in Wettbewerbssituationen bewusst agieren und reagieren kann, ist er in der Lage, seine Konzentration auf das Spiel zu richten. Daraus ergibt sich ein selbstsicherer Sportler, der sich auf seine eigenen Fähigkeiten und die des Pferdes verlassen kann, sodass sich seine Aufmerksamkeit auf die Möglichkeiten richtet, die sich im Spiel ergeben.

Frühwarnsysteme

Ein weiterer wichtiger Faktor des bewussten Miteinander zwischen Mensch und Pferd ist das Erkennen der Frühwarnsysteme. Das Pferd hat eine viel feinere Wahrnehmung, sodass es wichtige Informationen liefern kann: *Meine große, hübsche Quarterstute Shermanette Tank und ich hatten gerade einen Kontrollritt über die Stewart Anderson Ranch, auf der die Black Angus stehen, gemacht,* erinnert sich Chris Hawkins. *Ich bin den Hügel runtergeritten und habe eine Stelle mit frischem grünen Gras gesehen. Die hat so gut ausgeschaut, dass ich dort hingeritten bin, um Shermanette etwas fressen zu lassen. Als wir an den Rand dieser Stelle kamen, hat Shermanette sich geweigert, näher zu gehen, und angefangen zu schnauben. Nun sollte ich ja wissen, dass es sinnlos ist, mit ihr zu diskutieren, aber ich sagte »He, Sherman, was ist los mit dir?« Und habe sie weitergetrieben. Na ja, sie hat zwei Schritte gemacht und ist so tief eingesunken, dass ich mit meinen Füßen auf diesem Grünstreifen stand. Ich konnte es nicht fassen, es war ein Sumpfstück! Ich hatte wahnsinnige Angst – ich hatte ja keine Ahnung, was unten drunter ist. Ich bin dann ganz vorsichtig abgestiegen, habe mich auf den Bauch gelegt und bin wie ein Wasserkäfer bis zum Rand gekrabbelt. Ohne mein Gewicht konnte Shermanette ihre Beine schon wieder ein Stück aus dem Morast ziehen und ist dann langsam hinausgewatet. Als ich das einem der Cowboys von der Ranch erzählte, sagte er: »Wenn du da tief genug reingefallen wärst, hättest du eine Menge toter Rinder gefunden – so tief ist das nämlich! Wir wollen das schon immer einzäunen, aber wir hatten noch keine Zeit.« Das hat mich gelehrt, in Zukunft auf mein Pferd zu hören und seine Einwände zu beachten ...*

Im Laufe der Jahre hat Lt. Carl Clipper seine Instinkte so geschult, dass er drohenden Ärger sehr früh wahrnimmt. Zusätzlich zum eigenen Erfahrungsschatz verlässt er sich auf das »Warnsystem« seines Polizeipferdes: *Wenn man mal zwanzig Jahre lang bei der Polizei war, hat man das drin, dass man versucht, Probleme und Gefahren vorauszusehen. Bei der berittenen Polizei muss man ja nicht nur auf sich selbst, sondern auch noch auf sein Pferd aufpassen. Man weiß nie, was plötzlich in so ein Pferd fährt. Da geht man völlig problemlos bis zur Mitte der Musikkapelle, und dann fliegt dem Pferd eine Plastiktüte vors Gesicht und es geht los! Man muss einfach die ganze Zeit auf alles vorbereitet sein.*

Es passiert ziemlich oft, dass mein Pferd irgendwelche Sachen realisiert, bevor ich sie realisiere. Pferde hören viel besser als Menschen. Sie hören ein Baby schreien oder die Hilferufe eines Verletzten, lange bevor der Mensch die Schreie wahrnimmt. Big John legt den Kopf schief, und ich sehe mich um, und da ist ein Unfall oder es läuft irgendetwas, was nicht laufen sollte ...

Durch den intensiven und langjährigen Umgang mit Pferden hat Macella O'Neill sich in einen menschlichen »Katastrophen-Detektor« verwandelt: *Wenn irgendetwas passiert, dann bin immer ich diejenige, die das voraussieht. Wie zum Beispiel die Geschichte, als damals der Lastwagen nicht mehr bremsen konnte und auf unseren Pferdehänger aufgefahren ist. Ich merke es auch, wenn Pferde in etwas reinrennen oder hinfallen. Es ist nie passiert, dass ich anwesend war und eine größere Sache nicht vorhergesehen hätte. Ich habe plötzlich so eine Ahnung; dann sehe ich mich um, und schon kommt's – bumm. Ich sehe ständig, wie Katastrophen passieren, aber leider nie früh genug, um etwas verhindern zu können.*

Beobachtung

Bei der Arbeit mit Pferden wird man zum guten Beobachter. Jedes Mal, wenn man ein Pferd aus der Box oder vom Paddock holt, achtet man auf seinen körperlichen Zustand, seine Reaktionen und sein Verhalten. Beim Putzen sieht man sich den Körper des Pferdes noch einmal genauer an und tastet mit den Händen die Beine ab, um empfindliche oder warme Stellen, Schwellungen oder Beulen zu ertasten – das ist dann so eine Art »Inspektion vor dem Start«. Man möchte sich versichern, dass das Pferd gesund, munter und zufrieden ist. Wenn man täglich Pferde sieht, entwickelt man eine Art geistiger Schablone für den richtigen Zustand. Wenn das, was man sieht, nicht der Schablone entspricht, beginnt man Fragen zu stellen: *Man achtet sehr genau auf Dinge, auf die man sonst vielleicht nicht achten würde,* bemerkt Sam Savitt. *Im Winter weiß ich, dass ich den Wassereimer für mein Pferd normalerweise abends noch einmal voll machen muss. Wenn der Eimer noch voll ist, frage ich mich, warum trinkt es nicht? Ich weiß, wie viele Haufen ich in der Box finden muss. Wenn es nicht genug sind, frage ich mich, ob etwas mit seiner Verdauung nicht stimmt. Wenn es von der Weide reinkommt, sehe ich ihm zu und achte dabei darauf, ob es normal geht. Manchmal lässt es ein Bein zu lange oben und macht dann nur einen kurzen Schritt, und dann denke ich »Oh Mann, ich hoffe, dieses Bein ist nicht verletzt«. Man lernt durch Beobachtung und weil man bewusst die Bewegungen, Angewohnheiten und Geräusche wahrnimmt ... Man stimmt sich total auf das ein, was Pferde mit dem Körper sagen.*

Dieses unabdingbare, intensive Beobachten lehrt uns, wie wertvoll es ist, von Natur aus Dinge sehen zu können: *Ich beobachte die Pferde ständig und achte darauf, ob irgendetwas nicht in Ordnung ist,* sagt René Williams. *Ich habe jedes Pferd im amerikanischen Olympia-Kader täglich angeschaut. Man muss sie sehr viel beobachten, bis man es voll im Gefühl hat. Dadurch bin ich auch in allen anderen Bereichen ein guter Beobachter geworden. Ich habe in der Schule nie Anatomie gehabt, aber ich weiß heute viel über Anatomie. Mein Gott, ich weiß wo jede Sehne, jeder Knochen, jeder Muskel hingehört. Ich weiß genug über das Exterieur, was »klare« Beine sind und wie ein perfektes Pferd aussehen muss ... das weiß ich einfach. Deshalb muss ich mir ja auch so viele Pferde für Leute ansehen, die dafür einen hohen Preis bezahlen wollen.* Renés gute Beobachtungsgabe macht sich auch bei seiner Zweitbeschäftigung als Bildhauer bezahlt. Er erschafft seine Pferde von innen nach außen: zuerst baut er ein Skelett aus Draht und dann legt er die Muskulatur aus Wachs auf, bis er »lebendige, atmende« Vollblüter hat, die ganz zufällig aus Bronze gegossen sind.

Die Pferde haben mich zu sehen gelehrt, dieser Meinung ist Bev Doolittle – kein geringer Anspruch für eine Künstlerin von Weltrang. *Man bekommt unterbewusst jede Menge Informationen, wenn man wirklich Kontakt zu Pferden hat. Wie sich ihr Körper und ihr Fell anfühlen, das merkt man sich irgendwie. Ich spüre die Gänge und die Bewegungen, ich spüre, wo das Pferd hinschaut und wie es im Gleichgewicht ist ... Ich will wissen, was das Pferd sieht, was es riecht ... Ich fange an, über mich selbst hinaus zu denken. Wenn ich dann hingehe und Pferde male, dann male ich aus meinen Gefühlen heraus – wenn es sich richtig anfühlt, male ich es. Ich nenne das Malen aus dem Herzen heraus.*

Es ist offensichtlich, dass ein geschultes Auge für einen Künstler ein wichtiges Instrument ist. Es ist interessant, wie es die drei Künstler, mit denen ich gesprochen habe, beschreiben. Hier zeigt sich, dass es sich in vieler Hinsicht bezahlt macht, wenn man ein »scharfes« Auge und ein gewisses Gespür für die Gestalt und die Bewegungen von Pferden entwickelt. Es zahlt sich nicht nur aus, weil man dadurch das Wohlbefinden des Pferdes besser im Griff hat und besser mit Pferden umgehen kann, sondern ist die Basis für jede Art von künstlerischem Schaffen und für eine bessere Wahrnehmung im eigenen Leben.

Folgerichtiges Denken

Stellen wir uns doch einmal folgendes vor. Sie haben eine Ausbildung gemacht, alle Prüfungen bestanden, Ihre Urkunde über die staatliche Prüfung an der Wand und nun haben Sie sich gerade das erste Büro gemietet, an dessen Tür mit Goldbuchstaben Ihr Name unter Ihrer Berufsbezeichnung steht: *Privatdetektiv*. Sie werfen einen stolzen Blick auf das Schild und lächeln, als Sie an diesem ersten Tag Ihr Büro betreten und merken, dass bereits eine Anzahl von Kunden auf Ihr Eintreffen wartet. Ihnen wird klar, dass Sie gleich von Anfang an so richtig Glück haben: alle diese Kunden sehen gut aus und scheinen gepflegt zu sein – Leute, mit denen man gerne zusammenarbeitet. Die Kunden nicken zur Begrüßung, als Sie an ihnen vorbei mit entschlossenen Schritten ins Büro gehen und Ihre Sekretärin beauftragen, Ihnen den ersten Kunden herein zu schicken. Am Ende dieses ersten Tages ist deutlich geworden, wo die wahre Herausforderung des neuen Jobs liegt: alle Kunden sind stumm! Jeder von ihnen hat Schwierigkeiten, bei denen Sie ihm helfen könnten, aber es liegt an Ihnen, die Probleme, die Geschichten dahinter und die Lösungen herauszufinden, und zwar allein durch die bewusste Beobachtung, die exakte Interpretation und die einfühlsame Folgerung aus den stummen Hinweisen, die die Kunden Ihnen geben können. Und nun hängen Sie sich noch eine Berufsbezeichnung an die Türe: *Ausbilder, Schmied, Pferdepfleger* oder *Tierarzt* – und schon haben Sie eine Ahnung davon, worauf es ankommt, wenn man Tag für Tag mit Pferden arbeiten will. Auch sie können einem nicht sagen, wo es fehlt. Hier ist Ihr Gespür gefragt. Wenn diese herausfordernde Detektivarbeit Sie nicht anspricht, sollten Sie lieber Golf spielen als mit Pferden umzugehen.

Als ich versucht habe, meinem Pferd, Zodiac, das Steigen abzugewöhnen, habe ich gelernt, dass Lösungen nicht immer einfach zu finden sind – da gibt es oft versteckte Dinge, erzählt Kelly O'Boyle, eine Dressurausbilderin (S. 200). *Es war offensichtlich, dass Zodiac nicht nach vorne an das Gebiss herantreten wollte, aber niemand hat einmal innegehalten und darüber nachgedacht, dass diese Reaktion vielleicht auch an etwas anderem liegen könnte als an vorsätzlicher Sturheit. Zwei Ausbilder haben mir gesagt, ich sollte ihn einschläfern lassen, weil es mit ihm immer gefährlicher wurde. Ich spürte aber, dass sein Verhalten nicht aggressiv oder böse war, wenn ich versuchte ihn an das Gebiss herantreten zu lassen, er war nur völlig verspannt. Also habe ich auf mein Bauchgefühl gehört und habe weiter nach einer Antwort gesucht. Niemand, ich auch nicht, hat sich mal gefragt »Könnten wir da ein körperliches Problem haben?« Es hat sich dann herausgestellt, dass das Problem hauptsächlich daran lag, dass er einen faulen Zahn im Maul hatte, auf den das Gebiss immer drückte. Das war der Grund für sein Steigen. Eigentlich eine verständliche Reaktion auf den Schmerz. Seitdem bin ich viel ausdauernder und beleuchte bei einem Problem die verschiedensten Seiten. Ich schau mir die Zähne an, überprüfe die Hufe, schau nach, ob er Insektenstiche hat – vielleicht gibt es sonst noch etwas Auffälliges. Beim Lösen von Problemen muss man an ganz offensichtliche Dinge denken, aber genauso muss man lernen, auf seine Intuition zu hören und nach den verborgenen Ursachen zu suchen.*

Zur eigenen Sicherheit und der des Pferdes ist es wichtig, dass alle Teile von Sattel- und Zaumzeug richtig und bequem passen: *Ich höre ständig »Ach, der hat nur kein Benehmen!«*, sagt Diana Thompson. *Neulich war ich bei einer Kundin. Ich hatte bis dahin ungefähr viermal mit ihrem Pferd gearbeitet. Inzwischen schlurft er nicht mehr nur auf der Vorhand herum, sondern geht schön, hört auf seinen Reiter, hält ruhig an und macht schon viele Lektionen sehr gut. Und nun sagt mir diese Besitzerin: »Er war die ganze Woche absolut unmöglich! Er bleibt nicht stehen, wenn ich aufsitzen will, und er ist wieder die ganze Einfahrt runtergerannt.« Sie war ziemlich sauer. Ich habe gesagt: »Na ja, das wundert mich aber. Es ist doch bisher so gut gelaufen. Wissen Sie was, sitzen Sie auf und wir sehen mal, ob wir nicht herausfinden, woran es liegt. Ich mag dieses Pferd, der ist absolut ehrlich.« Also, sie sitzt auf und tata! er benimmt sich wie sonstwas. Er dreht sich um die eigene Achse und reagiert völlig unkontrolliert. Sie kann ihn kaum halten. Also schnappe ich mir die Zügel und hole die Frau runter. Was ist jetzt anders als vorher? Sie hat in einem anderen Sattel gesessen. »Haben Sie die ganze Woche beim Reiten diesen Sattel benutzt?« frage ich sie. »Ja.« »Ich wette, der Sattel ist Schuld. Ich reite ihn jetzt mal ein paar Minuten mit diesem Sattel und probiere, ob es damit geht; und dann legen wir den anderen Sattel drauf und schauen mal.«*

Wir haben dann die Sattelunterlage gewechselt, und das Pferd ist immer besser gegangen. Dann habe ich wieder den normalen Sattel daraufgelegt, mit dem wir auch früher gearbeitet hatten, und das Pferd war einfach perfekt. An der Treppe zum Aufsteigen blieb es ruhig, mit hängendem Kopf und am langen Zügel, stehen und es ist auch nicht losgestochen, als sie aufgestiegen ist.

Das Besondere an diesem Vorfall war, dass das Pferd versucht hat, seiner Besitzerin durch sein Verhalten etwas zu sagen – so gesehen, hat dieses Pferd sie regelrecht »angeschrien«. Dieses Pferd ist ohnehin sehr sensibel und als ihm der Rücken wehgetan hat, hat es einfach sofort reagiert. Es ist nicht erst ein bisschen sauer geworden – es ist ausgerastet! Das war wirklich eine gute Lehrstunde für die Besitzerin. Jeder Sattler der Welt hätte wahrscheinlich gesagt »Dieser Sattel passt ihm«. Na ja, aber das Pferd hat das anders gesehen.

Im Lauf der letzten zehn oder zwölf Jahre habe ich gelernt, auf die Pferde zu hören, und ich achte auf alles, was sie zu sagen versuchen.

Natürlich lässt sich nicht jedes Problem so einfach durch einen neuen Sattel oder ein neues Zaumzeug lösen: *Mir haben sie mal eine Stute gebracht, die hatte sich fürchterlich das Schlagen angewöhnt,* erzählt Rex Peterson. *Ich habe sie mir angesehen und mit ihr gearbeitet ... Schließlich habe ich den Tierarzt geholt und gesagt »Ich möchte, dass Sie bei dieser Stute mal die Augen überprüfen.« Er fragte: »Warum?« »Ich glaube, dass sie nicht gut sieht. Ich reite sie jeden Tag auf dem selben Reitplatz, und manchmal gehen wir an Gegenständen vorbei, an denen sie jeden Tag vorbeigegangen ist – und plötzlich geht nichts mehr. Auf der linken Hand machen sie ihr nichts aus. Aber auf der rechten Hand scheut sie.«*

Der Tierarzt bestätigte dann, was ich vermutet hatte. Auf der rechten Seite, auf der sie regelmäßig nach Leuten schlug, veränderte die Pupille sich nicht – egal ob Sonnenschein oder Dunkelheit. Er sagte, dass sie auf dem Auge wohl zu 80 bis 90% blind ist. Sie kann Bewegungen sehen, aber weiß nicht, was da auf sie zuschnellt. Der Tierarzt wollte wissen wie ich drauf gekommen bin.

Da habe ich gesagt: »Wenn man mit der Stute intensiv arbeitet und sie sich immer wieder genau ansieht, dann muss einem das auffallen.«

Ebenso, wie ein und dasselbe Problem verschiedene Lösungen haben kann, gibt es für die selbe Wirkung oft unterschiedliche Ursachen. Hier geht es auch wieder ums Ausschlagen, aber in einer ganz anderen Zusammenhang: *Eine Frau rief mich an und schilderte mir ihr Problem. »Die kleine Stute von meinem Sohn hat plötzlich angefangen, auszuschlagen.«*, erzählt Rex weiter. *Eine dreizehn Jahre alte Stute fängt aus heiterem Himmel an auszuschlagen – das ist schon seltsam. Ich wusste nicht viel über diese Stute, holte sie ab und brachte sie zwei Monate später wieder nach Hause zurück – ohne diese Angewohnheit. Dann kaufte sich der Mann dieser Frau einen Vierjährigen ... angeblich ein total liebes Pferd. Es ging so ungefähr sechs Monate lang gut und plötzlich hat auch dieses Pferd angefangen, zu schlagen. Seltsam oder? Aber nachdem ich ja nicht wusste, wo das Pferd herkam ... Na jedenfalls, ich habe es geholt und ihm das Schlagen abgewöhnt. Nach weiteren sechs Monaten hat eine ihrer Stuten gefohlt und dann auch angefangen auszuschlagen. Als das Fohlen ein Jahr alt war, fing auch das mit dieser Unart an. Da bin ich dann zu ihnen hingefahren. Ich bin auf diesen Hof gekommen und wusste genau, was ihr Problem ist.* »Das Problem sind diese zwei Hunde«, sagte ich sofort. *»Das kann nicht sein!«*

»Na ja, tut mir leid, aber ich habe auch schon diese Rasse gehabt, Queensland Blue Heelers. Im Moment habe ich auch einen. Das sind die besten Hunde zum Rinderhüten, die ich je gesehen habe, aber sie eignen sich nicht als Hofhunde mit anderen Tieren zusammen. Die haben von Natur aus das extreme Bedürfnis, eine Herde zusammenzuhalten, und dadurch bekommt man Probleme mit ihnen.« Als ich dem Fohlen den Schweif auskämmte, habe ich darin einen Hundezahn gefunden, aber die Frau wollte mir immer noch nicht glauben. Die Sache war für mich eindeutig. Als die Hunde auf den Hof kamen, haben die Pferde angefangen zu schlagen. Wie alt sind die Hunde? Die sind ungefähr fünf. Wie alt ist die Stute? Die ist achtzehn. Sagen Sie mir, wann Sie mir diese erste Stute gebracht haben? Als sie dreizehn war. Wann haben Sie sich diese Hunde zugelegt? Als wir in dieses Haus gezogen sind. Wann hat diese Stute angefangen, zu schlagen? Kurz nachdem wir in dieses Haus gezogen sind ... Aber bis heute habe ich sie noch nicht 110% überzeugen können, dass die Hunde an diesem Problem Schuld sind. Aber sie sind es. Diese zwei Hunde haben diese Frau viel Geld gekostet. Sie musste dadurch immerhin vier Pferde in Beritt geben, aber sie reagiert bis heute total sauer darauf, wenn ich ihr das sage. Dabei ist es so offensichtlich. Tiere sind keine Lügner. Man braucht sich wirklich bloß hinzusetzen und sie anzuschauen und in ihnen zu lesen. Manche sind etwas schwerer zu durchschauen, aber sie lügen einen nicht an.

So gut er auch ist im »Lesen« von Pferden, so muss gelegentlich selbst Rex die Lücken füllen, indem er mehr über die Geschichte des Tieres herauszufinden versucht: *Vor Jahren hat man mir einen kleinen Wallach gebracht, den seine Besitzer nicht dazu bewegen konnten, irgendwo hineinzugehen, wo er ein Dach über sich hatte,* sagt Rex. *Sie haben ihn dann in einem Pferdehänger ohne Verdeck transportiert. Man konnte ihn weder in einen Stall, noch in einen Paddock stellen, der ein Dach hatte. Ich habe mir dieses Pferd genau angesehen und mit ihm gearbeitet. Ich konnte nicht herausbekommen, was mit ihm los ist. Eines Tages habe ich dann angefangen, nachzuforschen, genauer zu schauen, nach Hinweisen zu suchen, all diese Sachen. Ich konnte seinen Vorbesitzer ausfindig machen und habe dann schließlich die ganze Geschichte erfahren. Sein Verhalten ist auf einen Unfall zurückzuführen. Als Jährling hatte dieses Pferd in einem alten Stall gestanden. Bei einem starken Sturm war das Dach eingebrochen. Das Pferd war die ganze Nacht unter dem Dach eingeklemmt gewesen. Warum sollte es also jemals wieder unter ein Dach gehen? Ich habe das Pferd von seiner Angst befreien können, aber das hat eine Weile gebraucht. Ich habe es schließlich gekauft und drei Jahre lang behalten.*

Ja, in manchen kann man wirklich nur schwer lesen. Manche sprechen Englisch und mache Spanisch, wissen Sie. Aber wenn man sich reinkniet, kann man Spanisch lernen. Man muss sich aber wirklich reinknien. Es ist mir egal, wie das Problem aussieht, man muss es in kleine Stücke zerlegen und eine Lösung finden.

Wenn man einmal gelernt hat, in Tieren zu lesen, ihre Handlungen und ihren Zustand zu verstehen, kann man zu einem ganz beeindruckenden Sherlock Holmes der Pferdewelt werden: *Bei einer Auktion in Santa Rosa habe ich einmal ein großes, sieben Monate altes Paint-Hengstfohlen gekauft,* erzählt Rex weiter. *Als der Mann, der das Pferd bei der Versteigerung führte, seine Hand hob, hat dieses Fohlen ihn einfach niedergetrampelt und auf ihm einen Kriegstanz aufgeführt. Alle sind vom Platz gerannt und haben das Fohlen da alleine stehen lassen. Sie hatten ihn eigentlich für 1800 Dollar angeboten, aber nachdem er so explodiert war, mussten sie mit der Versteigerung wieder von vorne anfangen. Ich habe 400 Dollar für ihn geboten und schon hatte ich ihn. Vor mir saß ein Mann, der hat sich umgedreht und mich gefragt: »Mein Lieber, wofür kaufen Sie dieses verrückte Fohlen?«*

Ich habe gesagt: »Na ja ... ich denke, der ist nicht verrückt ... ich denke, den versteht nur keiner.« Der Mann hat wirklich gedacht, ich hätte sie nicht mehr alle. Ich bin rübergegangen zur Box, und das Fohlen ist fast die Rückwand rauf- geklettert. Es hatte vor mir mehr Angst als ich vor ihm. Nach einer Weile ist es aber zu mir hergekommen. Wenn man sich dieses Fohlen genau angesehen hat, dann hat man die ganze Geschichte auf ihm geschrieben gesehen. Ich bin um das Pferdchen herumgegangen und habe mich dabei von seinem Kopf ferngehalten. Ich habe ihn überall berührt, wo es ging, und er hat keine Panik bekommen. Draußen hatte sich eine kleine Menschenmenge versammelt. Die Leute hatten haben mir alle durch die Ritzen zugesehen. Ich bin zu der Frau hingegangen, die das Pferd verkauft hat, und habe sie gefragt: »Was haben Sie mit dem Pferd gemacht?« Sie sagte: »Wir haben wirklich nicht viel mit ihm gemacht.« Ich habe weitergefragt: »Na ja, wie oft hat er sich die Nasenbremse runtergeschlagen?« »Was meinen Sie damit?«

Ich sagte: »Eins von seinen Ohren ist ausrasiert, im Genick hat er eine Teilschur für das Genickstück, die Barthaare sind teilweise weg und er hat keine Haut mehr auf der Nase. Als dieser Mann, der ihn bei der Versteigerung geführt hat, die Hand in Richtung seiner Nase hob, wurde er niedergetrampelt. Also kann ich Ihnen sagen, Sie haben ihm eine Nasenbremse angelegt, und er hat gelernt, wie man sie runterschlägt. Und wenn man zu nahe an seine Nase ran kommt, schlägt er mit dem Kopf nach einem.«

Da fragte sie mich: »Mit wem haben Sie gesprochen?«

Ich erwiderte nur: »Gute Frau, diesem Pferd steht das ins Gesicht geschrieben; in seinem Gesicht kann man lesen wie in einem Buch.« Ich denke, dass sie bis zum heutigen Tage glaubt, jemand hätte mir das erzählt. Aber wenn man sich das Pferd genau angesehen hat, konnte man es sehen. Dieses Hengstfohlen war erst sieben Monate alt; da ist ein Pferd noch kein »Verbrecher«. Dieses Pferd hatte nur eine Wahnsinnsangst. Ich habe dann noch weiter mit der Frau geredet, weil ich mehr über das Pferd rausfinden wollte.

»Seine Mutter ist gestorben, als er ungefähr drei Monate alt war. Er hat sich nicht einfangen lassen, also habe ich die Nachbarjungs gebeten, rüberzukommen und ihn mit dem Lasso zu fangen. Sie haben ihn in den Stall zerren müssen, weil er sich nicht führen lassen wollte.«

Warum sollte dieses Fohlen sich führen lassen, wenn man es noch nie mit ihm geübt hat, frage ich Sie?

»Dann habe ich ihn in einer Box gehalten, aber er hat mich nicht an sich ran gelassen, also habe ich um die Krippe ein Seil gelegt, und als er eines Tages den Kopf hineingesteckt hat, haben wir die Schlinge zugezogen und ihm ein Halfter angelegt.«

Na, ist das nicht eine tolle zweite Erfahrung mit der Menschheit ... und dann haben sie ihm eine Nasenbremse draufgemacht! Wenn ich dieses Pferd wäre, warum sollte ich dann jemals wieder einen Menschen an mich heranlassen? Vor allem meinen Kopf dürfte keiner berühren. Um keinen Preis!

Ich habe zu dieser Frau gesagt: »Wenn ich all das mit Ihnen gemacht hätte, würden Sie mich überhaupt in den selben Regierungsbezirk lassen, in dem Sie wohnen?«

Diese Frau hat bloß den Kopf geschüttelt und hatte keine Ahnung, worüber ich überhaupt redete – und sie wird es auch nie kapieren – das ist das Schlimme daran. Sie hat ein Pferd zum »Verbrecher« gemacht, weil sie keine Ahnung hatte. Ich habe ihn Hell on Wheels (Hölle auf Rädern) genannt. Wenn Sie den gesehen hätten, wie der sich auf der Auktion in Santa Rosa im Ring aufgeführt hat, dann wüssten Sie, warum. Ich habe eine ganze Menge Arbeit in ihn rein gesteckt und mit ihm auch einen Film gedreht, The Silent Tongue. Ich habe ihn nicht legen lassen, und er deckt regelmäßig meine Stuten. Ich habe noch nie eine Nasenbremse für ihn gebraucht.

Experimente

Bei der Ausbildung eines Pferdes ist es sehr hilfreich, wenn man in der Lage ist, wie ein Pferd zu denken: *Man kann nur staunen, wenn man Rex Peterson bei der Arbeit zusieht. Als wir »Black Beauty« drehten, haben wir miterlebt, wie er immer wieder versucht hat, wie ein Pferd zu denken. Nur so konnte er das Pferd dazu bringen, dass es auch das zeigte, was wir für die jeweilige Szene gebraucht wurde,* erzählt Caroline Thompson. *Es gibt da zum Beispiel eine Szene im Film, in der Black Beauty seinem Herrchen ein Stück Brot stiehlt und mit dem Brot quer über die Weide rennt, um ihn dazuzukriegen, dass er mit ihm spielt. Sein Herrchen jagt ihn eine Weile und lacht dabei, aber schließlich gibt er auf und lässt sich ins Gras fallen. Da kommt Black Beauty dann an und frisst das Brot, während er über seinem Herrchen steht, sodass die Krümel auf ihn fallen.*

Rex hatte Justin, dem Pferd, das die Rolle des Black Beauty spielte, noch nie vorher Brot gegeben. Er hat sich immer außerhalb des Kamerabereiches hingestellt und Justin das Brot unmittelbar vor der Aufnahme gegeben. Justin hat es immer sofort gefressen, und wir hatten wieder nichts im Kasten. Rex überlegte lange und hat schließlich zum Üben eine Attrappe genommen. Aus dem Brot wurde ein Stück Leder, das aussah wie Brot. Wenn Justin damit herumgerannt ist, hat er es natürlich nicht gefressen. Ich habe Rex furchtbar gerne zugesehen, wie er an seinen Techniken gefeilt hat; er hat das »Leder-Brot« genommen und es immer wieder Justin gegeben und wieder zurückgenommen, bis das Pferd daran gewöhnt war, das Stück Leder zu nehmen. Aber als ich bei der Aufnahme der Szene »Action« gerufen habe, hat Rex seinem Justin das richtige Brot gegeben und das Pferd ist in die Aufnahme reingelaufen, bevor es richtig gemerkt hat, dass es das echte Brot im Maul trug. Dann hat er angefangen, das Brot zu fressen, und die Hälfte davon ist auf den Schauspieler gekrümelt. Es war total niedlich – es war perfekt!

Es war wirklich schön, Rex zuzusehen, wie er sich in dieses Pferd hineinversetzt hat. Rex benutzt bei seiner Arbeit zwei Gerten wie Signalflaggen; er gibt den Pferden Signale, indem er die Gerten unterschiedlich hält. Mit diesen »sichtbaren« Signalen kann Rex seinen Pferden Anweisungen geben, ohne dass er in den Bereich der Kamera kommt. Das zu beobachten, ist faszinierend.

Genau die Fähigkeiten, die Rex eingesetzt hat, um Justin in dieser Szene zur Mitarbeit zu bewegen – scharfe Beobachtung und das richtige Gespür, gekoppelt mit folgerichtigem Denken und dem ein oder anderen Experiment – sind auch die Basis für wissenschaftliche Nachforschungen: *Ich liebe es, mich mit Pferden zu befassen,* so drückt es Jane Savoie aus. *Das ist wie ein Puzzle, bei dem man herausfinden muss, wo ein Pferd verspannt, blockiert, steif oder schwach ist. Und danach muss man eine genau abgestimmte physikalische Therapie mit Übungen entwickeln, die entspannen, freimachen, lockern und stärken kann. Es ist ein Instinkt, den ich durch Beobachtung und Erfahrung entwickelt habe. Man probiert etwas aus und muss dabei oft sehr kreativ sein. Dann wartet man ab, ob es klappt oder nicht klappt. Im Grunde ist das wie ein lebendes Labor.* Die Arbeit mit Pferden verlangt nicht nur Wissen über deren Physiologie, sondern ist auch ein kreativer und logischer Vorgang. Man versucht etwas, kann sich aber auch irren.

Lebenslehren

Die geistige Präsenz, die man im Umfeld von Pferden braucht, hat offensichtlich viele Anwendungsmöglichkeiten. Eine davon ist das Autofahren: *Ich habe immer noch im Ohr, wie Gordon Wright mich angeblafft hat,* erinnert sich Sam Savitt. *Der hat geknurrt: »Also schau mal, wenn du Auto fährst, guckst du dann ständig auf die Motorhaube? Nein, eben nicht! Also, dann schau gefälligst beim Reiten nicht ständig auf die Pferdeohren – schau, wo du hinreitest!«*

Mary Fenton erkennt an sich selbst Fähigkeiten, die sie durch das Reiten erworben hat: *Das Reiten hatte bei mir die praktische Nebenwirkung, dass ich eine gute Autofahrerin geworden bin. Weil ich viel springe, habe ich etwas über Entfernungen gelernt, über Gleichgewicht, Geschwindigkeit und den richtigen Gang. Ich bin mir jetzt viel bewusster, was um mich herum vorgeht.*

Ganz abgesehen von den Anwendungsmöglichkeiten beim Autofahren ist es auch noch allgemein eine gute Sache, wenn man seine beobachterischen Fähigkeiten schult: *Man muss die ganze Zeit wissen, was los ist,* sagt Tom Moore. *Ich bin ein sehr guter Beobachter. Auf der Ranch sehe ich sofort, wo ein Brett kaputt ist oder ein Ast vom Baum abgebrochen ist, wenn andere das noch nicht bemerkt haben.*

Diese Aufmerksamkeit ist auch eine gute Selbstverteidigung: *Ich bin von Natur aus kein besonders guter Beobachter,* gibt Dr. Robert Miller zu. *Aber die Pferde haben mich wahrnehmungsfähiger gemacht. Wenn man im Umfeld von Pferden keine gute Wahrnehmung hat, holt man sich früher oder später blaue Flecken.*

Sein Umfeld bewusst erleben und ein gut eingestimmtes Frühwarnsystem, das immer auf Empfang geschalten ist, sind wertvolle Instrumente für die Selbsterhaltung: *Die Welt ist anders geworden,* sagt Lt. Clipper. *Wir haben eine Menge Vertrauen in Leute und an bestimmte Orte verloren. Man kann nicht einmal in einen ganz normalen Laden gehen, ohne vorher mal durchs Fenster zu sehen, ob alles sicher ist.*

In der heutigen Gesellschaft, in der es überall und jederzeit zu Problemen und Ärger kommen kann, ist es ein bedeutender Vorteil, wenn man aufmerksam, bewusst und als guter Beobachter mit den Dingen umgeht. Durch die erfolgreiche Arbeit mit Pferden entwickelt man wichtige »Angewohnheiten« – Aufmerksamkeit, Beobachtungsgabe, folgerichtiges Denken und Kreativität. Dinge, die eine klare Wahrnehmung ermöglichen. Diese scharfe Wahrnehmung ist in vielen Lebensbereichen, sei es im privaten oder beruflich Bereich, ein großer Vorteil. Der Mensch, der dies positiv nutzt, wird zum aktiveren Mitspieler, der aufmerksam die vielen Gelegenheiten annimmt, die das Leben ihm durch die wichtigen neuen Erkenntnisse bietet, die er durch die Pferde gewonnen hat.

William Steinkraus, geboren 1925, ist Herausgeber und ein legendärer Reiter. Er ist sechsmaliger Olympiateilnehmer. (1952 Bronze in der Mannschaftswertung, 1960 und 1972 Silber in der Mannschaftswertung und 1968 die erste Goldmedaille für Amerika in der Einzelwertung.) Er war Präsident, Vorsitzender und Ehrenvorsitzender des amerikanischen Springkaders, Direktor der amerikanischen Turniervereinigung – von der er sowohl als Pferdemensch des Jahres als auch für seine Lebensleistung geehrt wurde – sowie international tätiger Richter und Fernsehkommentator für eine ganze Anzahl von Olympiaden und Weltmeisterschaften. Verschiedene Reitervereinigungen zählen ihn zu ihren prominentesten Mitgliedern, er hat verschiedene Führungspositionen innerhalb der Fédération Équestre Nationale innegehabt, war Präsident des Weltcup-Komitees der FEI und hat zahlreiche Pferdebücher geschrieben. Er ist mit einer bekannten Dressurrichterin verheiratet, hat drei Söhne, spielt Golf, Violine und Bratsche und findet trotzdem noch Zeit zu reiten. Hier segelt Bill auf Bill Haggard's Bold Minstrel 1967 in Hickstead in England über einen beeindruckenden Oxer.

Monty Roberts, geboren 1925, ist ein international bekannter und anerkannter Ausbilder, der Western- und Rennpferde bis zur Weltmeisterschaft ausgebildet hat. Außerdem hat er sich als Pferdepsychologe auf die Kommunikation von Pferden spezialisiert. Seine Autobiographie, »Der mit den Pferden spricht«, in der er sich für humane Ausbildungsmethoden einsetzt, wurde zum Bestseller. 1997 wurde ihm eine Auszeichnung für seine Arbeit zum Wohle des Pferdes verliehen, 1998 ernannte ihn die amerikanische Tierschutzorganisation zum Mann des Jahres. Hier ist er mit seinem Quarter Horse Dually auf seinem Wohnsitz, Flag is Up Farms, abgebildet.

MARTHA JOSEY ist Weltmeisterin im Barrel Racing, gibt Seminare und ist Vizepräsidentin der aufstrebenden Firma Josey Enterprises. Was sie tut, tut sie im Stil des Gewinners. Die Höhepunkte ihrer Karriere waren unter anderem die Teilnahme an den Rodeo-Endkämpfen auf amerikanischer Ebene in vier Jahrzehnten in Folge, mit acht verschiedenen Pferden. Sie hat in ein und dem selben Jahr die Weltmeisterschaften sowohl der amerikanischen Quarter Horse Association als auch der Vereinigung der Berufs-Rodeoreiterinnen gewonnen, eine Olympische Medaille errungen und die Weltmeisterschaften im Barrel Racing gewonnen. Hier ist Martha 1992 mit Lone Star Oak beim Cheyenne Frontier Days Rodeo abgebildet. Dieses Pferd gewann mit seinem nächsten Besitzer die Endausscheidung des »National Little Britches Rodeo«.

DIANA COOPER, geboren 1946, ist Pferdeausbilderin und Schriftstellerin. Unter anderem hat sie ein Buch über das Zirkusleben geschrieben. Hier ist sie mit ihrem Welsh Corgi, Gaddis, zu Hause in Connecticut abgebildet.

JANE SAVOIE, geboren 1946, ist Pferdeausbilderin, Autorin und Motivationslehrerin. »Positives Denken« und »Visualisierungstechniken« sind das Fundament ihres Erfolges. Jane wurde für die Olympischen Spiele 1992 in Barcelona als Reservereiterin für die amerikanische Dressurequipe ausgewählt. Sie war 1996 Dressurtrainerin der kanadischen Vielseitigkeitsreiter für die Olympischen Spiele in Atlanta. Hier ist sie auf ihrem Dressurpferd Eastwood abgebildet, mit dem sie 1996 wieder in die Turnierszene zurückkehrte, nachdem ihm die rechte Niere herausgenommen worden war.

REGE LUDWIG, geboren 1942, ist Polotrainer und Reitlehrer und wohnt in Palm Desert in Kalifornien. Er begann im Alter von zehn Jahren in einem Poloclub in Pennsylvania, in dem sein Vater arbeitete, mit dem Reiten. Er liebt die Herausforderung, ein Pferd bis zu seiner Höchstleistung zu trainieren. Zu den Höhepunkten seiner Karriere gehört seine Trainertätigkeit in zwei verschiedenen Teams bei den offenen amerikanischen Polomeisterschaften – beide gewannen. Rege ist hier auf einem Polopony bei der Vorbereitung auf ein Spiel im El Dorado Polo Club in Indio in Kalifornien gezeigt.

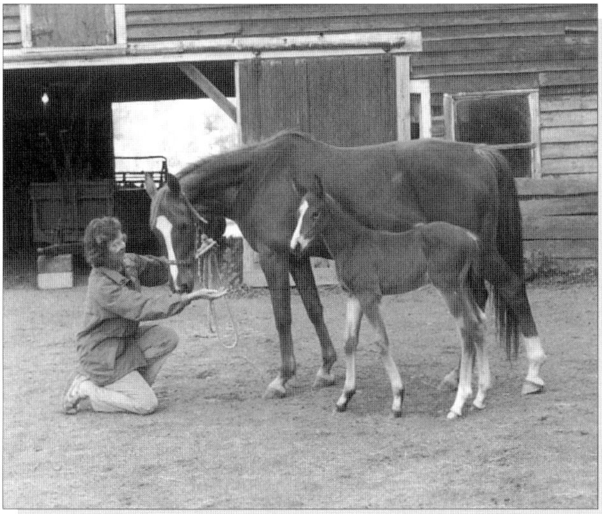

OCTAVIA BROWN, geboren 1942, ist Assistenzprofessorin für Pferdewissenschaften am Centenary College, hochrangige Reitlehrerin für therapeutisches Reiten und Züchterin von Sportpferden. 1969 war sie Gründungsmitglied der nordamerikanischen Vereinigung für Behindertenreitsport, initiierte das erste Programm dieser Vereinigung in New Jersey und wurde 1981 in New Jersey zum Pferdemenschen des Jahres erklärt. Octavia ist hier 1991 mit ihrer Stute Fire and Smoke und deren Fohlen Jeroboam abgebildet.

JIM BRADY, geboren 1940, Pressesekretär unter Präsident Ronald Reagan, erlitt 1981 bei dem Mordanschlag von John Hinckleys auf Präsident Reagan eine schwere Kopfverletzung. Seitdem machen Jim und seine Frau Sarah sich für eine stärkere Überwachung der Handfeuerwaffen stark. 1993 erlangte die »Brady Bill« Gesetzeskraft, nach der zum Kauf einer Waffe eine Überprüfung des Lebenslaufes und eine Wartezeit nötig sind. Jim schreibt seine bemerkenswert gute Rehabilitation zum großen Teil den Pferden aus der Reittherapie zu.

7. Kapitel

Die Ausbildung von Pferden: Der Lernprozess

Die Welt ist voll von Lehrern,
aber besonders viele gute sind nicht dabei.
Sam Savitt

Es ist so einfach, Pferde auszubilden, aber es ist fast unmöglich,
die Besitzer auszubilden.
Glenn Randall

»Katie, hier hast du deine Stifte und Malbücher«, sagte ihre Mutter und legte alles auf einen Campingtisch mit Blick auf den Reitplatz. »Du kannst die Pferde beobachten und malen, und ich helfe inzwischen deiner Schwester, sich für die Reitstunde fertig zu machen.«

Katie schaute zu, wie eine große, schlanke Frau einen kräftigen Hannoveraner über einen kurzen Springparcours lotste. Nachdem sie ihn trockengeritten hatte, ritt die Frau zum Stall und stieg dort auf ein weiteres Pferd. Bis ihre Schwester ihre Reitstunde beendet hatte, hatte Katie dieser Frau bei der Arbeit mit vier Pferden zugesehen.

Am folgenden Samstag wiederholte sich die Szene. Auf dem Reitplatz sah Katie dieselbe Frau beim Reiten. Ein Mann rief ihr Anweisungen zu, während sie ein Pferd nach dem anderen durch einen Springparcours ritt. Wenn sie fertig war, übernahm der Mann das Pferd und ein Mädchen brachte ein anderes Pferd, hielt es fest und die Frau schwang sich erneut in den Sattel.

So ging das wochenlang. Eines Samstags, als Katie gerade gekommen war, ritt die Frau dicht an ihr vorbei. Katie sah sie an und fragte ungläubig: »*Ja, üben Sie denn immer noch*?«

Die Bereiterin lächelte zu ihr herunter und antwortete: »Aber sicher! Und wenn ich Glück habe, übe ich noch mein ganzes Leben lang!«

Reiter »üben« ihr ganzes Leben lang. Beim Reiten lernt man nie aus, man lernt immer etwas dazu. »Diese »Schule« hat einen endlosen Lehrplan. Ebenso wie das

Leben einem von Tag zu Tag neue Erfahrungen bereithält, so ist auch jeder neue Ritt eine neue Erfahrung. Verantwortlich für die Erfahrungen sind: Kombination von Persönlichkeiten, Fähigkeiten, Energien, Ausrüstung, Zeitabläufen und Ereignissen. Diese sich ständig verändernde Mischung schafft, gepaart mit der Vielfalt an Einsatzmöglichkeiten und Disziplinen im Pferdesport, einen endlosen Schatz an Wissen. Diese niemals endende Herausforderung macht die Welt der Pferde gleichzeitig faszinierend und frustrierend.

Beim Reiten lernt man nie aus

Was gerade diese Schule so attraktiv macht, ist die Tatsache, dass jeder sie besuchen kann. Natürlich erfordert das Reiten ein gewisses Maß an Gleichgewichtssinn und Koordination. Aber mit dem richtigen Pferd und unter den richtigen Umständen kann fast jeder das Reiten lernen: *In der Pferdewelt muss man keine zwei Meter fünfzig sein wie ein Basketballspieler*, merkt Richard Shrake an, *man muss auch nicht in der Lage sein, die hundert Meter in neun Komma sieben Sekunden zu laufen ... Ich habe dreijährigen Kindern, 96-jährigen, Querschnittsgelähmten und großen Sportlern wie Clyde Drexler Unterricht gegeben. Sehen Sie, beim Reiten kommt es nicht auf Kraft, sportliche Fähigkeiten oder die Größe an. Aber man muss Gefühl haben, mitfühlen können und etwas für die Feinheiten übrig haben. Deswegen ist Reiten ja auch eine Kunst.*

Kurz vor dem Zweiten Weltkrieg zog eine junge Schauspielerin von Texas nach Hollywood und träumte von Hauptrollen in hochrangigen Kinofilmen und Musicals. Die Rollen, die sie bekam, spielten aber in raubeinigen Western. Reiten wurde zur Notwendigkeit für ihre Arbeit, und sie wusste, dass sie *pronto* lernen musste, wenn sie sich selbst und ihre Karriere retten wollte:*Bevor ich mit der Schauspielerei angefangen habe, habe ich nie etwas anderes geritten als das Pony bei meinem Onkel. Als ich zwölf war, bin ich ein einziges Mal auf einem Großpferd geritten – das war alles*, sagt Dale Evans. *Ich konnte auf einem Pferd nicht gut sitzen, ich bin immer ziemlich herumgeschüttelt worden. Ich habe gewusst, dass ich das Reiten ganz schnell lernen musste, wenn ich in diesen Filmen mitspielen wollte. Also habe ich auf jeder Menge verschiedener Pferde Stunden genommen. Das hat mir geholfen, mich auf die vielen unterschiedlichen Pferde vorzubereiten, mit denen ich es während meiner Karriere als Hollywood-Cowgirl zu tun hatte.*

Buttermilk, das war das Pferd, das ich für die Roy Rogers Show auf NBC geritten habe. Er war ein kleiner Quarter-Horse-Falbe von 140 cm Stockmaß. Das war vielleicht ein Biest! Der war ungeheuer beweglich, aufmerksam, und lebhaft wie ein unfolgsamer kleiner Junge. Er konnte auf der Hinterhand drehen wie noch was; ich habe in meinem Leben kein Pferd gesehen, das schneller gedreht hat. Außerdem hatte er eine schlechte Angewohnheit, wenn es um Kurven ging. Wenn wir da ein schönes Tempo geritten sind, dann hat er urplötzlich den Galopp gewechselt – es war einfach furchtbar.

In der Roy Rogers Show hatte ich für manche Szenen ein Double. Alice Van hieß sie. Alice war eine wahnsinnig gute Reiterin; ihre Schwester und sie waren drei Jahre hintereinander Weltmeisterinnen der Stuntreiter. Aber sogar Alice hat einmal zu mir gesagt: »Ich sage Ihnen mal was: Buttermilk ist das größte Biest, das ich jemals geritten habe!« Glenn Randall hatte Buttermilk zum Roping-Pferd ausgebildet und ihn Roy gegeben. Dieser Kleine hat es einmal sogar geschafft, Glenn aus dem Sattel zu bekommen. Mit der Zeit habe ich aber die kleinen Tricks von Buttermilk kennen gelernt und hab mich dann sogar auf ihm recht sicher gefühlt. Ich hatte ihn total gern. Selbst Reitneulinge können es also bis zur »Königin der Cowgirls« bringen!

Heutzutage stehen die Reitställe dank innovativer Methoden des therapeutischen Reitens auch geistig und körperlich behinderten Menschen offen. Mit Hilfe dieser Programme lernen die Menschen nicht nur reiten, sondern werden auch körperlich, geistig, emotional und spirituell gestärkt: *Als Reitlehrerin für therapeutisches Reiten bin ich Spezialistin,* erklärt Octavia Brown. *Ich nehme Leute mit ganz geringen Fähigkeiten und arbeite mit ihnen daran, ihr Leben zu verbessern. Die schönsten Augenblicke sind für mich, wenn meine Reiter mit ihren Behinderungen an normalen nationalen oder internationalen Wettbewerben teilnehmen und mich nicht mehr brauchen, weil sie es geschafft haben, mit den anderen auf eine Ebene zu kommen und nun mit nicht so spezialisierten Lehrern weitermachen können. Wenn ich einen Reiter sehe, der mit ganz minimalen Signalen große Erfolge erzielt und wenn ich weiß, dass ich geholfen habe, dieses Pferd und diesen Reiter so weit auszubilden, dass sie das können – das sind die Sachen, die mich freuen.*

Braucht man Talent?

Nein. Ich kann unmissverständlich feststellen, dass Begabung nicht nötig ist, um Reiten lernen und genießen zu können. Ich habe in diesem Bereich absolut keine körperlichen Talente – ich bin weder mit einem außergewöhnlichen Gleichgewichtsgefühl gesegnet noch mit Gefühl für Rhythmus oder Timing. Aber ich liebe Pferde und möchte so gut Reiten lernen, wie es mir nur möglich ist. Mit wachsender Erfahrung und immer längerer Zeit im Sattel werden meine Sinne allmählich schärfer und empfindsamer.

Begabung ist etwas, womit manche Leute geboren werden – da ist ein Samenkorn gepflanzt, sagt Michael Plumb. *Man kann diese Basis mit harter Arbeit verbessern und ausweiten, aber nicht jeder hat diese Begabung. Ich habe es mit einer Menge Leute zu tun, die für jeden kleinen Fortschritt hart arbeiten müssen. Ich glaube an diese Arbeitseinstellung; ich glaube an gute Schüler, die lernen und üben und sich alles zunutze machen, an was sie rankommen können, um daraus zu lernen.*

Selbst wenn das »Samenkorn der Begabung« gepflanzt ist, muss man es mit all den nötigen Fähigkeiten hegen, nähren und stützen, damit es zur Blüte kommt: *na ja, ich nehme an, es könnte auch mal jemand vom Himmel fallen, der unheimlich begabt ist,* denkt Richard Shrake. *Es gibt Leute, die haben eine gute Hand-Augen-Koordi-*

nation, ein entspanntes Verhältnis zu Tieren und dem Thema Tierliebe – und die haben ganz schön Glück, dass alle diese Sachen für sie arbeiten. Aber dann muss man diese Fähigkeiten immer noch entwickeln. Ein Pferd wird nie besser gehen, als die eigenen Fähigkeiten reichen. Wenn man keine besonderen reiterlichen Fähigkeiten hat, dann ist das, als ob man sich an einen Flügel für 160.000 Mark setzt und nicht Klavier spielen kann.

Mein Vater war Pferdehändler. Manchmal erzähle ich das den Leuten gar nicht gerne, weil das als ein nicht ganz ehrlicher Beruf gilt, aber ich hatte dadurch einen großen Vorteil. Wenn man im Stall hundert Pferde stehen hat, ist das so, als würde man in einer Bücherei leben. Jedes dieser Pferde war wie ein Buch für mich – ich habe meine Fähigkeiten erlernt, indem ich mich durch diese »lebendige Bücherei« hindurchgearbeitet habe.

Es ist klar, dass man von einer angeborenen Begabung nur profitieren kann. Wichtiger als die Begabung sind zum Weiterkommen aber die Motivation, die Entschlossenheit und die harte Arbeit: *Mich haben schon viele Leute gefragt,* erzählt Richard Shrake weiter, *»Wenn du einen Reiter hättest, der sehr begabt ist, aber nicht motiviert, und einen anderen Reiter, der nicht begabt ist, aber unbedingt weiterkommen möchte, welchen davon würdest du dann als Schüler für die Weltmeisterschaften annehmen?« Ich garantiere Ihnen, ich würde den Schüler mitnehmen, der den echten Willen hat. Für mich ist es das, was zählt. An den vorhandenen Fähigkeiten kann man immer arbeiten und sie verbessern und polieren, aber wenn die Motivation fehlt, dann hat man ein tolles Auto, in dem kein Benzin drin ist!*

Wie beim Auto muss man, damit man Fortschritte erzielt, dem Lernprozess ständig einen neuen Anreiz »nachfüllen«. Ein solcher Anreiz kann beispielweise die Teilnahme an Turnieren sein. *Das Leben ist Wettbewerb,* äußert sich Monty Roberts dazu. *Wenn man sich im Wettbewerb mit anderen Ziele setzt, ist man beim Lernen mit größerer Aufmerksamkeit bei der Sache. In meinen Augen ist der Wettbewerb die unglaublichste Motivationsform für das Lernen, die uns auf der Erde geboten wird.*

Konzentration

Zu den ersten Sachen, die ich den Leuten beibringe, gehört, wie man sich konzentriert. Ich mache ihnen klar, wie wichtig Konzentration ist, stellt John Lyons fest. *Wenn man ein Pferd korrekt reiten will, muss man sich dazu die ganze Zeit über 100% konzentrieren. Schaut man zur Uhr hoch oder wirft man einen Blick auf die andere Seite der Reitbahn, dann wird die Leistung des Pferdes innerhalb weniger Sekunden schlechter. Das Pferd fühlt, dass sich beim Menschen etwas geändert hat. Unserem Beispiel folgend, lässt das Pferd dann in der Aufmerksamkeit auch nach. Wenn mir Leute sagen »Mein Pferd hat vor dem Hund gescheut ... Mein Pferd hat vor dem Auto gescheut ...« dann frage ich: »Warum hast du denn überhaupt auf das Auto geschaut? Du solltest überhaupt nicht auf das schauen, wovor dein Pferd scheuen könnte. Wenn du deine Konzentration so verlagerst, dass du auf den Hund schaust oder auf das Auto oder worauf auch immer, dann machst du es wie dein Pferd und ihr konzentriert euch beide nicht mehr auf das, was ihr eigentlich machen wolltet.«*

Immer wenn dein Pferd nicht das macht, was du willst, dann musst du dich mehr auf das konzentrieren, was du ihm beibringen willst. Dann wird die Leistung des Pferdes schnell wieder besser.

Die Arbeit mit Pferden verlangt eine Integration von Geist und Körper, von der fast alle Eltern begeistert wären, wenn ihre Kinder sie anstreben würden: *Reiten ist eher etwas Geistiges als etwas Körperliches,* bemerkt Adrian Arroyo (S. 200), 15 Jahre alt, die seit ihrem 7. Lebensjahr reitet. *Ich muss nachdenken, was ich machen kann und herausfinden, wie ich es machen kann. Ich muss mir überlegen, das Richtige zu tun. Geistig muss man da auf alles vorbereitet sein, was nur passieren kann. Das Reiten hilft mir wirklich beim Denken.*

Beim Reiten muss man nicht nur denken, sondern sich auch eine große Anzahl an Anweisungen merken können. Auf dem Reitplatz bekommen Reitschüler von ihrem Reitlehrer genaue Kommandos, die sie befolgen müssen. Sie merken sich z. B. die komplizierte Abfolge der Sprünge in einem Springparcours mit einem Dutzend Hindernissen, den sie noch nie gegangen sind. Das schaffen sie ganz locker in einem Alter, in dem sie ihre Lehrer in der Schule als nicht reif genug für solch' eine Aufgabe halten.

Zu den Dingen, die ich von den Pferden gelernt habe und die ich auch ganz allgemein auf mein Leben anwende, gehört die Fähigkeit, dass ich mich konzentrieren und Ablenkungen ignorieren kann, sagt Jane Savoie. *Nicht nur Ablenkungen, von außen, wie die Turnier-Richter, Zuschauer oder Hunde, die vorbeilaufen. Weil ich gelernt habe, mich bei meiner Arbeit mit einem Pferd vollständig aufs Reiten zu konzentrieren, habe ich auch gelernt, wie man Ablenkungen von innen ausschließt. Damit meine ich dieses ständige Reinplappern der »inneren Stimme«, die Sachen sagt wie: »Warum denkst du eigentlich, dass du das kannst?« oder »Du bist dumm und schlecht koordiniert« oder »Jeder lacht dich aus«. All diese Sachen, die der logische, analytische, ständig beschäftigte Geist einem sagt und die einem aber im Weg sind, wenn man sein Ziel erreichen will. Sowohl beim Reiten als auch für das eigene Leben ist es eine wichtige Fähigkeit, dass man lernt, wie man sich konzentriert und Ablenkungen sowohl von innen als auch von außen ausschließt.*

Diese Fähigkeit, sich auf das Wesentliche konzentrieren zu können, die sie durch ihre Arbeit mit Pferden zur Perfektion verfeinert hat, hat Jane Savoie als Reiterin und Ausbilderin bis zu den Olympischen Spielen gebracht.

Lehrmethoden

Als ich mit dem Reiten anfing, nahm ich bei zwei verschiedenen Ausbilderinnen mit sehr unterschiedlichen Lehrmethoden Unterricht. Die eine war eine Lehrerin, die mir Anweisungen zurief, während ich beispielsweise auf den Sprung zuritt. Diese Art von Unterricht bewirkte, dass ich korrekt sprang und eine positive Erfahrung machte.

Nach dem Sprung analysierte sie immer, was ich richtig gemacht hatte, und vergaß auch nicht, mir mitzuteilen, was noch zu verbessern war. Die zweite war eine Lehrerin, die mich nach meiner Leistung korrigierte. Sie sah mir beim Springen zu und sagte mir danach, was ich besser machen sollte. Nun ja, zum einen muss ich mich für eine Diskussion über notwendige Korrekturen an das erinnern, was ich über dem Sprung gemacht habe. Über einem Hindernis ist mein Auffassungsvermögen nicht mehr sehr groß – ich bin völlig begeistert, wenn ich rüberkomme und noch im Sattel sitze. Bei der »Korrektur-Lehrmethode« dachte ich immer über das nach, was ich falsch gemacht hatte, sodass ich mich ständig auf das konzentrierte, was ich beim Springen *nicht* machen sollte.

Bei der »Anweisungs-Lehrmethode« sind meine Sprünge von Anfang an viel besser, weil ich selbstsicherer bin und mich auf die richtige Technik konzentriere. Die Tipps, die mir mit der Stimme gegeben werden, werden zu einer Art »rhythmischer Mantras«, durch die ich darauf vorbereitet werde, selbständig zu springen.

Ich blieb zwei Jahre bei der »Korrektur-Lehrerin«, weil ich dachte, es wäre eine gute Persönlichkeitsschulung für mich, nicht das Handtuch zu werfen (und außerdem hatte sie ein tolles Schulpferd, einen richtigen Springcrack, mit dem ich höhere Hindernisse springen konnte). Aber schließlich wurde mir klar, dass weder beim Reiten noch in meinem Leben Verbesserungen eintreten würden, wenn ich mich auf die negativen Sachen konzentrierte, und so verließ ich den Stall. Ich bin immer noch bei der »Anweisungs-Reitlehrerin«. Manchmal, wenn es richtig »Klick« macht, sagt sie mir, ich sei einfach göttlich. Das macht Spaß, das ist konstruktiv, und ich konzentriere mich darauf, richtig gut zu springen.

Es gibt viele Lehrmethoden und viele Reitlehrer. Der Ausbilder kann einen Reiter zum Star machen oder ihn kaputtmachen – das gilt auch für das Training von Pferden. Ich habe herausgefunden, dass es für mich wichtig ist, einen Reitlehrer zu haben, der mir eine positive Erfahrung vermittelt, aus der ich lernen kann. Durch diese Erkenntnis bin ich heute viel wählerischer, wenn ich für irgendeine Dienstleistung jemanden brauche. Ich suche nach den besten Leuten und sorge dafür, dass wir alle gut zusammenarbeiten und so positive Ergebnisse erzielen. Eine schöne Ergänzung dazu ist ein Reitlehrer, der seinerseits in seinen Schülern nach dem Besten sucht, das sie geben können: *In der Ausbildung suche ich immer nach den starken Seiten meiner Schüler,* sagt René Williams. *Jeder hat eine starke Seite; das kann der Sitz sein, die Hände, die Schenkel, das Gleichgewicht oder das Denkvermögen sein. Sobald man diese starke Seite gefunden hat, muss man sie pflegen und darauf aufbauen – das ist das Geheimnis.*

Ich glaube, so lehrt heutzutage keiner mehr. Die jungen Reiter werden so umgemodelt, dass sie alle auf die gleiche Art reiten. Ich sehe mir Zeitschriften und Magazine an und sehe da vor allem die Kinder – die scheinen alle auf die gleiche Art unterrichtet zu werden. Als ich ein Junge war, ist jeder individueller geritten. Na ja, das ergibt ja auch einen Sinn, oder? Heutzutage ist das so, als würde man sein Kind in die Schule schicken und wenn man merkt, dass es in einem Fach sehr gut ist, dann lässt man dieses Fach weg und lässt das Kind nur noch das lernen, was der Rest der Klas-

se lernt. So wird ein verständnisvoller Lehrer die starken Seiten seines Schülers ausfindig machen und auf diesem Element aufbauen, anstatt ihn in eine Standard-Lernschablone zu pressen.

Als Lehrer tätig zu werden, ist immer eine schwere Aufgabe. Bei Reitlehrern kommt dazu noch die Belastung, dass sie auf das Pferd, den Reiter und auf alles, was um sie herum abläuft, aufpassen müssen. Reitlehrer müssen die Körperhaltung, die Emotionen und die Situationen um sich herum interpretieren können, um so potentielle Probleme abzuwenden und die Befürchtungen ihrer Schüler zu beruhigen. Außerdem müssen sie die Bedürfnisse des Einzelnen bewerten und sich daran anpassen können: *Meine beiden Pferde, Lady und Zodiac, muss ich völlig unterschiedlich reiten, das verblüfft mich immer wieder,* ruft Kelly O'Boyle aus. *Die Stute braucht für den Trab viel mehr Schenkel, als ich je erwartet hatte, und bei Zodiac brauche ich Sporen. Für den Galopp muss ich den beiden völlig unterschiedliche Hilfen geben, obwohl sie ja dasselbe tun sollen. Sie haben mich gelehrt, flexibler an die Dinge heranzugehen und Raum für unterschiedliche Persönlichkeiten zu lassen, für unterschiedliche Temperamente, unterschiedliche Stile. Ich kann auch besser unterrichten, wenn ich so flexibel bin. Wenn ich als Lehrer merke, dass ich einem Schüler eine Anweisung nicht rüberbringen kann, dann muss ich mir einfallen lassen, wie ich es ihm anders sagen kann. Das macht für mich teilweise den Spaß am Reiten aus: ich muss herausfinden, wie ich dasselbe auf verschiedene Weisen erreichen kann. Genau das tue ich heute auch beim Unterrichten. Und bei der Arbeit mache ich das ebenso wie bei den Pferden. Das lässt sich wirklich auf alle Bereiche anwenden.*

Nicht jeder Reitlehrer wird sich positiv geben und einem Schüler sagen, er reite einfach göttlich. Gelegentlich zieht man aus einer unerwarteten Kritik die beste Lehre: *Ich habe bei meinem Freund und Ausbilder, Gordon Wright, an einer Reitstunde teilgenommen,* erklärt Sam Savitt. *Er hat mich aufgefordert, einen Parcours zu springen. Ich bin auf einem ziemlich aufmüpfigen Pferd gesessen, das vor jedem Hindernis versucht hat, auszuweichen. Ich habe ihn aber durchgebracht. Als ich fertig war, habe ich mich großartig gefühlt. Gordon ist zu mir herübergekommen und hat so laut, dass es jeder in der Stunde hören konnte, gebrüllt: »Metzger!«*

»Metzger?« habe ich gerufen. »Ich habe es geschafft, oder etwa nicht? Ich habe ihn durch den ganzen Parcours gebracht!«

Und er hat geantwortet: »Na klar hast du das – wie ein Metzger. Und jetzt möchte ich sehen, wie du das noch mal machst – und zwar wie ein Künstler.«

Und an dem Punkt ist es mir zum ersten Mal gedämmert. »Wie ein Künstler.« Wissen Sie, wenn man den guten Reitern zusieht, dann sieht es alles so einfach aus, weil die es wie Künstler machen. Das habe ich nie vergessen. Eine großartige Lehre.

Lehren und Lernen

Im Verlauf meiner Vorarbeiten zu diesem Buch bin ich über eine ganz unerwartete Diskussion gestolpert: ob »lehren« überhaupt möglich ist. Monty Roberts hat zu diesem Thema eine sehr deutliche Meinung: *So etwas wie Lehren gibt es nicht. Punktum. Aus dem Wort Lehren ergibt sich, dass Wissen vermittelt wird, indem man es in das Gehirn eines Schülers hinüberschiebt. Ich lehre dich; er lehrt dich; sie lehren dich. So etwas gibt es nicht. Das geht nicht. Es gibt nur Lernen. Wenn man Lehrer ist, dann kann man eine Umgebung schaffen, in der der Schüler lernen kann, aber man kann nicht lehren. Der Schüler muss das Wissen an sich ziehen; es kann nicht von anderen in ihn hineingetrichtert werden. Sobald man den Ausdruck »lehren« wegwirft und nur noch mit dem Wort »lernen« umgeht, verändern die Ausbildungsmethoden sich dramatisch. Man kann auch einem Pferd nichts beibringen, indem man es etwas »lehrt«. Man kann eine »Lern-Umgebung« schaffen, und je schlauer man das anstellt, desto schneller wird das Pferd lernen, aber man kann ihm das Wissen nicht eintrichtern.*

Montys Aussage hat mich dazu angeregt, die Definition von »Lehren« einmal nachzuschlagen. Sie lautet »Wissen vermitteln«, wobei vermitteln hier definiert ist als »bekannt machen» und »enthüllen«. Ohne nun in eine haarspaltende Diskussion über die Feinheiten der Sprache abrutschen zu wollen, bei der ich den Ausdruck »Lehren« verteidigen würde, stimme ich durchaus mit Montys Grundaussage überein: man kann niemandem Wissen zwangsweise eintrichtern, weil wirkungsvolles Lernen ein freiwilliger und selektiver Vorgang ist. Ein Schüler muss den Wunsch haben, zuzuhören, zu verstehen, zu behalten und das Wissen, das man ihm weitergibt, anzuwenden.

Eine andere Perspektive des Lehrens und Lernens ist eine Erweiterung des Prinzips der Visualisierung. Hier erklärt es L.D. Burke: *Man kann niemandem das Reiten beibringen, indem man ihm den ganzen Vorgang erklärt; das ist einfach zu kompliziert. Man kann nicht alles erklären, was da mit reinspielt, aber man kann diese Sachen zeigen und dann dafür sorgen, dass der Schüler diese Erfahrung auch macht. Es gibt ein Programm, das nennt sich kybernetisches Lernen. Da machen die nichts weiter, als dass sie den Lernvorgang so formen, wie sie ihn haben wollen. Sie filmen ihn, spielen ihn langsamer ab, hinterlegen ihn mit wunderbarer Musik, und dann sitzt man da und sieht nur zu, sieht nur zu, sieht nur zu. Dann verinnerlicht man das Bild und weiß von innen heraus, was man tun muss. Und dann kann man es auch tun, aber man kann es nicht erklären.* Vielleicht ist diese Theorie ja die Basis für Aussprüche wie »Davon muss ich mir ein Bild machen« oder »Ein Bild sagt mehr als tausend Worte«.

Deswegen lernen ganz kleine Kinder – so klein, dass die Leute denken, sie würden eine Erklärung noch nicht verstehen – viel schneller, wenn der Lehrer etwas vormacht, spricht L.D. weiter. *Die verstehen nicht, was man da sagt, man braucht es nur vorzumachen, und die Kinder kapieren sofort, weil sie sich nicht erst mit all diesen Worten abgeben müssen ... und dann sind Kinder natürlich nicht so in ihrem eigenen Geist oder Ego gefangen ...* Wenn Menschen von etwas begeistert sind, träumen sie auch oft davon. Träumen ist ein wichtiger Bestandteil der Visualisierung und der Psychokybernetik.

Wie weiter vorne erwähnt, habe ich mir am Anfang meines Springunterrichts bestimmte Wortfolgen gemerkt und sie vor jedem Sprung im Kopf wiederholt: »Kopf hoch, Fersen runter, leichter Sitz, ausatmen, oben nachgeben ...«. Als ich allmählich besser wurde und meine Springtechnik verfeinerte, kamen neue Kommandos dazu: »Zehen auswärts, Hüftwinkel, Schultern groß, Rücken weich ...«. Ziemlich bald war mein stummes »Wort-Mantra« so lang, dass ich gar nicht durch kam, bis das Hindernis vor mir aufragte. An diesem Punkt wurde mir klar, wie wertvoll Visualisierungen sind. Ein detailliertes, lebhaftes Bild des Vorganges, mit dem man an den Sprung heranreitet, enthielt all diese Stimmkommandos in visueller Form als laufendes geistiges Video, das mit dem Tempo meines Pferdes Schritt halten konnte. Dieses Bild ist eindeutig besser als tausend Worte und braucht nicht annähernd so lange zum Durchlaufen.

Experimentelles Lernen und »in-die-Lehre-gehen«

Als ich im Alter von 42 Jahren einen Vertrag bei einer Reitschule unterschrieb, hatte ich das geistige Bild vor Augen, wie ich in einer Gruppe von Anfängern mit einem fortschreitenden Ausbildungsplan reiten würde, der enthielt, was wir in jeder Stunde machen würden. Ich hatte mir vorgestellt, wir würden sorgfältig erklärt bekommen, wie man ein Pferd im Schritt hält, und danach würde ich das auf dem Pferd üben, bis ich den ersten Schritt gelernt hätte – Schritt, dann den zweiten Schritt – Halten, dann den dritten Schritt, und so weiter ... Die Wirklichkeit kam dem nicht im Entferntesten nahe. Ich hatte eine Stunde, in der ich Haftungsausschlüsse unterschrieb und man mir den Stall zeigte, dann eine Stunde mit Putzen, Satteln und Zäumen; und dann stieg ich auf und gesellte mich zu einem wirbelnden Karussell von anderen Pferden und Reitern mit unglaublich unterschiedlichem Können. Während ich noch versuchte, ruhig zu bleiben und mein Pferd am Laufen zu halten – aber nicht zu sehr! – waren andere rund um mich herum am Traben, Springen, Galoppieren und Üben von fliegenden Wechseln. Es war auf jeden Fall die chaotischste Einführungsstunde, die ich jemals erleben durfte: willkommen an der Barnum & Bailey Riding Academy! Damals habe ich erkannt, dass Reiten kein linearer Lernvorgang ist. Es ist vorwiegend eine experimentelle Sache – man muss es einfach machen, damit man es lernt.

So wie niemand das Leben eines Anderen leben kann, so kann niemand das Reiten für einen Anderen erfahren und ihm dann eine Handvoll erfolgreicher Kopier-Ideen überreichen. Um zu verstehen und zu lernen, wie man klarkommen kann, muss jeder Einzelne das Gute und das Schlechte selber kennen lernen: *es gibt beim Reiten eine Menge Dinge, die man nicht spürt, bevor man nicht ausreichend viele Kilometer im Sattel zurückgelegt hat,* bemerkt Dennis Marine dazu. *Dann werden einem allmählich viele ganz kleine Sachen bewusst – ein Bewegungsgefühl beispielsweise, das sich plötzlich einfach richtig anfühlt, und alles, was darunter liegt, fühlt sich falsch an.* Auch das ist wieder ein Punkt, an dem die geistige Seite des Reitens ins rechte Licht gerückt wird. Man lernt nicht nur mit dem Hirn reiten, sondern eben auch mit dem Hintern. Experimentelles Reiten ist für Pferde genauso unabdingbar wie für Reiter. Heutzutage kann es sein, dass teure Sportpferde in recht eingeengten Verhältnissen zur Welt kommen, aufwachsen, ausgebildet werden und leben: eine Box, ein kleiner Paddock und eine Reitbahn. Diese Routine begrenzt die natürliche, auf Experimente basierende Lernkurve des Pferdes: *Ein Pferd, das richtig aufgezogen wird – und damit meine ich, dass es mit anderen jungen Pferden auf die Koppel kommt – lernt eine Menge darüber, wie man mit etwas fertig wird, wie man sich bewegt, sich verteidigt und mit anderen Pferden in Beziehung tritt,* erklärt Diana Cooper. *Es lernt von seiner Mutter Manieren, und es lernt, wie es seinen Körper einsetzen muss, damit es rennen, wenden, anhalten und springen kann. Unsere Anlage liegt auf einem Hügel. Ich habe hier schon Pferde gehabt, die ihr ganzes Leben lang noch nie auf einer Weide gestanden sind. Wenn ich sie auf eine unserer hügeligen Weiden gestellt habe, konnte es durchaus sein, dass sie nach den ersten Bucklern auf der Nase gelandet sind! So ein unausbalanciertes Pferd möchte ich nicht reiten.*

Das gehört alles zur Ausbildung von Pferden dazu, dass sie lernen, wie sie körperlich und geistig in verzwickten Situationen im Gleichgewicht bleiben. Für ein Reitpferd läuft alles darauf hinaus, dass es lernen muss, wie es eine Last im Gleichgewicht hält. Das ist sein Job. Gerade so, als ob man von einem Menschen verlangen würde, dass er lernt, mit einem Rucksack auf dem Rücken zu tanzen – wenn man nicht weiß, wie man das ohne Rucksack macht, ist dies sehr schwierig. Ein Pferd muss rauskommen und lernen, wie es sich im Gleichgewicht halten kann. Den Berg rauf und den Berg runter zu sausen sollte kein Problem sein … Es gibt jede Menge Erfahrungen, die ein Pferd unbedingt gemacht haben muss, aber trotzdem kommen eine Menge Pferde niemals auf die Weide. Die wissen, wie sie ihre Sache, ihre Arbeit machen müssen, und mehr wissen sie nicht. Einige der wertvollsten und am besten ausgebildeten Pferde der Welt, die Lipizzaner der Spanischen Hofreitschule, werden noch nicht einmal aufgestallt, bis sie fünf oder sechs sind. Ein risikofreies Leben ist nicht nur unmöglich, es ist zudem eher schädlich.

Viele meiner Durchbrüche, die ich beim Reiten hatte, kamen durch die Tatsache zustande, dass meine Reitlehrerin sich die Zeit nahm und meinen Körper auf dem Pferd immer wieder zurechtgerückt hat. »Die Absätze müssen unten sein, so«, sagte sie dann und verbog mir den Fuß im Knöchel zu einem Winkel, den ich für unmöglich gehalten hatte. «Und dein Bein sollte hier liegen, unter deiner Hüfte, und die Zehe muss mehr nach außen, so.« Dieses zufällig begonnene Ritual, mich wie die Kleiderpuppe eines Künstlers richtig zu drapieren, hat mir eine körperliche Erinnerung ermöglicht.

Wenn ich gerade am Reiten bin und meine Reitlehrerin ruft »Da, fühlst du das? Jetzt sitzt du genau richtig«, dann denke ich «Was? Wo? Wann?« Dann geht die geistige Rennerei los, weil ich versuche, herauszubekommen, welchen Augenblick sie gemeint hat. Während der Zeit, die sie gebraucht hat, um mir zu sagen, dass ich gut reiten würde, hat mein Körper sich durch eine Vielzahl an Sitzmöglichkeiten bewegt, manche im Gleichgewicht und andere nicht, und ich war mir nie sicher, welche Nanosekunde sie denn gemeint hatte. Wenn ich aber im Halten zurechtgesetzt werde, bekomme ich eine Ahnung davon, worauf sie hinaus will. Ich kann mich später »körperlich« an diese Situation erinnern, wenn sich dann alles bewegt. Das ist vergleichbar mit der Möglichkeit eine Einzelaufnahme zu studieren, statt einen bestimmten Teil aus einem laufenden Kinofilm zu isolieren.

Seitdem habe ich diesen körperlichen oder physikalischen Lernvorgang auf viele Dinge in meinem Leben angewandt. Wenn ich jetzt Anderen etwas beibringe, nehme ich mir die Zeit, bei ihnen eine »körperliche« Erinnerung herzustellen, indem ich ihre Finger auf den Zügeln bewege oder ihre Hand in der sanften Kreisbewegung für das Striegeln. So wird auch eine sanfte Verbindung zwischen Lehrer und Schüler hergestellt.

Der experimentelle Lernprozess, der in der Pferdewelt zu bevorzugen ist, ist wie geschaffen für die Form des Lehrens, die als »in die Lehre gehen« bezeichnet wird. Eine Lehre ist eine ungeheuer wertvolle Form der Ausbildung, die nicht verloren gehen sollte. In Amerika gibt es heute, in diesem Zeitalter des Fast Food, des Düsenantriebes und des Instant-Kaffees, für alles nur eine verwässerte Version der Lehre, das »Training on the Job«, also das Hineingeworfen-Werden ins kalte Wasser.

Die Traditionen, die Rituale, die Praktiken und die Arbeitsabläufe guter Reiter sind es durchaus wert, für wenig Geld in die Lehre zu gehen oder ein Praktikum zu machen. Oft tauschen Reiter ihre Zeit, ihre Begeisterung und ihre Energie für die Gelegenheit ein, bei einem »Meister« zu arbeiten und von ihm zu lernen. Diese Art von Lernerfahrung ist ganz außergewöhnlich und sehr umfassend, und ist durch Bücher, Reitkurse oder Training alleine nicht zu ersetzen. Für einen motivierten Lehrling oder Praktikanten hat das Lernen von einem »Meister« – seinem Mentor – eine Magie, die mit harter Arbeit verbunden ist, aber dennoch durch keine andere Ausbildungsmethode zu erzielen ist.

Mentoren

Die Pferdewelt ist mit vielen Menschen, die den Titel »Mentor« tragen dürfen, gesegnet. Glenn Randall war der Mentor von Rex Peterson, Gordon Wright war der Mentor für Sam Savitt, Ray Hunt war der Mentor von Buck Brannaman und so weiter. »Meister« werden zu Mentoren, Lehrlinge werden zu »Meistern«, und so wird die Magie immer weitergegeben. *Typen vom Format eines Glenn Randall gibt es nur einmal unter einer Million Reitern und es wird nie wieder jemanden wie ihn geben,* erklärt Rex Peterson. *Und wenn ich fünftausend Jahre alt werde, ich könnte nie seinen Platz einnehmen.*

Er ist in West-Nebraska geboren und aufgewachsen und verbrachte sein ganzes Leben mit Pferden. Er hat Remonten für die Armee und einige der besten Pferde, die das Kinogeschäft je gesehen hat, ausgebildet. Er hat zwanzig Jahre mit Trigger zusammengelebt und mit ihm das schlaueste Pferd, das je auf der Leinwand zu sehen war, geschaffen. Für mich ist der Mann eine Legende. Ich bin ja selber auf dem Land groß geworden und habe zwanzig, zweiundzwanzig Jahre lang Pferde geritten, aber verglichen mit Glenn hatte ich null Ahnung. Im Herbst 1976 bin ich nach Kalifornien gezogen, um mit ihm zu arbeiten, und seitdem wohne ich dort. Glenn ist jeden Morgen in den Stall gegangen, auch am Samstag, am Sonntag, an Feiertagen, an Weihnachten, an Neujahr, an welchen Tagen auch immer ...

Glenn hat sich nie hingestellt und gesagt »Du bist ein Idiot.« Glenn hat gesagt: »Sie wissen eine Menge, aber es gibt bessere Methoden, das zu machen.« Glenn ist nie einem Pferd nachgerannt, er hat nie ein Pferd mit dem Lasso eingefangen – Glenn hat die Pferde zu sich gerufen. Er hatte keine Pferde, die ausschlugen oder bissen. Also, ich bin mit Ranchpferden aufgewachsen und ich kann Ihnen gar nicht sagen, wie oft ich runtergebuckelt, getreten, gebissen oder überrannt worden bin. So was hat Glenn nicht gepasst. Er hat mir gezeigt, dass man sich das nicht gefallen lassen muss. Pferde sind große und kräftige Tiere, die lernen müssen, den Menschen zu respektieren. Sie dürfen aber keine Angst vor dem Menschen haben – und das ist ein ganz, ganz feiner Grad. Jeder kann es fertig bringen, dass ein Pferd Angst vor ihm hat. Glenn hat es fertig gebracht, dass die Pferde zwar Respekt vor ihm hatten, aber überhaupt keine Angst – genau das ist der Trick.

Vor ein paar Jahren ist Glenn gestorben. Das war für mich sehr schwer, da er für mich wie ein Vater war. Ich habe fünfzehn Jahre lang in einem Wohnwagen auf seinem Hof gewohnt. Ich bin jeden Tag mit ihm zum Arbeiten gegangen. Es wird nie wieder so jemanden geben wie ihn ... Mentoren lehren durch ihre bestimmte Lebensart. Das ist eine sehr inspirierende Methode, etwas zu lernen.

Ich habe für das Magazin The Chronicle of the Horse einmal einen Artikel geschrieben, dem ich den Titel »Gordon Wright, der unvergessliche Lehrer« genannt habe, erzählt Sam Savitt. *Gordon war als Lehrer einfach ein Naturtalent und ist einer der besten Tiertrainer im ganzen Land geworden. Er hatte keine besondere Schulausbildung und ist nur bis zur dritten oder vierten Klasse gekommen. Er war Rodeoreiter und hatte irgendwann beschlossen, mit den Rodeos aufzuhören. Dann ist er in den Staat New York gezogen und hat sich dort einen Stall gekauft. Er begann Pferde auf Turnieren vorzustellen, fiel aber auf jedem Turnier ein- oder zweimal runter. Also hat er angefangen, sich bei der Armee Unterricht geben zu lassen. Im Zweiten Weltkrieg gab er selbst in Fort Riley in Kansas Unterricht.*

Ich bin schon fast mein ganzes Leben lang geritten, aber nie wirklich ernsthaft, bis ich 1948 Gordon getroffen habe. Wir arbeiteten damals zusammen an einem Buch – »Learning to Ride, Hunt and Show« (Das Buch vom Reiten, Jagdreiten und Turnier). Wir haben das Buch fertiggemacht, und ich habe weiter bei Gordon Unterricht genommen, und unsere Freundschaft hat sich weiterentwickelt. Wir waren bis zu seinem Tod befreundet. Er ist jetzt schon einige Jahre tot.

Einmal hatte ich ein Problem beim Springen, und Gordon hat mir gesagt, mein Timing wäre nicht gut. Er hat gesagt: »Jetzt machst du mal die Augen zu, wenn du auf das Hindernis zugaloppierst, und ich schnalze deinem Pferd zu, wenn es absprin-

gen soll. So kannst du spüren, wie es sich anfühlen muss.« Na ja, *ich hatte so viel Vertrauen zu Gordon, dass ich das gemacht habe. Er hat geschnalzt, mein Pferd ist abgesprungen, und ich habe spüren können, was er gemeint hat. Das haben wir zwei- oder dreimal gemacht. Ich habe Gordon dann gesagt: »Ich würde für keinen anderen »blind« springen«. Ich sage Ihnen, der Mann war einfach der Wahnsinn; wenn ich im Stall bin, höre ich ihn manchmal noch, wie er mich wegen etwas anbrüllt ...*

Dass man einen Mentor hat, bedeutet nicht unbedingt, dass man dadurch den leichtesten Weg gewählt hat: *das muss ich ihnen lassen, ich habe eine Menge von Ray Hunt und von Tom Dorrance gelernt,* sagt Buck Brannaman. *Aber ich habe mich richtig angestrengt. Ich habe die beiden aufgesucht und habe als Praktikant hart gearbeitet. Die haben mir die gebratenen Tauben nicht in den Mund geschoben – ich bin gekommen und habe sie mir geholt. Und nur so haben die das gemacht.* Und nur so klappt es auch ...

Ich habe gelernt, dass mein Pferd Magic ein sehr guter Lehrer ist, wenn ich auf es höre, meint Mary Mansi. *Weil ich aufgepasst und seine Signale gelernt habe, bin ich besser geworden. Ich habe gelernt, Sachen besser zu machen, die ich früher falsch gemacht habe und die das Pferd geärgert haben. Ich habe kein Problem damit, das zuzugeben.* Ein Pferd als Mentor? Warum nicht. Genau darum geht es ja bei *Horse Power*!

Routine, Übung und Geduld

Wenn man mit Pferden umgeht und Reiten lernt, erkennt man, wie wertvoll es ist, Abläufe in ihrer Abfolge zu sehen. Wie beim Piloten eines Düsenjets gibt es auch beim Reiten eine Liste kritischer Wartungspunkte, die man überprüfen muss, und eine Sicherheitsroutine, die man befolgen muss, bevor man überhaupt aufs Pferd steigen kann. Klare Beine? Abgehakt. Sauberes Fell? Abgehakt. Gutes Allgemeinbefinden? Abgehakt. Sattelzeug okay? Abgehakt ... Alle Systeme in Ordnung ... Aufsitzen.

Sobald man oben ist, beginnt die Abfolge des Übens und Lernens. Diese Übungen sollen Gedächtnis, Logik, Disziplin und organisatorische Fähigkeiten schulen: *Pferde bildet man aus, indem man Aufgaben analysiert: man nimmt die spezielle Aufgabe und zerlegt sie in einfache, aufeinander folgende Schritte,* bemerkt dazu Maxine Freitas (S. 201), Beraterin und Gründungsdirektorin von EquiEd Therapeutic Riding, einer Schule für therapeutisches Reiten. *Bei der speziellen Ausbildung für unsere Kinder müssen wir jede Menge Aufgaben analysieren. Nehmen Sie einmal das Beispiel, wie man seinen Fuß in den Steigbügel setzt. Diese spezielle Aufgabe lässt sich in 12 verschiedene Dinge zerlegen, die man alle tun muss, um seinen Fuß in den Steigbügel zu heben. Für die meisten Menschen muss man den Ablauf nicht so stark aufbereiten, aber für jemanden mit einer Behinderung muss man das unter Umständen tun. Nur so kann er oder sie Fortschritte machen. Wenn ein Kind bei diesem Vorgang frustriert wird, hilft es ihm, eine Parallele zur Ausbildung von Pferden zu ziehen, die auch Schritt-für-Schritt lernen.*

Auch wenn die einzelnen Schritte von den Bedürfnissen des Einzelnen abhängen, baut der Gesamtvorgang aufeinander auf und muss vollständig sein. Man kann keine Schritte auslassen, die die Basis für einen Lernprozess darstellen. Beim Reiten und in der Ausbildung von Pferden ist die einzige Abkürzung, die man nehmen kann, ein vollständiger Plan aller Lektionen: *Ich habe zwei Winter damit verbracht, ein junges Pferd nur dressurlich in der Bahn zu arbeiten,* sagt die Pferdejournalistin Genie Stewart-Spears. *Ich war die Sache so Leid, und ich weiß, dass das Pferd es auch Leid war. Aber wir haben das gemacht, um das Fundament zu legen, und als ich das erstemal mit diesem Pferd auf einen Wettbewerb gegangen bin, war das einfach wunderbar, weil es wusste, was dieser Schenkel bedeutet, und was dieser Zügel bedeutet, was die ganzen Körperbewegungen bedeuten. Es hat riesigen Spaß gemacht.*

Ich habe das auch auf meine Schriftstellerei angewendet. Ich arbeite gerade an einem Artikel und komme nicht so recht weiter, aber darüber rege ich mich nicht auf, weil ich gerade nur das Fundament lege: ich schreibe meine Einfälle auf, schiebe sie ein wenig herum – »Dressur« sozusagen. Und wenn ich dann die Basis für meine Geschichte habe, dann macht es Klick und alles geht fast von alleine. Bei dieser Geschichte jetzt habe ich Tage gebraucht, aber diese Vorbereitungstage waren notwendig, und jetzt fließt der Text ganz von alleine. Die gesamte Vorbereitung, die ganze Dressurarbeit, das zahlt sich im Leben ebenso aus wie beim Reiten. So baut man ein starkes Fundament.

Es gibt keine Formel, mit der man ausrechnen kann, wie viel Zeit man braucht, um ein starkes Fundament zu errichten – es dauert so lange wie nötig und meistens länger als erwünscht: *Einmal ist eine junge Frau zu Gordon Wright gekommen, die war ganz erpicht aufs Reiten und wollte sofort aufs Turnier gehen,* erinnert sich Sam Savitt. *Sie hat zu ihm gesagt: »Sie werden sehen, ich lerne sehr schnell.« Da hat Gordon zu ihr gesagt: »Bei mir lernen Sie ganz langsam.« Und so hat er seinen Unterricht auch aufgebaut. Wenn er einen Reiter gesehen hat, der zu schnell vorwärts gekommen ist, dann hat er ihm ein Pferd gegeben, auf dem er wieder weiter vorne anfangen musste. Er wollte nicht, dass jemand einen Teil der Ausbildung auslässt.* Daher auch der Ausspruch: »Zum Erfolg gibt es keinen Fahrstuhl, man muss die Treppe nehmen.« Die Tatsache, dass man immer schön Schritt-für-Schritt tun muss, schreckt viele ab, die einen »Schnellkurs Pferd« belegen wollen: *Was die Ausbildung betrifft, halten wir in unserer Kultur durchgehend die Schnelligkeit für ein Zeichen von Intelligenz,* sagt die Ausbilderin Diana Cooper. *Das ist Blödsinn. Mein Sohn ist ein Super-Reiter und unglaublich intelligent. Er hat aber eine starke Lesestörung. Etwas zu lernen, hat bei ihm nichts mit Geschwindigkeit zu tun. Ich kenne eine ganze Anzahl von Kindern mit Lesestörungen, die erstklassige Reiter sind. Die sind nicht lernbehindert – diesen Ausdruck verwenden wir nicht, weil es ihnen nicht an der Fähigkeit fehlt, etwas zu lernen. Ihre Art, etwas zu lernen, passt besser zu der Art, wie man mit Tieren arbeitet. Weil ich diese Kinder kenne, habe ich gelernt, wie viel wir verpassen, wenn wir darauf bestehen, dass immer alles schnell gehen muss. Es ist eine der klassischen Lehren im Umgang mit Pferden, dass man für die besten Ergebnisse am längsten braucht.*

Wenn man mit Pferden erfolgreich arbeiten will, muss man so arbeiten. Leute, die das nicht tun, bleiben auf der Strecke. Dianas Fähigkeiten als Ausbilderin haben ihr zu einer Betrachtungsweise in punkto Ausbildung verholfen, die all jenen zu Gute kommt, die zum Lernen eine besser messbare Methode brauchen.

Nachdem jegliche Unternehmungen mit Pferden meist nicht im Schnellverfahren zum Erfolg führen, sagen viele Menschen von sich, dass sie seit sie mit Pferden umgehen geduldiger geworden sind. *Ironischerweise bringen Pferde einem schnell bei, wie wertvoll Geduld ist,* stellt Macella O'Neill fest. *Ich habe gelernt, mich mit Fortschritt in ganz kleinen Dosen zufrieden zu geben, mit kleinen Geschenken sozusagen. Das ist einer der Gründe, warum ich eine erfolgreiche Pferdeausbilderin bin; ich bin mit dem Schleichweg, auf dem ich mich befinde, zufrieden, und keiner sonst kann verstehen warum. Die Leute nehmen sich oft nicht die Zeit, den Wert von kleinen Nuancen und Details zu verstehen, aber gerade die sind echter Fortschritt – hin zur Meisterleistung. Ich glaube, viele Menschen wüssten Frieden und Vergnügen mehr zu schätzen, wenn sie diese kleinen Geschenke im Leben höher achten würden.*

Manche dieser »Lern- und Fortschrittsgeschenke« entdeckt man beim Üben: *Am Set habe ich immer – wenn die Sonne gerade aufging – geübt, wie ruhig ich meinen Kopf halten konnte, indem ich meinen Schatten beobachtet habe,* erinnert sich Roy Rogers. *Dann nimmt man den Takt der Gangart zwischen Knöcheln, Knien und Hüften auf. Gutes Reiten ist wirklich Übungssache.* Selbst der König der Cowboys hat ständig daran gearbeitet, besser zu werden.

Ich habe einen wunderbaren alten Pferdetrainer in den Dakotas einmal gefragt, ob es für seinen großen Erfolg ein Geheimnis gäbe, sagt Jack Huyler. *Der hat gesagt: »Ja, nasse Satteldecken.« Mit anderen Worten, viel Reiten.* Das Geheimnis gut mit Pferden umzugehen ist also gar kein Geheimnis. Es geht einfach darum, dass man es tun muss, lernen muss, leben muss – immer ein kleines Geschenk nach dem anderen anzunehmen.

Belohnung, Nachdenken und Verinnerlichung

Eine der wertvollen Lektionen zum Thema »Üben« ist die, dass intensives Üben genau das Gegenteil bewirken kann. Erfolgreiche Ausbildung basiert auf vielen kurzen Übungseinheiten, die viel wirksamer sind, als eine Übung endlos zu wiederholen. Sobald ein Pferd eine Lektion mehrmals vorgesetzt bekommen und wiederholt hat, muss man es mit dieser Lektion eine Weile in Ruhe lassen, damit das Gelernte sich setzen kann. Der Vorgang läuft so ab: zeigen, machen, belohnen, nachdenken, merken, wiederholen. Anders als beim Menschen, der gelegentlich zu besessener Wiederholung neigt, wenn er seine persönlichen Fertigkeiten perfektionieren will, gibt es bei Pferden keine zwanghaften Arbeitstiere. Das Pferd braucht Pausen, und das ist ein wirkungsvoller Ruhepunkt im Lernprozess: *Pferde können sauer werden, wenn man sie ständig trainieren will,* bemerkt William Steinkraus. *Es tut ihnen gut, wenn sie die*

Möglichkeit haben, auch einmal am langen Zügel durch Gottes freie Natur zu bummeln.

Pausen, Entspannung und Ruhe sind für ein Pferd hochgeschätzte Belohnung. Wenn also ein Pferd eine gute Leistung erbracht hat, ist es am besten, die Stunde zu beenden und es mit einer Pause zu belohnen, sodass die positive Leistung sich geistig bei ihm festsetzen kann: *Was ich an guter Zirkusarbeit so mag, ist die Tatsache, dass ein Pferd weggestellt wird, sobald es eine winzige Kleinigkeit richtig gemacht hat,* bemerkt Diana Cooper. *Sagen wir mal, sie bringen gerade einem Pferd das Steigen bei, dann wird es dazu aufgefordert und immer wieder aufgefordert. Sobald das Pferd mit beiden Füßen den Boden um zwei Zentimeter verlässt wird es gelobt. Bei diesem winzigen Fortschritt sagt sein Ausbilder «Bravo! Bravo!«, streichelt es am ganzen Körper, gibt ihm eine Handvoll Kraftfutter und bringt es in seine Box zurück. Wenn das Pferd eine Anstrengung in die richtige Richtung unternimmt, wird es belohnt, und die Stunde wird beendet. So kommt das Pferd beim nächsten Mal aus der Box und weiß mehr.*

So wichtig dieser Punkt bei der Ausbildung von Pferden auch ist, frustriert er mich doch, denn wenn mein Pferd und ich endlich etwas richtig gut machen, dann ruft meine Reitlehrerin »Das ist super! Damit hören wir auf.« Aber ich sitze da und denke: «Warte mal! Wir haben das richtig gemacht? Können wir das noch mal machen? Lass mich das noch mal machen, damit ich das Gefühl fest rein bekomme.« »Nichts da. Das war perfekt – die Stunde ist beendet.«

Was mich frustriert, ist die Tatsache, dass ich die Wiederholung brauche, während mein Pferd die Belohnung braucht: *Aus diesem Grund applaudiere ich diesen großen Helden der Pferdewelt, die niemand besingt – den Schulpferden,* fügt Diana Cooper hinzu. *Ein Pferd, das diese Art von ständiger Wiederholung toleriert, ist Gold wert. Den meisten Pferden gefällt das nicht besonders, aber manche Pferde sind da wirklich tolerant, und genau die braucht man. Die Mulis, die alten Lehrpferde ... Wenn man so eins findet, sage ich den Leuten immer, dann ist es egal, was es kostet – kaufen Sie es.*

Der Lernprozess ist eine Kombination aus vermitteltem Wissen und Erfahrung, bei dem die wichtigsten Lehren die über die innere Erkenntnis sind. Niemand kann einem Anderen innere Erkenntnis geben. Ob Mensch oder Pferd, dieses Wissen und diese Fähigkeit muss von innen kommen: *Meine Stute Lory ist ein so eigenwilliges Tier, dass ich oft Angst davor hatte, wie sie wohl auf eine neue Erfahrung reagieren würde,* berichtet Genie Stewart-Spears. *Wir haben an einem Seminar teilgenommen, auf dem wir eine Menge Cavaletti-Arbeit gemacht haben. Lory ist da immer durchgerannt und hat alles umgeworfen. Sie ist immer – bis kurz vor das Cavaletti – gut gegangen. Dann kam ihre Reaktion: «Oh mein Gott! Was soll ich denn da machen?« Also habe ich versucht, ihr die Richtung anzugeben. Ich war so nervös, weil ich immer auf ihre Reaktion gewartet habe, dass ich automatisch die Zügel kürzer genommen und mit den Beinen stärker geklammert habe. Diese verstärkte Einwirkung hat natürlich ihre Reaktion geradezu herausgefordert. Die Reitlehrerin hat mir immer wieder gesagt: »Halt dich zurück und lass dein Pferd selbst nachdenken.« Als ich mich schließlich dazu überreden konnte, locker zu lassen und das Pferd die Arbeit machen zu lassen, anstatt mich zu verspannen, da sind wir ganz glatt über die Cavaletti gekommen. Da ist mir klar geworden, dass ich mich entspannen muss, dem Pferd vertrauen muss, ihr helfen muss, ihre Energie zu kanalisieren, und sie selbst machen lassen muss. Als sie die Sache für sich selbst auseinander klamüsert hatte, hat sie Selbstvertrauen bekommen und es prima gemacht.*

Wenn innere Erkenntnis einsetzt, gehen plötzlich alle Lichter an. Heureka! Schließlich wurde Lory klar, dass es nicht klappte, wenn sie über die Cavaletti raste. Dass sie langsamer wurde, war die Basis für den Erfolg. Dieses unabhängige, internalisierte Wissen schafft ein viel erfüllteres Selbstvertrauen, als wenn man sich darauf verlassen muss, dass jemand Anderer einem sagt, wo es lang geht. Es gibt Zeiten, in denen der Lehrer die Kontrolle aufgeben muss, damit der Schüler Fortschritte machen kann. Lehrer können das Wissen nicht eintrichtern – der Schüler muss es aufnehmen.

Verschiedene Herausforderungen

Die Pferdewelt bietet so viele verschiedene Disziplinen, Aktivitäten, Sportarten, Berufe, Erfahrungen und Studienfelder, dass man niemals befürchten muss, nichts zu tun zu haben: *Wenn man Pferdeausbilder ist, muss man ständig dazulernen,* sagt Ron Harding. *Da kommt der Geist nie in den Leerlauf – man könnte zwei oder drei Leben lang leben und würde nie alles lernen. Das macht die Hauptanziehungskraft aus. Die Arbeit mit Pferden hält mich jung, weil die Herausforderungen immer noch größer werden. Manchmal bin ich einer Sache schon mal müde und denke «Ich höre auf mit den Pferden«. Aber ich mache es doch nie. Ich erfinde dann ein neues Spiel, das ich mit ihnen spielen kann. Ich bilde Gangpferde aus; ich bilde Pferde für die Reining aus; ich arbeite gerade mit Danny Jo, einem Dreijährigen meiner Frau. Neulich habe ich zu meiner Frau gesagt: »Danny Jo würde ein gutes Kutschpferd abgeben; vielleicht besorge ich mir ein Geschirr und fahre ihn ein.« Ich habe noch nie ein Pferd eingefahren, aber ich weiß, dass ich es kann; also kann es sein, dass ich in nicht allzu langer Zeit in eine ganz andere Richtung gehe, nur um eine neue Erfahrung zu machen und um mich einer weiteren Herausforderung zu stellen.*

Helen Crabtree ist über 75 Jahre lang geritten, hat Pferde ausgebildet und sie auf Turnieren vorgestellt. Erst vor kurzem musste sie das Reiten aufgeben, weil sie erblindet ist: *Für einen sportlichen Menschen wie mich, ist es nicht leicht, sich auf so etwas wie Blindheit einzustellen,* sagt Helen. *Als meine Erblindung mich gezwungen hat, das Reiten aufzugeben, habe ich gedacht, das war's jetzt. Aber ich hatte nicht mit eingerechnet, dass ich meinen Geist so gut ausgebildet habe, dass ich jetzt geistig immer mitreite und voll dabei bin. Ich lerne dadurch immer noch jeden Tag dazu. Ich habe heute mehr Ahnung als zu der Zeit, zu der ich noch geritten bin. Jetzt bin ich bei der Herausforderung angekommen, dass ich das «Warum« verstehen will. Das »Warum« hat viel mehr als das «Was«. Beides ist wichtig, aber das »Warum« bringt einen dazu, dass man zuerst an das Pferd denkt, und das ist ein geistiges Spiel, das einen so herausfordert, dass man niemals damit aufhört. Wenn man einfach nur seinen Stiefel runter reitet, ist man ein schlechter Reiter; man muss vom Standpunkt des Pferdes aus denken. Ein guter Reiter kann Fehler korrigieren; ein wirklich guter Reiter nimmt sie vorweg und vermeidet sie von vorne herein – das ist Denken beim Reiten.*

Helen hat also gemerkt, dass die Blindheit ihre Möglichkeiten mit Pferden zu arbeiten nicht wirklich einschränkt. Nun ist ihr Tagesplan frei von den zeitraubenden Routinedingen und sie kann sich auf Übungen einlassen, die ihren Geist fordern. Beispielsweise strukturiert sie gerade den Reitunterricht am Midway College in Kentucky neu und schreibt ein weiteres Buch über ihre reiterlichen Erfahrungen. Selbst als blinde Frau lebt und lernt sie noch mit Pferden.

Meisterschaft

Ein technisch guter Reiter ist nicht unbedingt ein Pferdemensch, und ein Pferdemensch ist nicht unbedingt ein technisch guter Reiter. Jeder dieser beiden hat innerhalb der Pferdewelt etwas bestimmtes erreicht, aber sie haben sich zwei unterschiedliche Titel erworben: *»Ein Reiter hat auf jeder Seite ein Bein und dazwischen sein Hirn«*, zitiert Buck Brannaman. *Das kann Jeder. Aber echte Pferdemenschen machen das mit dem Herzen, sie wollen etwas erreichen und sie kümmern sich, und es existiert ein echtes Gefühl der Einheit mit dem Pferd.*

Ron Harding hat über diesen Punkt noch mehr zu sagen: *Jeder, der gerne seine Zeit mit Pferden verbringen möchte, ist ein Pferdeliebhaber. Aber ein echter Pferdemensch ist jemand, der voll einsteigt. Solche Leute fühlen sich nicht wohl, wenn sie etwas ohne Pferde machen sollen, und sie fühlen sich auch nicht wohl, wenn sie nicht ständig mehr über Pferde lernen können. Wenn ich lese, muss es etwas Lehrreiches sein, und es muss über Pferde sein. Es ist mir egal, ob das Abstammungen sind oder was über Ausbildung oder Genetik ... Ich will alles lernen, was ich kann. Ich habe 41 Jahre lang Pferde ausgebildet und habe gedacht, allmählich wäre ich echt gut – ich war ganz schön von mir selbst überzeugt – aber vor fünf oder sechs Jahren habe ich rausgefunden, dass ich noch nicht mal an der Oberfläche rumgekratzt hatte. Je mehr ich lerne, desto mehr weiß ich, was ich alles nicht weiß. Wenn man über den Punkt raus ist, an dem man denkt, man hätte alle Antworten, dann fängt man an, sein Ziel zu erreichen – vielleicht – na ja, ich sage, vielleicht.*

Der Pferdemensch ist der wahre Meister der Pferdewelt. Dieser Titel beinhaltet eine Menge hart erworbenen Respekts: *Es gibt eine Menge Reiter, aber nicht sehr viele Pferdemenschen*, äußert sich Jack Huyler. *Reiten ist eine Wissenschaft, aber »Horsemanship« ist eine Kunstform. »Horsemanship« ist ein Fach, mit dem man sich ständig befassen muss: man bekommt die Erfahrung durch den Umgang mit möglichst vielen Pferden. Jedes davon bringt einem etwas bei, und dieses Wissen nutzt man dann wieder, wenn man mit dem nächsten Pferd umgeht. Keiner ist in der Lage jemals alles, was es über Pferde zu wissen gibt, zu lernen. Ebenso wenig ist es möglich alles über*

Menschen zu erfahren. Pferdemenschen sind bereit, einem zu zeigen, was bei ihnen klappt; wenn Pferdemenschen zusammenkommen, lernt jeder was dazu. Mein Vater hat immer gesagt: «Ein Pferdemensch macht jedes Pferd, auf dem er reitet, besser.«

Lernen ohne Grenzen

Pferde sind zu mehr fähig, als die meisten Menschen von ihnen verlangen können, meint Dennis Marine. *Es geht immer noch viel weiter. Man muss da mit der richtigen Einstellung rangehen, sonst könnte man am Ende ziemlich frustriert dastehen.*

Nach einer langen, erfolgreichen Karriere als Bronco-Reiter erkannte auch Larry Mahan, dass seine Ausbildung zum Pferdemenschen gerade erst begonnen hatte: *Als ich aufgehört hatte Rodeos zu reiten, da hatte ich wirklich das Gefühl, ich wüsste jetzt alles,* sagt Larry. *Aber dann habe ich mit dem Cutting angefangen und herausgefunden, wie feinfühlig Pferde wirklich sind. Das hat mir die Augen fürs Reiten geöffnet und mein ganzes Leben verändert. Zu diesem Zeitpunkt fing ich an, mich ernsthaft mit Pferden zu befassen; ich bin da mit beiden Beinen gleichzeitig reingesprungen. Ein Ziel war dabei der Spaß am Wettbewerb, aber mein Hauptziel war einfach, ein besserer Pferdemensch zu werden. Das ist immer noch mein Ziel.*

Larry arbeitet jeden Tag für dieses Ziel, weil ihm klar ist, dass es zum Erreichen von Horsemanship keinen Hopplahopp- oder einfachen Schnellkurs gibt. Horsemanship ist ein sich ständig erweiterndes Wissensgebiet und nicht nur einfach eine Reihe von körperlichen Fähigkeiten, die man beherrschen muss: *Beim Reiten lernen geht es nicht nur darum, dass man mit der ganzen Ausrüstung umgehen kann. Man muss lernen, was für ein Pferd wichtig ist,* führt Helen Crabtree aus. *Diese geistige Herausforderung bei der Arbeit mit Pferden hat mir schon immer am meisten Spaß gemacht, weil ich an Pferde nicht über die Haut rangehe, sondern über den Kopf. Um das machen zu können, muss man sich selbst ziemlich gut kennen. Das ist die Grundlage für jede gute Pferdeausbildung.*

Das letzte Pferd, das ich eingeritten habe, war ein zweijähriger Hengst namens Santana's Best Man, erzählt Helen weiter. *Meine Sehkraft hat sehr schnell nachgelassen, deswegen war ich mir ziemlich sicher, dass dieses Pferd das letzte Pferd sein würde, das ich selbst ausbilden kann. Santana's Best Man war ein hübsches kleines Pferd – ein sanftes, großes Auge, aufmerksame Ohren, ein bisschen zu wenig Bewegung für ein Siegerpferd, aber ein Behälter, in den man alles reingießen konnte. Also habe ich mir gedacht, ich nehme einfach alles, was ich über Einwirkung weiß, und bilde dieses Pferd aus. Ich habe mich bei ihm auf Stimmhilfen konzentriert; ich habe es keinen Schritt ohne ein Stimmkommando gehen lassen, dazu Körpersprache, also vor allem Schenkelhilfen und weiche Hände.*

Nun muss man wissen, wenn ich auf dem Platz die Hand wechsle, werfe ich immer automatisch die Schlaufe des Zügels auf die äußere Seite. Ich weiß, dass man sagt, die Schlaufe soll rechts hängen, aber ich denke, es sieht ordentlicher aus, wenn sie immer außen hängt. Wenn ich also die Hand wechseln will, werfe ich immer in der Wendung die Zügel über den Pferdehals auf die andere Seite. Eines Tages habe ich einfach nur die Zügel auf die andere Seite geworfen und Santana hat die Hand gewechselt, und da ist mir klar geworden: »Mein Gott, wir bringen diesen Tieren die ganze Zeit etwas bei, ob es nun bewusst ist oder nicht, und deswegen müssen wir uns verantwortlich fühlen für das, was wir tun!« Durch solche Erfahrungen bin ich in meinem Umgang mit Pferden viel bewusster geworden – im Umgang mit Menschen übrigens auch. Manchmal tut oder sagt man Sachen, auf die man gar keine Reaktion erwartet, und plötzlich kommt aber eine und überrascht einen. Dass man keine Reaktion erwartet hat, heißt aber noch lange nicht, dass man nicht dafür verantwortlich ist, dass sie kommt hat. Genau das ist bei diesem letzten Pferd passiert. Ich habe mein ganzes Leben lang Pferde geritten und ausgebildet, und das war das erstemal, dass ein Pferd dieses Rüberwerfen der Zügel als Signal angenommen hat – ich hatte nicht erwartet, dass es dadurch die Hand wechseln würde, aber eigentlich hatte ich es, wenn auch unwissend, auf dieses Signal hin ausgebildet.

Sie merken, jedes Pferd ist anders, genau wie Menschen; Wir können nicht immer vorhersagen, wie jeder Einzelne auf das reagieren wird, was wir tun oder sagen – aber trotzdem sind wir letztlich für die Handlung verantwortlich, die dann die Reaktion hervorgerufen hat. Meine Arbeit mit Pferden hat mir beigebracht, bewusster und feinfühliger zu sein und für alles offen zu bleiben. Ich habe von dem ersten Pferd, das ich vor 75 Jahren geritten habe, etwas gelernt, und ich habe von diesem letzten Pferd etwas gelernt, und ich habe von den tausenden Pferden dazwischen etwas gelernt. Santana war das letzte Pferd, das ich ausgebildet und vorgestellt habe, und das hat mir so viel gegeben. Ich habe mit einem ungeheuer interessanten Pferd aufgehört.

Trainer

Man braucht ein ganzes Leben dazu, um zu lernen, wie man ein ganzes Leben leben soll, formuliert es Buck Brannaman. *Um das vom Leben zu bekommen, was ich will, muss ich zuallererst Schüler sein, und erst in zweiter Linie Lehrer. Den Punkt gibt es nicht, dass ich sagen könnte »Okay, ich bin fertig; jetzt weiß ich alles.« Eigentlich steht man da nur mit sich selbst im Wettstreit.*

Wenn man sein Leben lang Schüler bleibt, braucht man auch sein Leben lang einen Trainer. Niemand wächst jemals über den Zustand hinaus, in dem er einen Trainer braucht. Je besser der Reiter und je härter der Wettbewerb, desto nötiger braucht er einen Trainer: *Egal, auf welchem Niveau man reitet, man sollte immer einen Trainer haben,* vertritt Laura Bianchi ihren Standpunkt. *Wenn man jemanden kritisiert, dann bringt man sich auch selbst etwas bei; man erkennt, woran man selbst arbeiten muss, indem man anderen beim Reiten zusieht. Das hilft den Zuschauern und den Reitern, also hat jeder was davon.*

Auch hier haben wieder einige der besten Trainer vier Beine: *Ich habe von meinem Pferd Jeep eine wichtige Lektion gelernt, als ich mir die Videoaufzeichnungen von der Staatsmeisterschaft im Barrel Racing angeschaut habe, die wir gerade gewon-*

nen hatten, erinnert sich Jack Huyler. *Bei diesem Rennen habe ich beim Zureiten auf die Ziellinie Jeep mit einem zusammengerollten Programm, das ich in der Hand hatte, bearbeitet. Jedes Mal, wenn ich ihn damit berührt habe, hat er die Ohren zu mir gedreht und ist ein bisschen langsamer geworden. Da habe ich gedacht: »Was will er mir sagen?« Na ja, und an dem Punkt ist mir klar geworden, dass das Antreiben ihn nicht schneller, sondern langsamer gemacht hat! Von da an habe ich, wenn ich wollte, dass mein Pferd im Finish alles gibt, nur mit der Zunge geschnalzt und es mit der Stimme angefeuert. Das hat mir gezeigt, wie wichtig es ist, dass man sich mit dem Pferd und der Situation befasst und daraus lernt ... Es gibt immer noch mehr zu lernen ...* Indem er sich aus einer anderen Perspektive mit dem Rennen befasst hat, hat Jack neue Erkenntnisse gewonnen – er hat von seinem Pferd gelernt!

Lehren für den Menschen

Wenn man nicht zuhört und nicht immer wieder etwas dazulernt, dann schläft man, baut ab oder ist schon tot: *Mir sagen eine ganze Menge Leute: »Du bist eigentlich ständig am Üben«,* sagt Martha Josey. *Na ja, ich finde es einfach toll, also denke ich die ganze Zeit darüber nach, wie ich meine Reiterei verbessern kann oder das Pferd, auf dem ich sitze, noch weiterbringen kann; im Lauf der Jahre habe ich immer wieder meine Techniken geändert. Was man beim Barrel Racing macht, ist eigentlich dasselbe, was man auch im normalen Leben macht. Wenn man wirklich will, dass es klappt, sollte man motiviert und gut organisiert sein. Man sollte ein positives Bild abgeben, sich Ziele setzen und ständig auf der Suche nach Methoden sein, wie man sich weiter verbessern kann.*

Wenn wir offen dafür sind, zuzuhören und zu lernen, dann lehrt uns jedes Pferd und jeder Ritt jeden Tag etwas Neues. Es kann sich jeder, der möchte, in dieser Schule einschreiben und sich mit den vielen Lehren auseinandersetzen, die es dort zu lernen gibt. Diese Schule nimmt alle Bewerber auf, aber es macht nie jemand einen Abschluss. Der Lehrplan hört nie auf, und so bekommen die Schüler ständig Noten in »Einsicht« und »So wird's gemacht« und arbeiten damit auf ihren lebenslangen Abschluss im Fach Horse Power hin.

Irving Pettit, geboren 1907, ist Leichenbestatter im Ruhestand. Seine Leidenschaft war das Trabrennen. Vierzig Jahre lang hat er Traber gezüchtet, ausgebildet, aufgezogen und in Rennen gefahren, bis er sich im Alter von 80 aus dem Renngeschäft zurückzog. Hier wird Irving gerade von Dr. Pettit begrüßt, einem jungen Traber, der zu Ehren von Irvings Bruder, einem Zahnarzt, benannt ist.

Vicki Hearne ist Philosophin, Lyrikerin und preisgekrönte Autorin. Sie ist außerdem seit fast dreißig Jahren eine anerkannte Ausbilderin für Pferde und Hunde. Ihre Bücher Adam's Task (Adams Aufgabe), Bandit und Animal Happiness (Glücklichsein bei Tieren) bieten einmalige Gedanken zu Tieren, Haustieren und Menschen. Vicki ist hier mit Bandit abgebildet.

DOUG LIETZKE, geboren 1944, ist Psychologe und unter den Top Ten der Distanzreiter in Amerika. In seinen vielen Artikeln, Videos und Seminaren hat er sich auf die Psychologie des Pferdesports spezialisiert. Er hat die Solo-Abteilungen (ohne Pfleger und sonstige Mannschaft 160 km an einem Tag) bei zwei bekannten Distanzritten, dem Old Dominion und dem Race of Champions, gewonnen. Hier ist Doug mit seinem Araberwallach Atizer abgebildet, wie er 1993 beim Race of Champions in Süddakota in den Black Hills reitet. Er wurde in der Gesamtwertung Sechster (von über 100 Reitern) und gewann die Solo-Abteilung.

Bob Douglas, geboren 1933, ist Geschäftsführer des amerikanischen Zentrums für therapeutisches Reiten, das vor kurzem aus Washington nach Burtonsville in Maryland umgezogen ist. Als Biologe am Gesundheitsamt hat er in der Forschung an der Entwicklung eines wichtigen Verfahrens zur Überprüfung früherer Röteln-Erkrankungen bei Frauen mitgearbeitet. Als er Ende 30 war, beendete multiple Sklerose seine Forscherkarriere. Über die persönliche Therapie kam er zu den Pferden. 1972 begann er eine neue Karriere, die dem therapeutischen Reiten zum Durchbruch verhalf – zu den Nutznießern gehört auch der Pressesekretär des amerikanischen Präsidenten, Jim Brady. Hier ist Bob auf seinem hübschen Turnierpferd Magistrate abgebildet.

Dr. Elizabeth Lawrence, geboren 1929, ist Professorin für Umwelt- und Bevölkerungsgesundheit an der veterinärmedizinischen Fakultät der Tufts University. Sie ist sowohl Tierärztin als auch Anthropologin. Ihre beiden Berufe und ihre tiefe Liebe zu Pferden haben Dr. Lawrence immer inspiriert. So hat sie geforscht, geschrieben, gelehrt, Vorlesungen gehalten und auch drei Bücher über das Thema »Beziehung zwischen Mensch und Pferd« geschrieben. Dr. Lawrence ist hier mit ihrer schönen Morganstute Easter Bonnet abgebildet. Sie ist sehr gerne mit »Bonney« durch die Wälder in der Nähe ihres Wohnsitzes in Massachusettes geritten.

BECKY HART, geboren 1954, bildet Distanzpferde aus und ist Lehrerin für das »Reiten aus der Körpermitte«. Sie wohnt bei San Jose in Kalifornien. Sie ist dreifache Weltmeisterin im Distanzreiten und hat sowohl den Tevis Cup als auch das Race of Champions (letzteres zweimal) gewonnen. Sie war nordamerikanische Meisterin, wurde 1990 von der amerikanischen Turnierorganisation zum Pferdemenschen des Jahres erklärt, von der amerikanischen Vereinigung der Distanzreiter als berühmte Reiterin geehrt und als Mitglied in den amerikanischen Kader bestellt. Hier ist Becky mit ihrem Siegerpferd abgebildet, dem Araberwallach R.O. Grand Sultan alias »Rio«, nachdem sie 1992 das Race of Champions gewonnen hatten.

RICHARD SHRAKE, geboren 1944, ist professioneller Ausbilder, Reitlehrer und Richter, der mit seinen gewaltfreien Ausbildungsmethoden Pferde und Reiter bis zu nationalen und Weltmeisterschaftsehren gefördert hat. Richard ist hier mit dem Vollblutfohlen Resistance Free abgebildet.

SALLY SWIFT, geboren 1912, ist die Reitlehrerin, die die Techniken des »Reitens aus der Körpermitte« (Centered Riding) entwickelt hat. Diese Techniken kombinieren deutliche Visualisierungstechniken mit Anatomie und Kinesiologie. Wissen, das sie sich bei ihrer lebenslangen Weiterbildung zur Bekämpfung der körperlichen Auswirkungen ihrer Skoliose angeeignet hat. Das Reiten aus der Körpermitte macht dem Reiter bewusst, wie sein Körper sich in Relation zum Pferd bewegt und fördert so eine entspanntere und integrierte Wechselbeziehung. Sally ist hier 1998 beim Reitunterricht abgebildet.

8. Kapitel

Reiterliche Glanzpunkte: das richtige Selbstvertrauen

Wenn man etwas wirklich gut gemacht hat, ist es keine Prahlerei.
Altes texanisches Sprichwort

Durch die Lautsprecher hörte man »God Save our Gracious Queen«, während Prinzessin Michael von Kent bei den Olympischen Spielen in London in der Loge der Königsfamilie in der Grand Hall stand. Die Weltmeisterschaft im Springreiten bei diesen Olympischen Spielen 1980 bot ein besonderes Schauprogramm: sechs Reiter aus den Vereinigten Staaten wollten dem britischen Publikum das Amerikanische Saddlebred-Horse vorstellen.

Am Eingang zum Ring wartete das jüngste Mitglied der Delegation auf ihr Signal zum Einreiten. Als die Geräusche der Menge zu einem Raunen abgeklungen waren, stellt der amerikanische Kommentator das Paar vor: »Wir sind stolz, Ihnen aus dem wunderbaren Staat Texas Miss Camille Whitfield auf ihrem Meisterschaftspferd, der Saddlebred-Stute Elation, präsentieren zu dürfen!«

Camille (S. 201) war erstaunt und gerührt, als die große Halle mit den Klängen der »Gelben Rose von Texas« (der inoffiziellen texanischen Hymne) erfüllt wurde, während sie mit Elation in den Ring ritt. So tadellos herausgeputzt, wie sie waren – Camille im traditionell geschnittenen Reitanzug und Elation mit blitzender Ausrüstung und glänzenden Hufen – waren sie ein großartiger Anblick. Glühend vor Erregung zeigten die beiden ihr Können. Bevor sie ihre erste Runde beendet hatten, fingen die Leute auf der Tribüne rhythmisch zu klatschen an. Sie waren begeistert von den beiden amerikanischen Schönheiten.

Dieser spontane Ausbruch sorgte für eine knisternde Atmosphäre. Es war reine Energie, die zwischen der Menge und dem spektakulären Paar hin und her bewegt wurde. Elation reagierte auf jeden Pulsschlag der erregten Zuschauer und pumpte noch mehr Energie in ihre Bewegungen. Die Zuschauer waren fasziniert und erkannten die Eleganz und die Energie des Amerikanischen Saddlebred.

Bei dieser Vorführung verpufften die vier Minuten, die für diesen Ritt vorgesehen waren, wie Wassertropfen auf einer heißen Herdplatte. Als Camille hörte »Ihre Zeit ist um«, lächelte sie den Ringordner an, machte aber keine Anstalten den Ring zu verlassen. Es machte allen Beteiligten, Elation, Camille und den Zuschauern, viel zu großen Spaß, um jetzt aufzuhören. Die Zuschauer sprangen auf und jubelten, als Camille diese zusätzliche improvisierte Vorstellung gab.

Es war nicht das erste Mal, dass Camille bei einer großen Schauveranstaltung für Aufruhr sorgte. Pferdeschauen haben eine lange Tradition und sind für viele eine todernste Angelegenheit. Camille Whitfield hatte immer aus Spaß an der Sache mitgemacht und die Platzierungen als zweitrangig erachtet. Die Tatsache, dass sie mit ihren Pferden so häufig gewann, war wohl auf diese Haltung zurückzuführen. Camilles Eltern hatten nie Druck auf sie ausgeübt, dass sie gewinnen müsste. Sie sollte zwar ihr Bestes geben, aber vor allem Spaß haben.

Als Camille dreizehn war, nahm sie in Houston in Texas an der PiN Oaks Horse Show teil – einer altehrwürdigen Veranstaltung mit hochkarätiger Konkurrenz auf amerikanischer Ebene. Camilles Pferd Eli war gerade verkauft worden, sodass dieses Turnier, die »Equitation Stakes«, das letzte für sie beide sein würde. Bei der derzeitigen Rangfolge wusste Camille, dass sie und Eli für den Sieg nicht mehr in Frage kamen. Trotzdem war Camille entschlossen, eine Schlussvorstellung zu geben, an die man noch lange denken würde.

Als sie am Eingang zum Ring wartete, bemerkte Camilles Trainer, dass sein sonst so lebhafter junger Schützling ungewöhnlich still war. Sie blickte sogar etwas mürrisch drein. Er schrieb das der Tatsache zu, dass es sich um den letzten Ritt mit diesem Pferd handelte. Camille lächelte nicht einmal wie sonst, als er ihr Glück wünschte und sie in den Ring schickte.

Erst als sie vor der Haupttribüne auf der Geraden ritt, lächelte Camille schließlich. Als sie es tat, ging ein Raunen durch die Menge, das von immer lauterem Kichern und Lachen abgelöst wurde. Camille zeigte das breiteste Lachen, was man sich vorstellen konnte – allerdings ein völlig zahnlosen, da sie sich die Zähne schwarz gefärbt hatte. Ein Kinderstreich, natürlich, aber bei einer Schau vom Rang einer PiN Oaks Horse Show nichts, was man auf die leichte Schulter nehmen konnte. Camilles Mutter traute ihren Augen nicht. »Damals habe ich das nicht besonders witzig gefunden, aber im Nachhinein gesehen, war es wahnsinnig komisch.«

Camille machte sich mit dieser ketzerischen Vorführung eine Menge Freunde. Die Frau eines bekannten Saddlebred-Ausbilders kam mit ihren Töchtern zu Besuch und sagte: »Ich muss die Mädels einfach mit diesem Mädchen bekannt machen, das die Nerven und den Mut hatte, da reinzugehen und so was bei solch einer Veranstaltung zu machen!«

Manchem mag Camilles Vorgehen egoistisch oder unverschämt erscheinen, der Tradition mit einem solch dummen Streich ins Gesicht zu lachen. Aber tatsächlich war Camille damals ein junger Mensch mit der geistigen Haltung und Präsenz eines kampferprobten Soldaten und mit »einem Schuss Pfeffer« im Blut. Eine begabte Turnierreiterin, die ihr Bestes gab und genau *deswegen* gewann, weil sie es liebte, mit ihren Pferden zu begeistern.

Es war kein Zufall, dass das Pferd, mit dem Camille Whitfield den Gipfel ihrer Turnierkarriere erreichte, ausgerechnet »Elation« hieß, also »Hochstimmung«. Wenn Camille auf einem Turnier ritt, war sie glücklich, selbstsicher und strahlte allerbeste Stimmung aus. Die Saddlebred-Fangemeinde hatte für diese Art geistiger Haltung so einiges übrig, sodass die Leser der Zeitschrift »Horse World« Elation 1980 zum Amateur-Dreigangpferd des Jahres wählten. Vor der Reise nach London, die im selben Jahr stattfand, sagte ein Redakteur der Zeitschrift »National Horseman«: »Ich hoffe, dass diese Ausstellung Camille und Elation für ihren enormen Einsatz der letzten Jahre belohnen wird.« Camille erinnert sich: »Dieses Lob bedeutete mir mehr als eine ganze Latte von Weltmeisterschaften, weil es anerkannte, was der Publikumsliebling Elation geleistet hat.«

Selbstsicherheit

Eine der schwierigsten Zeiten im Leben eines Jugendlichen ist das Erwachsenwerden: die Zeit, in der die Unsicherheit der Jugend von der Reife des Erwachsenen ersetzt wird. Die Zeit, in der man die Fähigkeiten entwickelt, die man braucht, um sich auszudrücken, sich selbst zu erhalten und unabhängig sein zu können. Die Zeit, in der man Verbindungen mit Gleichaltrigen und Lebenspartnern aufnimmt, während man sich von den Eltern distanziert. Die Sicherheit, die man beim Reiten und beim Umgang mit Pferden bekommt, bietet da einen soliden Eckpfeiler, von dem aus man innere Stärke aufbauen kann: *Wenn man jung und in der Lage ist, ein Pferd auszubilden, erwirbt man sich Führungsqualitäten, die einem über die Jahre erhalten bleiben,* bemerkt der Rancher und Pferdemann Allan Jamison (S. 202). *Man kann eine Menge von diesen Pferden lernen und bekommt mehr Vertrauen in sich selbst.*

Wie wir gesehen haben, hat sich Camille Whitfield Vincent durch ihre reiterlichen Leistungen genügend Selbstvertrauen aufgebaut, um mit alten Traditionen zu brechen. *Als mein Trainer, Charles Smith, Elation entdeckt hat, war sie erst drei,* erinnert sich Camille. *Damals habe ich gedacht, »Ich kann doch keine Dreijährige reiten«. Normalerweise werden Pferde bis zum vierten Lebensjahr nur von den Trainern geritten. Erst dann setzt man die Amateure drauf. Aber Elation war so brav und hatte so einen tollen Charakter, dass ich sie ausprobiert habe und wir sie dann prompt gekauft haben. Ich habe sie als Vierjährige in Damen-Amateurklassen vorgestellt. Man hat mir damals gesagt, dass wir dadurch Rekorde aufgestellt haben – die jüngste Reiterin auf dem jüngsten Pferd. Keine Ahnung, ob da was dran war.* Manchen mag das einschüchtern – eine unerfahrene, junge, überschäumende Saddlebred-Stute und diese junge Reiterin. Aber Camilles Turniererfahrung und ihre Siegerhaltung hatten ihre Selbstsicherheit so gestärkt, dass sie diese Herausforderung annehmen und sogar gewinnen konnte.

Erfolge im Pferdesport sind auch in Zeiten möglich, in denen ein Teenager sich in bestimmten Bereichen vielleicht nicht so sicher fühlt: *Das Reiten erzeugt bei mir ein großartiges Gefühl,* sagt die siebzehnjährige Tina Schuler (S. 203). *Ich konzentriere mich beim Reiten total, und wenn es gut klappt, dann denke ich »Oh Mann, das kann ich wirklich gut! Von Mathe habe ich keine Ahnung, aber Reiten kann ich!«*

In fast jedem Reitstall gibt es Gruppen von jungen Leuten, die sich durch ihr gemeinsames Interesse am Pferdesport kennen gelernt haben. Da Reiten eine Einzelaktivität ist, sind die persönlichen Abhängigkeiten innerhalb dieser Gruppen oft nicht so groß wie bei anderen Teenager-Aktivitäten.

Erwachsen zu werden ... ist für die Jugendlichen eine ungeheuer schwierige Zeit, meint Octavia Brown. *Aber wenn man eine ehrliche und stabile Beziehung zu einem Pferd hat, das stärkt einem den Rücken. Diese Beziehung ist etwas Sicheres – Pferde sind nicht launisch. Mein Gott, dieses rein in die Gruppe – raus aus der Gruppe, das ich bei meiner Tochter und ihren Freunden sehe ... die sind alle so sprunghaft. Ich bin mir sicher, dass dieses Verhalten für Jugendliche typisch ist. Weil meine Tochter im Hintergrund diese wertvolle Beziehung zu ihrem Pferd hat, bleibt sie mit beiden Beinen auf dem Boden.*

Junge Reiter lernen schon früh, Entscheidungen zu treffen, und so fällt es ihnen leichter, den Druck oder die Kritik ihrer Freunde abzuweisen: *Manche von meinen Schulfreunden denken, meine Reiterei ist was Blödes; für sie ist es kein Sport,* bemerkt die vierzehnjährige Amy Hubbard. *Die sagen dann »Du brauchst ja bloß auf ein Pferd zu steigen und von da oben »Brrr« oder »Na los, Pferd« zu sagen. Ich erwidere dann meist: »Willst du mal mit meinem Pferd einen Sprung über ein Hindernis machen? Na los, mach's doch.« Die können mich nicht ärgern, weil ich weiß, wie viel man beim Reiten können muss.*

Wenn eine Person Reiten lernt und dabei gute Fortschritte macht, wird ihr Selbstbewusstsein gestärkt. Es gibt Zeiten, da muss man dasselbe für seinen Partner Pferd tun: *Als ich bei meinem Pferd Jenny mit dem Springtraining begonnen habe, da war sie richtig mutig und hat einfach alles gemacht,* berichtet Adrian Arroyo. *Dann kam aber der Tag, an dem sie einen Sprung komplett runtergerissen hat. Danach hat sie jedes Mal, wenn ein Hindernis höher als einen Meter war, Angst bekommen und verweigert. Sie ist sogar bei meinem Reitlehrer nur noch stehen geblieben. Im Laufe der Zeit haben wir sie wieder an höhere Sprunge gewöhnt und inzwischen denkt sie sich nichts mehr dabei, wenn sie eins vierzig oder eins fünfundfünfzig springen soll. Es hat lange gedauert, aber jetzt macht sie es. Das ist ein richtig gutes Gefühl, dass wir sie wieder zum Springen gebracht haben.* Die Tatsache, dass Adrian das Selbstvertrauen seines Pferdes wieder aufbauen musste, hat auch sein eigenes Selbstvertrauen gestärkt. Der Aufbau von Selbstvertrauen ist also eine wechselseitige Sache: vom Reiter zum Pferd oder, wie im nächsten Fall, vom Pferd zum Reiter: *Meine Tochter Jill reitet schon ihr ganzes Leben und hat auch an vielen Turnieren teilgenommen,* erklärt Richard Shrake. *Kurz vor ihrem College-Abschluss als Moderatorin, hat sie mir einen Brief geschrieben und mir mitgeteilt: »Ich werde in meiner Sprech-Prüfung durchfallen.«*

Ich habe sie angerufen und gesagt: »Nun mach mal langsam. Du wirst Moderatorin, du kannst doch nicht in diesem Fach durchfallen!«

Sie erwiederte: »Na ja, ich werde echt nervös, wenn ich auf der Bühne vor all den Leuten stehe.«

Ich sagte zu ihr: »Jill, du bist schon auf hundert Turnieren geritten. Auch auf einigen der größten – auf dem Quarter Horse Congress, dem Cow Palace, und dem Del Mar. Wie kannst du da nervös sein, wenn du vor ein paar Leuten stehst? Wenn du das nächste Mal vor Leuten sprechen musst, dann stell' dir einfach vor, du wärst in einer Materialprüfung und du hättest den guten alten Brownie mitgenommen und ihn gleich neben dem Podium angebunden.« Ich sage Ihnen, sie hat sich das vorgestellt, ist da reingegangen und hat die Prüfung mit einer Eins bestanden. Aber dazu hat sie das Pferd gebraucht – es musste dabei sein ...

Die wichtigsten Prüfungen finden zwischen dem Reiter, dem Pferd und der Vorsehung statt: *Das Größte, worauf ich mich immer wieder riesig freue, sind mehrtägige Ritte, weil ich da wieder zu den Grundbedürfnissen, die wir Menschen haben, zurückkehre: Essen, Trinken, Schlafen (wenn es geht) und das Einswerden mit meinem Pferd, um herauszufinden, was wir zusammen schaffen können,* bringt es die Distanzreiterin Genie Stewart-Spears auf den Punkt. *Sonst gibt es da draußen nichts – es geht nur ums Überleben. Man findet dabei heraus, dass man zu vielem mehr in der Lage ist, als man sich vorstellen kann. Dass man viel stärker ist, als man gedacht hat. Das baut Selbstvertrauen und Selbstwertgefühl auf. Für mich sind meine Erfolge mit Pferden eine sehr persönliche Sache. Es kann sein, dass niemand sonst das so sieht oder versteht, aber man selbst weiß es, und das ist es, was zählt.*

Weil es sich bei Selbstvertrauen und Selbstwertgefühl um persönliche Eigenschaften handelt, die sich aus dem Inneren des Menschen heraus entwickeln, spürt der einzelne Mensch die Auswirkungen dieser Eigenschaften als erster. Sobald er sie aber errungen hat, sind diese Eigenschaften auch für andere sichtbar, weil ein selbstsicherer Mensch Frieden, Stärke und Sicherheit ausstrahlt.

Sicheres Auftreten

Auch wenn sich Selbstsicherheit und Selbstwertgefühl von innen heraus entwickeln, so können sicheres Auftreten und eine gute Haltung doch auch von außen nach innen geschaffen werden, wie Holly Peterson Mondavi erklärt: *Wie man seinen Körper einsetzt, ist ungeheuer wichtig. Wenn man sich selbstsicher fühlen will, braucht man sich nur einmal gerade hinzusetzen und die Schultern zurückzunehmen, das macht dann schon einen viel selbstbewussteren Eindruck. Wenn man einen müden Eindruck machen möchte, braucht man sich nur etwas zusammensacken zu lassen. Wenn man seine depressive Phase loswerden will, setzt man sich gerade hin und lächelt. Wenn man so ein richtig breites, blödes Grinsen auf dem Gesicht hat, kann man sich gar nicht deprimiert fühlen. In null Komma nichts ist man am Lachen und denkt: »Na ja, das ist ja alles gar nicht so schlimm, wie ich dachte. Ich atme immer noch, und es gibt auch heute wieder ein paar Sachen, an denen ich mich freuen kann.«*

Vor nicht allzu langer Zeit habe ich in einer persönlichen Angelegenheit innere Stärke beweisen müssen. Ich war gerade wieder von einem viertägigen Kurs im »Reiten aus der Körpermitte« bei Mary Fenton in Watsonville in Kalifornien zurück, da wartete eine Nachricht von meiner Schwester Rachel auf mich. Die ohnehin schlechte Gesundheit unserer Mutter hatte sich plötzlich kritisch verschlechtert. Ich buchte sofort den ersten Morgenflug nach Boston. Nachts um Viertel nach eins rief Rachel mich an, um mir mitzuteilen, dass unsere Mutter im Schlaf gestorben war.

Bei den Vorbereitungen für das Begräbnis fragte Rachel mich, ob ich jemanden wüsste, der eine Rede halten wollte. Ich sagte ihr, dass ich das gerne machen möchte. Insgeheim fragte ich mich allerdings, ob ich es wirklich schaffen würde, ohne dabei die Haltung zu verlieren.

Ich schrieb mir meine Gedanken auf und sprach das Ganze ein paar Mal vor mich hin. Bis auf das Gedicht, das ich für meine Mutter geschrieben hatte, konnte ich alles sagen. Bei dem Gedicht bin ich aber jedes Mal weinend zusammengebrochen. Letztlich entschied ich mich dann aber doch dafür, meine Ansprache am offenen Grab zu halten.

Der Tag des Begräbnisses war ein schöner Frühlingstag und mehr als hundert Trauergäste waren gekommen, um unserer Mutter die letzte Ehre zu erweisen. Als ich an die Reihe kam und vor der Menge sprechen sollte, hatten mich die herzlichen Worte meines Onkels bereits zu Tränen gerührt und ich kämpfte damit, Haltung zu bewahren.

Als ich mich zum Podium begab, dachte ich an die Techniken aus »dem Reiten aus der Körpermitte« an denen Mary Fenton und ich gearbeitet hatten. Im Geiste sagte ich mir vor: »Entspannen ..., atmen ..., zentrieren ..., und wachsen.« Ich stand auf dem Podium, vertiefte meine Atmung, zentrierte mich und sprach meine Worte und das Gedicht bewusst, ruhig und sicher.

Das ist nur ein Beispiel für das, was ich seit meiner kurzen Zeit in der reiterlichen Szene als so wertvoll empfinde – ich lerne Dinge für das *Reiten* und merke, dass ich sie für mein *Leben* gelernt habe. Ich habe Sally Swift und Mary Fenton dafür zu danken, dass sie mir das beigebracht haben.

Sicherheit

Um gut mit Pferden umgehen zu können, muss man Sicherheit ausstrahlen, keine Aggressivität. Diese Eigenschaft zu entwickeln, hat Auswirkungen auf viele Lebensbereiche und stärkt den Charakter. Helen Crabtree hat eine Menge gesellschaftlicher Regeln gebrochen, um in den dreißiger Jahren die erste hauptberufliche Ausbilderin für American Saddlebreds zu werden. Helen ist eine echte Lady, aber ihre unorthodoxe Karriere erforderte eine Charakterstärke, für die sie heute bekannt ist: *Durch meine Reiterei bin ich eine sehr starke Frau geworden. Wirklich. Diese Kraft stammt daher, dass ich mich ständig damit befasst habe, wie man eine Situation unter Kontrolle behält. Wie man sich selbst kontrolliert, wie man herausfindet, was wichtig und was unwichtig ist und welchen Einfluss ich auf Tiere und andere Menschen habe. Diese Dinge gehören zum Reiten wie zum Leben.*

Unabhängigkeit

Mit Pferden kann man ganz besondere Erfahrungen machen. *Ich habe einmal einen Anruf von einer Dame aus Oregon erhalten, die in den Cascades (eine Hügelkette) eine Ranch unterhält und therapeutisches Reiten anbietet,* erzählt Dr. Robert Miller. *Sie sagte, sie wäre sehr an der Imprint-Methode interessiert und wollte sich darüber informieren. Also haben wir einen Termin vereinbart. Sie sagte: »Ich werde mit meiner Mutter und meiner Schwester kommen. Ich kann nicht selber fahren, da ich eine seltene Form von Multipler Sklerose habe. Ich habe das schon als Kind gehabt, und es ist immer schlechter geworden.« Diese Frau war um die Zwanzig. Ihr Kopf war normal groß, aber ihr Körper war unterentwickelt und hatte die Größe einer Puppe. Ihre Mutter oder ihre Schwester trugen sie in den Armen wie ein kleines Kind. Sie konnte an einem Arm nur ihre Finger benutzen. Sie war nicht in der Lage, den Kopf gerade zu halten, also musste man ihn ständig stützen. Sie hatten sie zu mir auf das Wohnzimmersofa gesetzt und dort redeten wir dann. Diese Frau war ungeheuer intelligent und hielt öffentliche Vorträge – eine wirklich bewundernswerte Person. »Ich habe einen extra für mich konstruierten Sattel und ein braves, gut ausgebildetes Pferd, das ich mit der einen Hand, die ich gebrauchen kann, lenke «,* erklärte sie mir. *»Und was machen Sie mit Ihrem Pferd?«*fragte ich. *»Ich reite über die Bergpfade in den Cascades« erwiderte sie. »Alleine?« »Ja, ich reite ganz alleine quer durch die Wildnis.« »Warum machen Sie das? Das ist doch ziemlich riskant. Es kann leicht etwas passieren – ein Bär ... das Pferd könnte auf dem Pfad stürzen ... und sie sind auf das Pferd gebunden!«*Da sagte sie: *»Das ist das Risiko wert. Ich bin schon mein ganzes Leben völlig von anderen Menschen abhängig. Ich kann mich nicht alleine anziehen, ich kann nicht einmal selbständig essen. Wie soll ich Ihnen das erklären, was es für mich bedeutet, dass ich in der Lage bin, alleine durch die Natur zu reiten. Dass ich hinter einer Kurve einen Wasserfall donnern höre, dort hinreiten und ihn mir ansehen kann, ohne dass jemand mir helfen muss? Ohne mein Pferd könnte ich diese Erfahrung nicht machen. Das ist das Risiko allemal wert.«*

Ich gab mich damit nicht ganz zufrieden und antwortete:»Lassen Sie sich doch von jemandem begleiten.« Darauf meinte sie: »Dann bin ich ja wieder abhängig ...« Diese Frau vergesse ich nie. Sie ist ein extremes Beispiel dafür, wie viel Pferde für Menschen mit Behinderungen tun können.

Diejenigen unter uns, die einfach ihr Bein über den Pferderücken schwingen und losreiten können, finden das alles sicher ungeheuer riskant. Für die Unabhängigkeit, die diese Frau durch Pferde erreicht, nimmt sie alle Risiken, die damit verbunden sind, in Kauf. Ihr Mut, ihre Entschlossenheit und natürlich das Pferd sind für sie die einzigen Mittel, einen gewissen Grad an Freiheit und einen Zustand, in dem sie sich *nicht behindert* fühlt, zu erreichen.

Selbstwertgefühl und das Verlassen auf sich selbst

Weil sie mit Multipler Sklerose geboren wurde, hat diese junge Frau jeden Tag ihres Lebens mit persönlichen Einschränkungen und Abhängigkeiten von anderen umgehen müssen. Bei James Brady war das anders. Seine körperlichen Probleme sind die Folge einer verirrten Kugel, aus der Pistole von John Hinckley. Jim hat damals sein ganzes Leben umorganisieren müssen. Er fiel von den Höhen eines verantwortungsvollen Lebens, in dem er als Ronald Reagans Pressesekretär viel für andere da sein musste, in die Tiefen der Abhängigkeit von anderen, denn er war nach dem Unfall komplett auf Familie, Freunde, Therapeuten und Pfleger angewiesen. Was das alles für ihn bedeutet hat, kann man sich nur schwer vorstellen. Jim hat sich durch seinen Mut, seinen Humor, viel Liebe und die Hilfe der Hippotherapie (Reittherapie) an dieses Leben gewöhnt. *Wenn ich mir während der Reittherapie buchstäblich in die Hosen gemacht habe, hat Bob Douglas immer zu mir gesagt: »Du denkst, du fühlst dich jetzt gerade ungemütlich? Dir werd' ich helfen, gleich wird dir ungemütlich ...«*, erinnert sich Jim. *Und dann hat er gesagt: »Tee-rrab!« Na ja, das war auch so ein Wort, das mein Pferd Bernie im Vokabular hatte, also wurde ich plötzlich auf diesem winzigen englischen Sattel rauf und runter geschleudert. Da kann man ja wirklich Angst kriegen. Dann ging es immer im Kreis und Bob hat vor sich hingesungen »Trab, Trab, Trab, Trab, Trab, Trab, ...« bis ich schließlich gesagt habe: »Bob, halt den Mund! Das reicht jetzt mit dem Trab!«*

Bei diesen Übungen habe ich gelernt, wieder ins Gleichgewicht zu kommen, und das ist einer der größten Erfolge der Hippotherapie. Aber neben dem Gleichgewichtsgefühl wird auch das Selbstbewusstsein gestärkt. Das hat mir sehr dabei geholfen, wieder auf die Beine zu kommen. Jeder sollte sich mal auf ein Pferd setzen. Das kann wirklich Wunder bewirken – ich habe mich danach viel besser gefühlt.

Bob Douglas, der Direktor des amerikanischen Zentrums für therapeutisches Reiten, kann aus eigener Erfahrung verstehen, wie Jim sich gefühlt haben muss. Bob leidet an Multipler Sklerose und nimmt in dem von ihm gegründeten Zentrum in Washington, täglich selbst an der Therapie teil. Die Therapie ist für ihn äußerst schmerzhaft, aber er lässt keinen Tag aus, weil er weiß, dass der Erfolg den Schmerz wert ist: *Was ich vom Reiten zurückbekomme, sind zwei wichtige Dinge – Selbstwertgefühl und Selbstsicherheit,* sagt Bob. *Ich muss mir selber jeden Tag wieder klarmachen, dass ich hier, im Zentrum, sein will. Es wäre für mich viel leichter, wenn ich morgens im Bett bleiben könnte und nicht zur Arbeit gehen müsste. Es wäre vor allem weniger schmerzhaft. Aber wenn ich das tun würde, wäre ich unglücklich. Ich muss zufrieden mit dem sein, was ich mache. Nur zu Hause zu sitzen – selbst wenn ich dann weniger Schmerzen hätte – würde mich nicht befriedigen.* Im Leben geht es nicht darum, den leichtesten Weg einzuschlagen. Es geht um Lernen und Tun und Kämpfen und Verbessern. Die Tatsache, dass Bob und Jim kämpfen und trotz ihrer Schmerzen beim Reiten täglich wiederkommen, ist ein beeindruckender Beweis für die körperlichen, emotionalen und spirituellen Glücksmomente, die das Reiten ihnen gibt.

Selbstbild

Immer wieder hört man, das Pferde uns etwas geben, das unserer Seele gut tut. Es ist sicher das Gefühl von Stolz und Kraft, das Pferde auf den Menschen übertragen können. Manche Menschen fühlen sich überlegen und privilegiert, sobald sie auf einem Pferd sitzen: *Berittene Völker sind dafür bekannt, dass sie aggressiver, wilder und herrischer waren, weil das Pferd ihnen die Macht dazu verliehen hat,* berichtet Dr. Elizabeth Lawrence. *Mit jedem Sieg über Völker, die vom Boden aus kämpften, wurden die berittenen Krieger kühner, wagemutiger und herausfordernder.*

Nachdem die Prärieindianer das Pferd »gezähmt« hatten, wurden sie als die »Herren der Prärie« bekannt, während sie vorher als unterlegen betrachtet worden waren.

Überall in der Geschichte war das Pferd ein Symbol für Sieg und Überlegenheit. Der Mensch scheint mehr wert zu sein, wenn er auf einem Pferd sitzt – er genießt einen höheren Status. Das trifft sowohl auf den einzelnen Menschen als auch auf ganze Kulturen zu. Sicher kommt auch der Ausspruch »auf dem hohen Ross sitzen«, den man benutzt, wenn man das Verhalten von einer Person als zu stolz empfindet, davon ... Pferde verschaffen dem Menschen ein vornehmeres Selbstbild.

Auf dem Pferd fühlt sich Tracy Cole anderen Menschen gleichwertig. Durch eine Gehirnlähmung hat sie extreme Gehprobleme, die beim Reiten aber nicht auffallen: *Beim Reiten fühle ich mich, als wäre ich wie alle anderen,* sagt Tracy. *Wenn ich auf dem Pferd sitze und jemand kommt zu mir, der mich nie gehen gesehen hat, dann kommt er gar nicht darauf, dass ich da ein Problem haben könnte. Ich sitze vielleicht nicht ganz gerade, aber die meisten anderen Reiter sitzen ja auch nicht ganz perfekt.*

Eine meiner Freundinnen bei der Arbeit hat mich gefragt, warum ich es nicht mag, dass mir Leute hoch helfen, wenn ich falle. Da habe ich ihr geantwortet: »Wenn Leute – vor allem Männer – mir helfen, dann heben die mich hoch und stellen mich von oben wieder auf die Füße. Dann lassen sie los und ich falle meist wieder, weil ich keine Zeit habe, wieder ins Gleichgewicht zu kommen. Wenn ich dagegen selbständig aufstehe, kann ich mir Zeit lassen.« Seit meine Freundin das verstanden hat, versucht sie, mir zu helfen, indem sie mir nicht hilft. Einmal bin ich auf der Arbeit gestolpert, als ich in den Fahrstuhl steigen wollte. Ich bin einem Mann genau vor die Füße gefallen. Meine Freundin ist schreiend zu uns rüber gerannt: »Helfen Sie ihr nicht hoch! Nicht hoch helfen!« Sie hätten mal den Gesichtausdruck dieses Mannes sehen sollen.

Ich habe es ihm dann, während wir im Fahrstuhl nach oben gefahren sind, erklärt. Es ist sogar so, je öfter ich aufstehen muss, desto leichter fällt es mir. Manchmal stehe ich jetzt so schnell wieder auf, dass keiner bemerkt, dass ich gefallen bin. Das Gefühl, wie alle anderen zu sein, das Tracy auf dem Pferd empfindet, hilft ihr, eine gewisse Unabhängigkeit und ein besseres Selbstwertgefühl zu entwickeln.

Lt. Carl Clipper hat, als er von der Motorradeinheit der Polizei zur berittenen Polizei kam, erfahren, dass Pferde mehr aus einem Menschen machen können: *Man fällt zwischen den anderen Polizisten auf, weil man ein bisschen was Besonderes ist. Das ist eine Mischung aus Stolz auf das Pferd, Stolz auf die Tatsache, dass man zu Pferde arbeitet, und Stolz auf die Aufgaben, die man erfüllt.*

Ich bin neunzehn Jahre lang auf Harley-Davidson-Maschinen Streife gefahren – da liegen Welten dazwischen. Wenn man auf diesem Motorrad sitzt, muss man überall eingreifen, wo es kracht, und hat wenig angenehme Sachen zu tun. Bei der berittenen Einheit geht es völlig anders zu. Alle freuen sich, wenn sie einen sehen. Jeder will das Pferd streicheln und mit einem reden. Wenn du auf dem Motorrad sitzt, versuchen die Leute sich von dir fern zu halten, wenn sie nicht gerade wirklich Hilfe brauchen. Wenn man aber auf dem Pferd ankommt, lassen sie alles stehen und liegen, nur um mit einem zu reden. Die berittene Einheit ist eine viel freundlichere und humanere »Truppe«. Bei der berittenen Polizei sammeln sich Polizisten, die gerne mit Menschen arbeiten und sich gut verkaufen können. Die Hartgesottenen, die jede Minute des Tages draußen für Recht und Ordnung sorgen wollen, die bleiben lieber auf den Motorrädern oder arbeiten bei der Kripo.

Ich denke, es ist gut fürs Ego, wenn man bei der berittenen Polizei ist. Wenn eine kleine Person in ein Handgemenge einschreiten muss, in dem die Leute alle viel größer sind, kann sie sich leicht eingeschüchtert fühlen. Wenn man so jemanden auf ein Pferd setzt, dann verliert er diese Unsicherheit und wird von den Leuten eher respektiert. Nun darf man darüber die Kontrolle nicht verlieren – das eigene Ego darf nicht zu stark werden. Alles muss im Gleichgewicht beiben. Bei der Polizeiarbeit ist das »Gleichgewicht« das A und O.

Während meines Interviews mit Lt. Clipper fiel mir auf, dass er unterschiedliche Ausdrücke benutzte, als er beschrieb, wie er vom Motorrad zum Pferd gekommen war. Er sagte, er wäre früher ein Motorrad-**Cop** gewesen – Cop ist ein eher verächtlicher amerikanischer Ausdruck für Polizist. Und dann wurde er **Polizist** bei der berittenen Polizei. Jetzt ist er Polizist und kein Cop mehr. Er scheint eine größere Achtung vor seinem Beruf zu haben. Das spiegelt auch den gewissen Respekt wieder, den die Menschen Reitern gegenüber empfinden.

Fast jeder, der sich auf den Rücken eines willigen Pferdes setzt, fühlt sich ganz besonders gut. Dieses Gefühl kann zum Katalysator für ein ganz neues Selbstwertgefühl werden: *Da war eine junge Frau, die in unser Programm gekommen ist, als sie ungefähr zwölf war und gerade ihren Vater verloren hatte,* erzählt Octavia Brown. *Sie hatte eine leichte Gehirnlähmung und eine Lernbehinderung. Sie war scheu, eine ziemliche Einzelgängerin, nicht sehr beliebt und in der Schule nicht gerade fleißig.*

Ihre Mutter hat uns berichtet, dass sie durch das Reiten sofort das Gefühl bekommen hat, sie wäre etwas Besonderes. In der Schule oder unter Gleichaltrigen hätte sie dieses Gefühl ganz sicher nicht bekommen. Ihre Mutter sah, wie das Reiten sie beflügelte und erkannte, dass ihre Tochter plötzlich etwas erreichte, das sie vorher nicht einmal versucht hätte. Auf dem Pferd war es leicht, sie zu etwas zu bringen. Durch das Reiten hat sie sich nicht behindert und als etwas Besonderes gefühlt. Nun wollte sie lernen, sie wollte teilhaben, und sie wollte ihre Angst überwinden. Sie benutzte sogar das Reiten, um in der Schule besser zu werden, indem sie zusätzliche benotete Projekte über Pferde belegte. Ihre Lehrer waren höchst beeindruckt. Pferde halfen ihr, eine Menge Dinge zu lernen, die sie in anderen gesellschaftlichen Situationen nie gelernt hätte. Weil sie sich durch das Reiten als etwas Besonderes fühlte, hat dieses junge Mädchen ein neues Selbstwertgefühl entwickelt. Das wiederum hat sie dazu inspiriert, an neuen Aktivitäten teilzunehmen und ihre Fähigkeiten zu erweitern.

Die Menschen neigen dazu, das zu tun, was man von ihnen erwartet. Wenn die Erwartungen durch eine Behinderung eingeschränkt werden, passt man sich eben entsprechend an. Aber auch ein Mensch mit Einschränkungen kann mit der richtigen Einstellung viel weiter kommen, als man denkt: *Vor zwei Jahren war ich in Dänemark und habe dort Lis Hartel getroffen, eine dänische Reiterin, die als kleines Kind an Kinderlähmung erkrankt war,* erzählt Bob Douglas. *Lis ist nicht völlig gelähmt und kann an zwei Stöcken gehen. Trotz ihrer Behinderung hat sie 1952 und 1956 die olympische Silbermedaille im Dressurreiten gewonnen. Ich habe mit ihr darüber gesprochen, wie das ist, wenn man behindert ist, und sie hat entrüstet gesagt: »Ich bin nicht behindert!«. Wenn ich auf dem Pferd sitze, denke ich, dass ich nicht behindert bin. Es ist ein gutes Gefühl, so weit zu kommen, aber viele Menschen schaffen das nicht. Ich bin überzeugt, dass es sehr wichtig ist, wie man zu sich selber steht, ganz egal, wo man im Leben gerade steht.* Obwohl Lis von den Knien abwärts gelähmt ist und man ihr auf das Pferd und wieder herunterhelfen muss, betrachtet sie sich nicht als behindert und lieferte den Beweis dafür, dass sie zu Außerordentlichem in der Lage ist, indem sie zweimal hintereinander bei Olympia erfolgreich war (Events & Athletes 120).

Stolz und Zufriedenheit

Es gibt eine ganze Anzahl von menschlichen Charakterzügen, die man leicht verwechseln kann: Stolz mit Eitelkeit, Selbstbewusstsein mit Einbildung, Ego mit Arroganz. Zur Verwechslung kommt es, weil es bei der Unterscheidung dieser Charakterzüge sehr auf die Ausprägung und subjektive Beurteilung ankommt: Stolz lässt sich leicht als Einbildung auslegen, zu großes Selbstbewusstsein kann als Eitelkeit gesehen werden, zu ausgeprägtes Ego wird zur Arroganz.

Ein weiterer Faktor, in dem diese Charakterzüge sich unterscheiden, ist die Aufrichtigkeit des jeweiligen Menschen sich selbst gegenüber. Berechtigter Stolz ist keine Einbildung; gesundes Selbstbewusstsein ist keine Eitelkeit, und das Gefühl für das eigene Ego ist keine Arroganz. Die Eigenschaften Stolz und Selbstbewusstsein sind positiv zu werten, wenn es sich um die ausgeglichenen, echten Ausstrahlungen eines Einzelnen handelt. Wenn man diesen positiven Eigenschaften allerdings erlaubt, aus dem Gleichgewicht zu geraten und ins Übertriebene abzurutschen, dann können sie sich zu negativen Zügen wandeln.

Wie schon vorher erwähnt, können Pferde wunderbare Spiegel für menschliche Stimmungen abgeben, weil sie leicht und ehrlich im Menschen lesen können. So kann dann auch der Umgang mit Pferden den Menschen dabei helfen, wie man im Gleichgewicht bleibt, weil emotionale Ausbrüche nicht förderlich sind: *Im Umgang mit Pferden kann man sich kein total ausgeprägtes Ego erlauben,* äußert sich Holly Peterson Mondavi. *Man braucht eine deutliche Vorstellung davon, was man erreichen will, aber mit blindem Ego kommt man nirgendwo hin. Ego ist nicht immer negativ; Ego ist wichtig. Eine Facette von Ego ist Stolz, und ich sehe Pferde als extrem stolze Wesen – eine wunderbare Sache. Es ist sehr wichtig, auf sich selbst oder auf jemanden, mit dem man zusammen ist, stolz sein zu können. Und dass man stolz sein kann auf das, was man kann.*

Ein gesundes Selbstbewusstsein ist ein wichtiger Grundstein für ein aktives, erfülltes Leben, aus dem ganz natürlich auch persönlicher Stolz erwächst: *Ich glaube, dass man seine Seele nährt, wenn man Dinge erreicht,* sagt Helen Crabtree. *Man empfindet Befriedigung, wenn man sein Bestes gegeben hat und dabei Erfolg hat.*

Wenn die Dinge, die man im Leben erreicht, zu erfreulichen Ergebnissen führen, spürt man Zufriedenheit in sich: *Ich habe jetzt eine Beziehung zu einem netten Mann, und als wir uns neulich unterhalten haben, habe ich ihm erzählt, dass ich mich als Frau niemals so gefühlt habe, als könnte ich nicht das selbe erreichen wie ein Mann,* sagt Mary Deringer Phelps. *Ich habe immer das Gefühl gehabt, dass ich ich bin. Und damit bin ich total zufrieden. Ich hatte meine Kinder, ich hatte meine Pferde, ich hatte meine Karriere. Ich habe eigentlich darauf gewartet, dass er sagt: »Oha, du hast dein Leben ja wirklich gut im Griff ...« Und wissen Sie, was er wirklich gesagt hat? »Du hast zu viel Pferdemist gerochen!« Er hat die innere Stärke und die Selbstsicherheit, die ich mir durch meinen Umgang mit Pferden und meiner Familie erworben habe, nicht so richtig verstehen können. Er fand mich ziemlich arrogant. Ich finde mich keineswegs arrogant oder eingebildet, ich bin nur wirklich und völlig mit mir selbst zufrieden.*

Viele hoch begabte Menschen erkennen ihre Talente nie oder werden von anderen Dingen so abgelenkt, dass sie ihre Leidenschaft niemals richtig ausleben können. Ein großer Teil von Marys persönlicher Zufriedenheit und inneren Kraft ergibt sich aus der Tatsache, dass sie ihre Begabung im Umgang mit Pferden schon früh erkannt und sich mit ihrem Leben und ihrem Lebensstil den Pferden verschrieben hat. Das hat mit Einbildung nichts zu tun, sondern das ist Zufriedenheit.

Prüfungen

Wir werden im Leben ständig geprüft. Manche werden uns einfach in den Weg geworfen. Manchmal ist man selbst darüber überrascht, wenn man eine Prüfung besteht, von der man dachte, man würde sie nie schaffen: *Pferde erzeugen in mir eine unheimliche Kraft,* sagt Becky Hart. *Wenn ich denke, dass ich nicht mehr weiter kann, den Ritt lieber abbrechen würde, weil ich so müde und kaputt bin, muss ich weitermachen, und irgendwie finde ich in mir immer noch ein bisschen mehr Kraft. Wenn man sich so richtig fertig fühlt, dann macht das zu dem Zeitpunkt keinen Spaß, aber hinterher fühlt man sich total gut. Da werden ganz sicher die körperlichen Grenzen in vielerlei Hinsicht ausgelotet.* Auch die charakterlichen Grenzen werden da ausgelotet. Wenn man es dann geschafft hat, fühlt sich das nicht nur gut an, sondern es stärkt auch den Charakter.

Gelegentlich wird man vor eine Prüfung etwas Unterstützung brauchen: *Ich bin sehr scheu und ich glaube nicht, dass ich mich jemals den Blicken eines Publikums ausgesetzt hätte, wenn ich nicht turniermäßig Springreiten würde,* meint Vicky Hearne. *Ich habe es geschafft, den Springplatz zu betreten, indem ich mir gesagt habe: »Das Springen muss ja nicht ich machen, das macht ja das Pferd.« Dann ist es mir wieder gut gegangen ...*

Ich hatte das Glück, dass ich Peppie [Peppermint Twist] hatte. Das war ein harter Brocken. Der war im ganzen Umland als »Verbrecher« verschrien; die Leute hatten Angst, ihn zu reiten. Als ich ihn entdeckt hatte, war er für 20 Mark im Monat in einem Paddock unten an der Müllkippe eingestellt. Zuerst war es keine sehr sichere Sache mit ihm. Er ist viel mehr auf seinen Hinterbeinen herumgelaufen als alles andere. Gelenkig war der wie eine Schlange – man konnte ihn nicht in einer Box mit einer geteilten Türe lassen, weil er immer rausgekommen ist, wenn die obere oder die untere Hälfte offen war. Es hat nichts gegeben, was Peppie aufhalten konnte, wenn er vor sich ein Hindernis gesehen hat. Ich habe viel von diesem sehr mutigen und schlauen Springpferd gelernt. Ich habe gelernt Risiken einzugehen, Sprünge zu machen ... Wenn ich jetzt vor Publikum reden muss, stelle ich mir dabei ein Pferd vor, das mich über die Hindernisse trägt.

Manchmal gilt es aber auch im Zusammensein mit Pferden peinliche Zwischenfälle auszuhalten: *Big John und ich standen an einer viel befahrenen Kreuzung und warteten darauf, rüber zu können,* erinnert sich Lt. Carl Clipper. *Big John war an diesem Tag aus irgend welchen Gründen ein bisschen heiß. Ich habe keine Ahnung, warum er so aufgedreht war. Na ja, ich habe mich also nach rechts gelehnt, um den Knopf an der Ampel zu drücken, und in dem Moment ist Big John vor irgend was erschrocken und hat einen Satz nach links gemacht. Ich habe dadurch einen Salto aus dem Sattel geschlagen und stand dann da wie eine eins – die eine Hand immer noch auf dem Knopf und die Zügel in der anderen Hand! Als wenn wir es geübt hätten. Für einen Moment kam der ganze Verkehr zum Erliegen – ich hätte mich wirklich verbeugen sollen.*

Einmal war ich mit einer Ausbildungsgruppe draußen auf der Springstrecke. Ich hatte gerade einen neuen Sattel und neue Steigbügelriemen bekommen, erzählt Lt. Clipper weiter. *Wir waren vielleicht einen dreiviertel Kilometer geritten und machten unsere ersten Sprünge über die Baumstämme. Ich ritt hinten. Als ich über einen die-*

ser Sprüngen rüber war, riss plötzlich einer meiner neuen Steigbügelriemen, als hätte jemand ein Messer drangehalten. Ich bin schnurstracks zur der Seite wo der Bügel fehlte abgetaucht. Alle Auszubildenden schafften den Sprung, bloß der Ausbilder saß im Dreck. So was nehmen wir Reiter, wie's kommt ... es war eine gute Lehre, nicht nur für mich, sondern auch für die anderen – es kann einfach jedem passieren.

Es gibt dann noch diese ganz besonderen Zeiten, in denen man alle Erwartungen übertrifft: *Auf einem Turnier habe ich einmal eine ältere Dame aus Maine kennen gelernt. Ihre eine Hüfte konnte sie fast nicht bewegen, weil sie vor Jahren einen Unfall mit einem Pferd gehabt hatte,* erzählt Helen Crabtree. *Sie hatte eine recht kleine Stute, Stonecrest, die zudem ziemlich ... na ja ... also, sie hätte besser sein können. Elona sagte, sie würde gerne zu uns nach Kentucky zum Training kommen, also habe ich sie mitgenommen. Als ich mit dieser untergewichtigen, ziemlich unspektakulären kleinen Fuchsstute auf den Hof gefahren bin, sind Redd und Charlie fast tot umgefallen. Aber ich habe gesagt: »Ich möchte euch die Dame vorstellen, der diese Stute gehört.«*

Die Stute hat sich mit viel Pflege, spezieller Fütterung und dem richtigen Training sehr gut gemacht. Wir haben dann Elona und ihre Stute sogar mit auf die Weltmeisterschaften in Louisville genommen. Sie ist in der Damen-Amateurklasse für Dreigänger mitgeritten und hat den sechsten oder siebten Platz gemacht. Elona hat sich vor Freude die Augen aus dem Kopf geweint. Sie hatte eine Schleife gewonnen – in Louisville. Dabei hatte sie niemals auch nur zu träumen gewagt, jemals auf diesem Niveau zu reiten. Sie war so aufgeregt! Da ist also eine Frau aus Auburn in Maine, die nie von sich gedacht hat, dass sie auch nur halbwegs gut reiten kann. Gewinnen ist nicht alles, aber es ist natürlich toll. Aber bei ihr war es zusätzlich auch noch ein persönlicher Triumph – überhaupt das Privileg zu haben, bei der Weltmeisterschaft starten zu können, und dann auch noch eine Schleife zu gewinnen. Damit hat sie etwas ungeheuer Aufregendes geschafft. Diese Frau vergesse ich nie; ich könnte heute noch ein Bild von ihr zeichnen.

An diesen Prüfungen des Lebens, den peinlichen bis hin zu lebensbedrohlichen Situationen, in denen man sich bewähren muss, kommt man auch im Zusammensein mit Pferden nicht vorbei. Aber auch an diesen Prüfungen wächst man.

Der Drang danach sich mit anderen zu messen

Das Bedürfnis, das manche Menschen in sich spüren, an ihre eigenen Grenzen zu kommen – zu sehen, wie weit sie in einem bestimmten Sport oder bei einer Tätigkeit kommen können – das ist Ehrgeiz. Weil dieser besondere Ehrgeiz sie von anderen unterscheidet, kann man ihn auch als Ego-Faktor sehen: *Jeder wird von seinem Ego getrieben,* äußert Bob Henry. *Ich glaube nicht, dass viel los wäre, wenn es kein Ego gäbe. Aber wenn man als Reiter ernsthaft an irgendwelchen Wettbewerben teilnehmen will, dann sollte man sein Ego gut im Griff haben, weil ein Pferd einen in null Komma nichts sehr bescheiden machen kann. Das Pferd geht schön, ich spüre den Adrenalinstoß, alles läuft super – plötzlich schiebt das Pferd die Bremse rein, ich neh-*

me den Sprung ohne das Pferd und lande auf einem nicht so hübschen Teil meines Ego ... so eine Erfahrung lässt einen wieder bescheidener werden. Aber ich liebe die Reiterei einfach. Man muss in der Lage sein, das Auf und Ab zu nehmen, wie es kommt. Darin liegt ja auch die Freude daran. Ohne das Ab, wie könnte man das Auf schätzen?

Im Turniersport sind Ehrgeiz und Ego wichtige Bestandteile: *Ego ist da sehr wichtig,* sagt Jimmy Fairclough. *Jemand, der auf Turniere gehen will, braucht Ego. So jemand muss vorwärts wollen und Mut haben und ein bisschen unverfroren sein. Man geht ja schließlich da raus, weil man alle anderen schlagen will. Und der Grund, warum man alle anderen schlagen will, ist das Ego – ob man das nun selber so sieht oder nicht.*

Selbst bei einer Mannschafts-Sportart sehen die einzelnen Teilnehmer ihre Herausforderung im persönlichen Ehrgeiz: *Polo ist ein gefährlicher und aufregender Sport. Es ist ein Sport, der etwas verlangt.* So sagt es Rege Ludwig. *Polo ist ein Sport, bei dem Menschen und Menschen und Menschen und Pferde in Wechselbeziehungen treten. Deswegen ist das ein Spiel mit vielen Gesichtern. Wenn man in der Lage ist, diese ganzen komplexen Elemente im Griff zu behalten, dann finden es manche Spieler durchaus gerechtfertigt, ein Ego zu entwickeln. Man muss eigentlich fast schon ein Ego haben, um Polo spielen zu können. Sonst hat man weder das innere Feuer noch den inneren Antrieb, um beim Polo wirklich ganz oben mitzumischen.*

Wenn Ego und Ehrgeiz an Arroganz grenzen, kann es passieren, dass das einem für das Turnier keinen Vorteil mehr verschafft, sondern einen Nachteil: *Ich bemerke immer mehr, dass in unserem Sport kein Platz für falsches Ego ist,* sagt Michael Plumb. *Gerade dieses Wochenende habe ich an einem Turnier teilgenommen, auf dem ich selbst vier Pferde geritten und dann noch einen Haufen Reitschüler zu betreuen hatte. Es gab drei Abteilungen, und in jeder Abteilung hatte ich ein Pferd gemeldet. Die drei verschiedenen Springparcours waren alle auf dem selben Platz aufgebaut, und ich bin da auf meinem M-Pferd reingegangen und versehentlich den A-Parcours gesprungen und natürlich disqualifiziert worden. Das war mal wieder eine Erinnerung daran, dass man den Parcours abgehen muss, wenn man auf ein Turnier geht. Man muss sich mit dem befassen, was man macht, und klare Prioritäten setzen.* Wieder mal ein Punkt, an dem man Dinge ins Gleichgewicht bringen muss – man braucht Ego, Ehrgeiz und Selbstvertrauen, wenn man auf Wettbewerben erfolgreich sein will, und genau so muss man in der Lage sein, sich selbst und die misslichen Situationen des Lebens zu akzeptieren.

Bescheidenheit und Pferdegelächter

Es gibt da einen schönen Spruch, den habe ich in einem Buch gelesen. »Der Reiter wirft sein Herz über das Hindernis, und das Pferd springt ihm nach.« erinnert sich Mary Deringer Phelps. *So bin ich auch immer geritten. Ich hatte ein wunderbares Springpferd, es hieß Blood, Sweat and Tears, wir haben ihn immer Tom genannt. Der hat einen in einer Sekunde wieder bescheiden gemacht, weil er es überhaupt nicht leiden konnte, wenn man sich als Reiter in Szene setzen wollte. Für den ist es um's Geschäft gegangen. Nur um's Geschäft. Bei Tom ist das immer so gegangen: »Du willst diese Prüfung gewinnen? Also los, gehen wir. Du willst den anderen zeigen, was du für ein toller Hecht bist? Dann geh da rüber und such dir ein anderes Pferd, dafür habe ich keine Zeit.« Und dann hat er mich einfach runtergeschmissen! Eines Tages hat er mich abgeworfen, weil ich angegeben habe, und da hat ein Freund zu mir gesagt: »Na ja, Mary hat ihr Herz über das Hindernis geworfen, und Tom ist hingaloppiert und hat Pfffffttttt gemacht.«*

Ich habe von Tom gelernt, dass man sich nicht in Szene zu setzen braucht. Wenn man begabt ist, dann braucht man nicht zu sagen: »He, schaut mich an, bin ich nicht toll!« Die Leute schauen ohnehin zu einem hin und respektieren einen viel mehr, wenn man nicht ständig angibt. Das hat Tom mir gründlich beigebracht, aber ich habe lange gebraucht, um es zu lernen. Tom hat Mary beigebracht, sich auf das zu konzentrieren, was wichtig ist – die Aufgabe, die gerade getan werden muss. Wenn man das macht und es gut macht, merken die anderen das.

Eine der schwersten, aber auch der wichtigsten Lektionen, die Menschen von Pferden lernen können, ist Bescheidenheit. Bescheidenheit trägt dazu bei, das Ego auf dem Teppich zu halten. Falscher Stolz, Peinlichkeiten, Fehler, sich zum Narren machen – all das gehört zur menschlichen Natur dazu. Die Lektionen in »Bescheidenheit«, mit denen man es als Ergebnis dieser nur allzu menschlichen Dummheiten und Ängste täglich zu tun bekommt, sind leichter zu ertragen, wenn sie mit Humor gewürzt werden. Pferde bieten dem Menschen ständig Lektionen in Bescheidenheit. Sie können recht krass ausfallen und klarstellen, dass Menschen in der Pferdewelt ebenso wie im normalen Leben nicht unbedingt das Ruder in der Hand haben.

Vor nicht allzu langer Zeit war ich mit einer Gruppe meiner Reiter im Gelände unterwegs, erinnert sich Octavia Brown. *Ich bin auf meiner unberechenbaren Stute, Fire and Smoke, geritten. Wir sind einen Hügel hinaufgetrabt, und als ich beim Leichttraben gerade im Sattel aufgestanden bin, hat Smoke etwas gesehen und ist unter mir weggesprungen. Ich hatte gerade noch Zeit zu denken »Entweder falle ich jetzt auf den Hintern, oder ich tue irgend was«, also habe ich ihr die Arme um den Hals geworfen, bin runtergedreht worden, stand schließlich auf dem Boden und schaute ihr direkt ins Gesicht. Sie war so erstaunt, dass sie stocksteif da stand. Alle meine Reiter haben ziemlich über diese Einlage gelacht. Sie sagten »Haha, du bist runtergefallen!« und ich erwiderte »Nein, nein, ich bin abgesprungen! Ich habe einen »fliegenden Abgang« gemacht ... Ja, genau! Das ist die Geschichte, die ich erzählen werde, und bei der bleibe ich!« Gerade wenn man denkt, man hätte alles unter Kontrolle, können Pferde einem in null Komma nichts den Wind aus den Segeln nehmen.*

Es ist so ungeheuer wichtig, dass man Sinn für Humor hat, erklärt Helen Crabtree. *Wenn man bei den eigenen Fehlern die lustige Seite sehen kann und sagen kann: »Wir machen alle Fehler, aber diesen mache ich nie wieder« und dann in der Lage ist, über sich selbst zu lachen ... Die Fähigkeit, sich nicht zu Ernst zu nehmen und herz-*

haft lachen zu können ... das hat mir im Leben über einiges hinweggeholfen und es hilft mir auch jetzt über einiges hinweg. So kommt man mit Anstand durchs Leben.

Beim Turnier muss man eine Prüfung nicht unbedingt gewinnen, um Spaß zu haben. Der Wettbewerb an sich macht ja eine Menge Spaß. Man verliert häufiger, als man gewinnt, das kann ich Ihnen sagen. Ich habe oft verloren und ich denke, meistens hat es daran gelegen, dass ich nicht aufmerksam genug war. Ich hätte besser sein können. Aber damit halte ich mich nicht auf und ich schwelge auch nicht im Selbstmitleid – ich lerne davon, werde dadurch besser und mache weiter. Wenn man nicht aus seinen Fehlern lernt, dann wird man niemals lernen. Man lernt vom Verlieren wirklich mehr als vom Gewinnen.

Ich hatte das Glück, mit einem echten Meisterschaftspferd zu arbeiten, Warlock hieß er, erzählt Helen weiter. als Vierjähriger war er Junioren-Weltmeister bei den Schritt-Trab-Pferden. Er war wohl das beste Dreigangpferd im Land, und dann hat er bei einem Stallunfall ein Auge verloren. Danach blieb es ein unglaublich tolles Allroundpferd.

Vor einigen Jahren hatten wir Warlock für die American Royal Riding-Endausscheidung in Kansas gemeldet. Eine unserer Pferdebesitzerinnen hatte ihn für ihre Tochter gekauft, ein wirklich nettes Mädchen, aber nicht die größte Denkerin. Ich habe meine Reiter nie wie andere Trainer vor dem Wettbewerb noch einmal geistig vorbereitet oder so was. Normalerweise gebe ich ihnen einen Klaps ans Knie und sage: »Viel Spaß, und zeig mir, was du kannst«, und dann halte ich den Mund. Aber ich habe gewusst, dass dieses Mädchen Hilfe braucht, also habe ich mich bei der Aufstellung zum Einreiten für die Endausscheidung hinter sie gestellt. Da habe ich ihr gesagt: »Also, Susie, das war eine lange, harte Woche, und die Pferde haben alle viel gearbeitet. Du hast drei Zahlen auf dem Rücken, und wenn du die ersten beiden davon gehört hast, dann langst du mit der Gerte nach hinten und gibst Warlock nur einen kleinen Klaps.« Warlock ist im Leben noch nicht mit der Gerte getrieben worden, aber ich habe gedacht »Hier müssen wir wirklich alle Register ziehen.« Also, Susie ist gespannt wie ein Flitzebogen, ihre ersten beiden Zahlen werden aufgerufen, und als sie nach hinten langt und ihm den Klaps gibt, drückt er sein künstliches Auge raus!

Na ja, ich war völlig entsetzt. Ich bin in den Ring gesprungen und habe versucht, ganz unauffällig dieses Glasauge wieder zu holen. Aber der Kommentator hat mich gesehen und ins Mikrofon geschrieen: »Einen Moment mal! Helen Crabtree möchte etwas sagen.« Na ja, ich habe gedacht, ich muss sterben. Ich habe gedacht: »Oh nein. Der denkt, ich bin hier reingegangen, weil ich allen erzählen will, wie sie ihr Turnier aufziehen müssen.« Genau so hat es nämlich ausgesehen – ich habe wirklich gedacht, ich muss sterben.

Warlock und Susie haben ohne sein Auge weitergemacht. Glücklicherweise hat der Ringordner es gesehen und aufgehoben, und dann hat er es hinter dem Rücken gehalten, ist ganz unauffällig rückwärts gegangen und hat es mir gegeben. Jeder hat gewusst, was er da macht. Aber wir mussten es ja da rausholen – so ein Sechstausend-

Mark-Auge da draußen im Dreck und alle Pferde treten drauf, das war ja nicht so toll.

Da war noch etwas Seltsames an dieser Situation ... Susie musste mit Warlock eine Acht reiten. Warlock ist schön gegangen, aber als Susie ihm die Hilfe gegeben hat, hat er den lautesten Wieherer von sich gegeben, den man jemals gehört hat. Das war sehr seltsam – das einzige Pferd, das ich jemals im Ring habe wiehern hören. Danach hat er jedes Mal gewiehert, wenn er eine Acht gehen sollte. Beim letzten Turnier hat er die Weltmeisterschaft gewonnen.

Turnierplätze sind buchstäblich ein Brutstelle für Lektionen in Bescheidenheit und in Fähigkeiten: *Als wir diese wunderbare Selle Français–Stute in Beritt bekommen haben, Quibel hat sie geheißen,* erklärt Macella O'Neill , *da haben wir sie gleich am ersten Abend aufs Turnier nach Santa Cruz gefahren. Ich hatte noch nie auf diesem Pferd gesessen, aber es hat einfach Klick gemacht. Ich habe sie ungeheuer gemocht und mich auf ihr einfach toll gefühlt – sie war ein solch wunderbares Pferd! Sie ist so schön gesprungen, war dressurmäßig so gut geritten, hatte einen so umgänglichen Charakter; ich war so stolz auf dieses Pferd. Ich hatte das Gefühl, ich wäre es endlich wert, ein Pferd diesen Kalibers zu reiten – als wenn man lernt, wie man mit einem Ferrari umgehen muss, und schließlich auch einen kriegt – es war so aufregend.*

Nun ja, ich habe kaum den Sonntag und unseren ersten Grand Prix erwarten können. Wir sind elegant auf den Platz geritten, haben einen tollen Zirkel hingelegt und dann einen fabelhaften Trab auf der Diagonale – ich war im siebten Himmel! Ich habe die Bewunderung der Menge spüren können und habe mich stolz gefühlt und schön ... einfach perfekt. Ich habe gedacht »Das ist das Nirwana.«

Und dann waren wir in der Mitte und dieses wundervolle Pferd hat, schnell wie eine Schlange, den Hals rübergereckt und sich einen riesengroßen Farn mitsamt dem Topf geschnappt und ist den Rest der Diagonale mit diesem ganzen enormen Blattbüschel im Maul getrabt. Das Ganze ist ihr unter dem Maul hin und her gependelt. Da sind meine himmlischen Visionen zerplatzt wie eine Seifenblase, alles hat gelacht und ich hätte dieses Tier in der Luft zerreißen können. »Da siehst du mal«, habe ich mir gedacht, »ein Pferd ist ein Pferd. Und dieses Pferd frisst jetzt diese gottverdammte Pflanze ... und ich kriege sie nicht dazu, dass sie das Ding fallen lässt.« Ich habe damals stehen bleiben und ihr die Pflanze aus dem Maul ziehen müssen – sie war wie ein Müllkippenhund mit einem Knochen. Ich sage Ihnen, Pferde holen einen schneller wieder auf den Boden zurück als die Schwerkraft! Da hat mal wieder ein Pferd getestet, ob ich noch bescheiden genug bin.

Es ist wirklich schwer, auf diesem »hohen Ross«sitzen zu bleiben, auf das man sich gelegentlich selbst hebt, wenn man auf einem Pferd sitzt, das einen lieber abwerfen würde: *Wenn man viel reitet, fällt man auch mal runter,* erklärt Sam Savitt. *Hier fragen wir dann immer: »Hast du Land gekauft?« Wo man landet, das gehört einem dann. Im Laufe der Jahre bin ich Großgrundbesitzer geworden. Wir haben auch Mauern, die nach den Leuten benannt sind, die dagegen geprallt sind. Wir haben sogar eine Gordon-Wright-Mauer.*

Gordon hat gerade an einem Artikel für die Zeitschrift »Sports Illustrated« geschrieben. Der Titel sollte »Vierzig Jahre ohne Stürze« lauten, weil es Gordons vierzigste Jagdsaison war und er noch nie während einer Jagd heruntergefallen war. Also sind wir da unsere Jagd geritten, schön war's, und Gordons Pferd ist über einen Steinwall gesprungen, gestolpert und gestürzt, und Gordon ist runter gefallen. Als er aufgestanden ist und sich die Erde von der Kleidung geklopft hat, hat jemand geschrieen: »He, Gordon, neununddreißig Jahre ohne Stürze?«

Bei all diesen Dingen muss man Sinn für Humor haben. Man muss lernen, solche Sachen mit einem Achselzucken abzutun und nicht darüber nachzugrübeln. Solche Sachen passieren die ganze Zeit, und man lacht darüber, wenn es passiert, und lange Zeit später meist auch noch.

Ich bin einmal mit meinem Bruder ausgeritten. Er ritt hinter mir. Es ging bergab und wir mussten uns unter den Bäumen durchducken und so weiter. Nach einer Weile habe ich mich herumgedreht, weil ich etwas zu ihm sagen wollte, aber er saß nicht mehr auf seinem Pferd. Er war runtergefallen, hatte sich aber zum Glück nichts getan. Solche Sachen passieren die ganze Zeit. Und wissen Sie was? ... Diese kleine Unsicherheit, diese leichte Angst, dieses bisschen Risiko, das ist spannend. Wenn es zu leicht wäre, zu sicher, dann wäre es alles nicht so aufregend, wie es ist. Man lernt etwas über sich selbst und lernt, wie viel man riskieren will. Das Spontane daran, das ist das Abenteuer.

Peinlichkeiten, Schmach, Stolz, Fehler und Dummheit, das gehört alles zum Menschen dazu. Wie man damit umgeht, dadurch besser wird und das Ganze mit Humor und Bescheidenheit ins Gleichgewicht bringt, das sind die Lehren, die man mit HorsePower gut lernen kann!

Mit dem Ego im Gleichgewicht

Pferde haben wirklich eine nette Art, Menschen innerhalb von Nanosekunden bescheidener zu machen. Diese Bescheidenheit trägt auch dazu bei, das menschliche Ego im Gleichgewicht zu halten: *je eher man rausfindet, wie es mit dem eigenen Ego bestellt ist, und je eher man es in die Schublade stopft, desto besser geht es einem,* äußert sich Dennis Marine dazu. *Egal, was man tut – ein starkes Ego ist nichts Gutes, es kommt einem immer in die Quere. Man wird einfach zu viel fordern, wenn man sich Gedanken über sein Ego macht. Man will da hingehen und in den nächsten fünfundvierzig Minuten was auch immer besiegen ... Das hat man dann im Kopf. Je eher man sein Ego in den Griff bekommt und weg steckt, desto besser geht es einem.*

Absolute Perfektion gehört nicht zur menschlichen Existenz. Es ist sinnlos, danach zu streben, und so muss man sein Ziel neu definieren: *Was ich von den Pferden gelernt habe, ist die Tatsache, dass es wunderbar ist, jeden Tag wieder nach wirklich guter Leistung zu streben – das sollte man tun; man sollte mit so viel Stolz bei der Arbeit sein, dass man jederzeit gerne seinen Namen unter das setzen würde, was man geleistet hat,* meint Jane Savoie. *Ich denke, dass das sehr wichtig ist. Auch ich habe gemerkt, dass man keine Perfektion erreichen kann. Ich kann nach guter Leistung streben und große Ziele haben, aber ich werde nie Perfektion erreichen. Wenn ich das bei den Pferden akzeptiere, dann muss ich lernen, das auch für andere Lebensbereiche zu akzeptieren. Ich muss lernen, wie ich mit mir selbst netter umgehen kann, ohne so hohe Ansprüche zu stellen. Das hat mich gelehrt, mir selbst und auch anderen Leuten gegenüber toleranter zu sein. Ich denke, Perfektionisten verlangen von sich selbst mehr als von jedem anderen. Also hat das mir erlaubt, nicht perfekt sein zu müssen. Ich erwarte von meinen Pferden nicht, dass sie perfekt sind, und ich fühle mich wohl dabei, wenn ich gute Leistungen anstrebe, anstatt nach Perfektion zu streben, von der ich weiß, dass ich sie nie erreichen kann.* Um L.D. Burke zu zitieren: *»Wenn einem klar wird, dass man nicht perfekt ist, wird das Leben einfacher.«*

In meinen Vorträgen über Motivation versuche ich immer herauszustellen, dass es toll ist, wenn man sich selbst zur Königin der positiven Einstellung macht, aber dann sagt Jeder: »Na ja, für Sie läuft ja auch alles bestens«, erzählt Jane weiter. *Aber gerade dann, wenn etwas NICHT so gut läuft, braucht man mehr als sonst diese positiven Einstellungen. Und bei den Pferden zeigt es sich immer wieder – ich habe gerade mit Eastwood so eine Phase – dass alles nur ein Spiel ist; ich nenne es das »Leiterspiel«. Genau darum geht es im Grunde – man klettert da rauf und einen Augenblick später ist man wieder unten ... man muss lernen, mit der Strömung zu schwimmen. Man lernt, die Höhepunkte zu genießen und sich von den Tiefpunkten nicht runterziehen zu lassen. Und man lernt, dass man sich nach einem Tiefpunkt wieder aufrappeln muss und gleich wieder anfangen muss, auf die Leiter zu steigen.*

Pferde halten einen, genau wie das Leben, auf dem Boden, wenn es um das Streben nach Perfektion geht: *Es gibt nur zwei Emotionen, die mit in den Sattel gehören: zum einen Sinn für Humor und zum anderen Geduld,* bringt es John Lyons auf den Punkt. *All die anderen Emotionen, Ängste, Frustration ... die muss man einfach in der Sattelkammer lassen und darf sie nicht mit in den Sattel nehmen. Manchmal gerät der »Ego-Faktor« aus dem Gleis und wird dann bei Menschen und Pferden zu einem größeren Problem. Wenn jemand sagt: »Ich habe ihm diese Lektion beigebracht, er müsste es können.« Na ja, das ist nicht unbedingt der Fall. Ein Pferd wird niemals perfekt sein – nicht einmal fünfzehn Minuten lang wird es perfekt sein. Und als Mensch muss man ihm genügend Freiraum geben, um nicht perfekt sein zu müssen, weil man sonst die Beziehung kaputt macht, die man eigentlich aufbauen wollte. Man braucht nur mal jemanden zu fragen, der fünfzig Jahre lang verheiratet ist: »Ist Ihr Ehemann oder Ihre Ehefrau perfekt?« Und dann wird der sagen: »Nein«. Dann sollte man fragen: »Und was wäre, wenn Sie jetzt darauf bestehen würden, dass er perfekt ist? Was würde passieren?« Nun ja, es würde die Beziehung ruinieren, wenn ich so viel Druck aus üben würde.» Und genau dasselbe passiert bei Pferden. Ein zu forderndes Ego gehört nicht auf ein Pferd ... Die meisten außergewöhnlichen Reiter und Ausbilder, die ich kenne, sind alles andere als egoistisch.*

Die arrogante Wichtigtuerei, die für Egoismus typisch ist, mag in der Pferdeszene nicht erwünscht sein, aber ein Ego, das im gesunden Gleichgewicht mit seinem

Umfeld steht, ist ein echtes Plus. Eine Person, die sich ihrer eigenen Fähigkeiten sicher ist und Erfolg hat, hat es leichter: *Je weniger egoistisch man ist, desto besser geht es einem,* sagt Buck Brannaman. *Und wenn man ein sehr egoistischer Mensch ist und damit leben muss, dann sollte man es sich zum Ziel setzen, dieses Ego unter Kontrolle zu halten. Aber jeder Mensch ist irgendwo egoistisch ...* Natürlich ist jeder Mensch irgendwo egoistisch. Der Trick dabei ist, zu lernen, wo die kritische Masse ist, denn wie bei einem Ballon, der leicht zerplatzt, kommt nichts Gutes mehr heraus, wenn man ihn zu stark oder zu wenig auf bläst.

Wenn man erfolgreich ausbilden kann, braucht man kein Ego, zieht Curtis Steel Bilanz. *Man sollte sich die Dinge, die man erreicht hat, nicht zu Kopfe steigen lassen, weil man immer dann, wenn man meint, jetzt würde man etwas wirklich toll machen, den Boden unter den Füßen verliert.*

Cowboys haben's nicht so mit dem großen Ego, meint L.D. Burke. *Sie haben's deswegen nicht so damit, weil, na ja, wenn man noch nie runter- gefallen ist, ist man noch nie geritten. Morgen kann man wieder runterfallen; ich meine, das macht doch sehr bescheiden. Es ist mir egal, wie gut jemand ist; jeden Tag besteht die Möglichkeit, dass man ins Gestrüpp geworfen wird. Jeden Tag.*

Trennung vom Ego

Wenn man mit Pferden in Beziehung treten will, gibt es noch einen anderen Aspekt des Ego, mit dem man sich befassen sollte, und das ist die Trennung davon. Der Begriff «Ego» bezieht sich darauf, dass der Einzelne in der Lage ist, »sein eigenes Selbst von dem anderer zu unterscheiden«. Diese Definition geht davon aus, dass das Ego sich nur auf eines konzentriert. Wenn man mit einem Pferd arbeitet, hat man es immer mit einem weiteren Wesen zu tun, das außerhalb des eigenen Selbst existiert. Nun muss man zwar in der Lage sein, dieses andere Wesen als eigenes Wesen zu erkennen, aber ebenso muss man das eigene Ego dem Bund der Partnerschaft unterordnen: *Für mich ist das Ego die Stelle, an der man sich von seinem wahren Selbst trennt, und damit befindet man sich auch in einem Zustand der Trennung vom Pferd,* erklärt Linda Tellington-Jones. *Es gibt einige sehr, sehr erfolgreiche Egos, die in Pferdekreisen recht weit gekommen sind. Die gibt es da draußen, aber mich inspirieren sie nicht. Ich denke, dass es möglich ist, über das Ego hinauszugehen, über den Einzelnen hinaus, über diesen Zustand der Trennung hinaus, indem man lernt, mit dem Pferd eins zu werden und indem man erkennt, welches Hochgefühl man dabei haben kann. Die Kommunikation mit einem anderen Wesen – an der Stelle kommt die spirituelle Komponente mit ins Spiel. Der Umgang mit Pferden kann unser Leben inspirieren ... für ein übertriebenes Ego ist bei dieser Inspiration kein Platz.*

Lebenslehren

Angesichts der Tatsache, dass Menschen von ihrem Ego getrieben werden, können Lektionen, die einem von einem Pferd erteilt werden, als wertvolle »Ego-Regulatoren« dienen. Schwache und unterwürfige Menschen oder arrogante und egoistische sind bei Pferden normalerweise nicht sehr erfolgreich, weil Pferde sich in der Gesellschaft solcher Menschen am wohlsten fühlen, die das ruhige, selbstsichere Mittelfeld des Ego besetzen. Pferde können als Klangkörper dienen, die uns helfen, dieses Gleichgewicht zu erkennen, zu verstärken und zu erhalten. Durch Pferde können Kinder, Jugendliche und Erwachsene wunderbar Selbstachtung, innere Ruhe, Selbstsicherheit, Unabhängigkeit, eine positive Haltung, Stolz, Humor und Charakterstärke entwickeln lernen. Pferde können den Menschen so weit bringen, dass er nach Perfektion strebt, aber sie können ihn auch in den Staub der Bescheidenheit werfen. So prüfen sie, wer wir sind, was wir können und woraus wir bestehen. L.D. Burke gibt dazu den Rat: *»Sitz aufrecht beim Reiten, Er sieht immer zu.« Sei auf dich selbst stolz und auf deine Begabungen – wo auch immer sie liegen – denn du bist ein Werkzeug Gottes.* Wenn man weiß, wer man ist, und sich dabei gut fühlt, und wenn man Spaß hat an dem, was man tut, dann braucht man nicht auf ein hohes Ross zu steigen, um aufrecht zu sitzen; man braucht nur HorsePower!

Kelly O’Boyle, geboren 1963, ist Pferdeausbilderin und Präsidentin der Firma Carpe Diem Enterprises. Sie hat ihre Vollblutstute Independent Lady für einen Dollar in einem Rennstall gekauft. Damals wog Lady nur knapp 300 kg und konnte kaum laufen, weil sie ohne Bewegung zwei Jahre lang in einer Box eingesperrt gewesen war. Kelly hat sie gesund gepflegt und sie für den Dressursport ausgebildet, der beiden Spaß macht. Hier entspannen Lady – inzwischen mit gesunden 550 kg – und Kelly in Georgia im Schatten vor dem Transporter ihres Turniersponsors.

Adrian Arroyo, geboren 1978, ist Studentin und lebt in der Weingegend von Nordkalifornien. Sie reitet seit ihrem siebten Lebensjahr und hat Spaß am Pferdepflegen, Springen und Turnierreiten. Außerdem hilft sie anderen Reitern und gibt ihnen Unterricht. Adrian ist hier 1995 auf der Santa Rosa Horse Show mit ihrer Vollblutstute Hurricane Shirley abgebildet.

CAMILLE WHITFIELD VINCENT, geboren 1959, hat sich nach ihrem Abschied von der Turnierszene in Kalifornien niedergelassen. Hier ist Camille mit ihrer Weltmeisterschaftsstute Elation von 1979 in der Klasse der Dreigänger-Damenpferde abgebildet. Die beiden treten hier 1980 auf der »Olympia International Horse Show« in London auf.

MAXINE FREITAS, geboren 1953, ist Beraterin und Gründungsvorsitzende von EquiEd Therapeutic Riding. Maxine war als Schülerin aktive Reiterin und Pferdebesitzerin. Als sie sich von einer Brustkrebserkrankung erholte, nahm sie ihre Beziehung zu Pferden wieder auf. Sie wird hier nach einer Dressurprüfung auf der West Coast Championships Paso Fino Horse Show in Monterey mit ihrer jungen Paso Fino–Stute Pistolera gezeigt.

ALLAN JAMISON, geboren 1925, ist in der schroffen Schönheit der Küstengebirge von Nordkalifornien aufgewachsen. Er musste mit den Risiken und den schönen Seiten eines Bergbauerbetriebes leben und wurde so zum fortgeschrittenen Reiter, zu einem pragmatischen Verwalter und hoch geschätzten Rancher. Auf einer Ranch arbeiten Pferde und Menschen hart. Auf diesem Bild, das während einer langen und starken Kälteperiode entstand, ist Allan auf Charlie, einem palominofarbenen Quarter Horse, gerade dabei, Futter zu Rindern zu bringen, die mit dem Kastenwagen nicht zu erreichen sind.

Tina Schuler, geboren 1976, war 18 Jahre alt und hat sich gerade auf das College gefreut, als sie für dieses Buch interviewt wurde. Sie reitet seit ihrem siebten Lebensjahr und hat gemerkt, dass das Reiten ihr Auftrieb gibt und ihr hilft, sich von einem gedrängten Schul-Tagesplan zu erholen. Hier ist Tina mit Heron abgebildet, der ihr Reitpartner war, als sie in Maine aufs College ging.

Bobby Christian, geboren 1917, hat von Kindesbeinen an mit Pferden auf der Farm gearbeitet, sie ausgebildet und sich an ihnen gefreut. Als Rentner widmet er nun seine Zeit seinen Hobbys: er restauriert Kutschen, bildet Hackney-Ponys aus und lehrt die Kinder der Nachbarschaft Werte wie Verantwortungsgefühl und Ehrlichkeit – mit Hilfe von Pferden. Die Parade zum 4. Juli wäre nicht vollständig, wenn Bobby nicht dabei wäre. Er hat seinen Hackney Cocoa eingespannt.

Charlotte Dicke, geboren 1972, ist Vertriebsassistentin und begann ihre reiterliche Karriere mit fünf Jahren. Sie ritt Englisch, bis sie mit 16 ihr Herz an die Peruvianischen Pasos verlor. Mit 19 begann sie, Pasos auf Turnieren vorzustellen, und hat eine ganze Anzahl von Meisterschaften und amerikanischen Titeln gewonnen. Hier ist sie auf ihrer Paso Peruviano-Stute H-S Marinera in einer Gangpferdeklasse für Stuten bei den amerikanischen Meisterschaften 1992 in Reno in Nevada abgebildet.

9. Kapitel

Vom Auszahlen und Zurückzahlen: Fürsorge und Mitfühlen

Wenn man etwas von Pferden lernt, dann ist es Liebe zu geben und anzunehmen.
Ron Harding

Die langen Schatten schoben sich durch den späten Nachmittag, als ein verstaubter Pickup mit einem Pferdehänger daran in die Rangerstation im Ochoco National Forest in Oregon einbog. Chris Hawkins und ihr Mann Hawk kletterten aus dem Führerhaus und schüttelten ihrem Freund die Hand, dem Ranger Joe Giron. Joe sah sich das Pferd im Hänger an und kommentierte »Sieht echt gut aus, Chris«. Der pechschwarze Hengst beäugte ihn durch die Schlitze in der Hängerwand und wieherte laut. »Es scheint, dass er auch weiß, wo er ist«, setzte Joe hinzu. »Da bin ich mir sicher, dass er das weiß«, antwortete Chris. »Sieben Jahre lang ist er frei durch diese Berge gestreift ... Erinnerungen an seine Stutenherde ... der weiß, wo er ist, ganz sicher.«

Die beiden Hawkins hatten vor genau einem Jahr geholfen, die ersten wilden Mustangs zusammenzutreiben, die legal aus dem Ochoco-Park heraus adoptiert werden sollten. Chris hatte mit Velma Johnston (»Wild Horse Annie«) und Joan Blue zusammengearbeitet, um die schwindenden Wildpferdeherden unter den Schutz der Regierung zu stellen. Der Lohn ihrer Mühe war 1971 ein Gesetz, nach dem Wildpferde und Wildesel unter Schutz gestellt wurden, und die Adoption ihres berühmten Wildhengstes Tajhe Manache. (Tajhe Manache, (Ta'he man ie't-sche): in der Sprache der Komantschen Ausdruck für Schürzenjäger)

Am nächsten Tag sollte Chris vom Landwirtschaftsminister der Vereinigten Staaten in einer Zeremonie, in der das neu eingeführte Programm der Öffentlichkeit vorgestellt wurde, die offizielle Bestätigung bekommen, dass »Taj« ihr gehörte. Auch der Innenminister und die Gouverneure der Staaten Oregon und Washington sollten anwesend sein, um für diese neue Ära im Schutz der Wildpferde ihre Unterstützung zuzusichern.

»Bring dein Pferd in den großen Paddock, Chris, und dann komm rein zu uns in die Hütte«, sagte Joe. »Wir treffen uns dann dort.« Chris lud Taj aus und führte ihn in den selben Paddock, aus dem sie ihn vor nur zwölf Monaten herausgeholt hatte. Während sie ihm sein Abendheu in die Raufe legte und die Tränke überprüfte, sprach sie leise mit ihm wie eine liebende Mutter, die ständig mit ihrem Kind spricht. Als sie schließlich überzeugt war, dass bei Taj alles in Ordnung war und er sich wohl fühlte, fuhr Chris die zwei Kilometer zur Hütte, um sich dort mit den Freunden und Würdenträgern zu treffen, die sich zu Ehren von Chris, ihrem Pferd und dem neuen Adoptionsprogramm versammelt hatten.

Am nächsten Morgen wachte Chris schon vor der Dämmerung auf, weil sie so aufgeregt war. Sie zog sich schnell an und fuhr zum Paddock, um Taj zu füttern und zu putzen. Sein Bild würde in allen großen Zeitungen erscheinen, und sie wollte, dass er so spektakulär und gut wie möglich aussah. Chris lächelte, weil sie an seine große Blesse dachte, die seinem Fell, das schwarz wie Ebenholz war, erst so richtig Glanz verlieh.

Als sie den Pickup auf den Parkplatz lenkte, schwenkte der Scheinwerferkegel über den Paddock. Plötzlich stockte Chris der Atem. Der Paddock war leer. Chris sprang aus dem Wagen und durchsuchte alle Paddocks, immer wieder seinen Namen rufend. Ihre Rufe hallten in der Stille wider, aber ihr geliebter Hengst gab keine Antwort. Verzweifelt rannte sie durch den ganzen Komplex, aber schließlich wurde ihr klar, dass Taj über den Zaun gesprungen und in die Wildnis zurückgekehrt war. Taj war weg!

Chris fühlte sich betrogen und verzweifelt, wie eine Braut, die man sitzen gelassen hat – und doch konnte sie ihn verstehen. »Taj, ich weiß, dass du mich magst, aber wenn dir deine Freiheit lieber ist, kann ich das verstehen.«

Als die ersten Sonnenstrahlen dieses Tages, den Himmel aufhellten, fuhr Chris wie betäubt wieder zurück zur Rangerhütte. Beim Fahren wurde ihr klar, dass vieles an Taj sie an das erinnerte, was mit ihrem Volk, den Komantschen, passiert war. Ein wilder Hengst ist nicht dazu bestimmt, eingesperrt oder eingeritten zu werden. Ein wilder Hengst ist nicht dazu bestimmt, von der amerikanischen Regierung kontrolliert zu werden. Ein wilder Hengst ist dazu bestimmt, frei zu sein.

Diese ganze Situation traf sie wie ein Schlag ins Gesicht. Chris hatte sich mit der Regierung zusammengetan und mit den Leuten dort zusammengearbeitet, damit Wildpferde eingefangen, eingesperrt, kontrolliert und an wohlhabende Leute zur Adoption abgegeben werden konnten. Sie wusste, dass der Schutz der Regierung in Reservaten die einzige Möglichkeit war, Amerikas Wildpferde vor der Ausrottung durch geldgierige Geschäftsleute zu schützen. Aber war das nicht fast genau das Argument, das die Regierung vor hundert Jahren benutzt hatte, als sie die Indianer zusammengetrieben und in Reservate gesperrt hatte?

In der Hütte stolperte Chris in das winzige Badezimmer, legte sich einen nassen kalten Waschlappen auf ihr tränenüberströmtes Gesicht und brach auf dem Rand der Badewanne zusammen. Sie weinte verzweifelt: für Taj und für ihr Volk.

Plötzlich nahm Chris ein anderes Geräusch, als ihr Schluchzen wahr. Sie hielt den Atem an, damit sie besser lauschen konnte – ein leises Grummeln – sie schob das

Badezimmerfenster mit seinem Ornamentglas auf, und da war Taj! Sie rief seinen Namen und rannte auf den Hof, wo das Pferd schon auf sie wartete. Dass er die Nacht unter ihrem Schlafzimmerfenster verbracht hatte war noch an dem Abdruck im weichen Gras zu sehen. Taj war also wirklich aus dem Paddock gesprungen und ihr die zwei Kilometer bis zur Hütte gefolgt. Er hatte sogar ihr Schlafzimmerfenster gefunden und dort die Nacht verbracht! In dieser Nacht hatte Taj seine ureigene Wahl getroffen; er war kein wilder Hengst mehr. In diesem Moment verstand Chris, dass sie keinen Regierungsbeschluss brauchte, der ihr das Recht an Taj einräumte – er hatte sich ihr selbst überschrieben.

Wenn es darum geht, ob sich der Umgang mit Pferden auszahlt, dann wird es schwierig. Gibt es wirklich Situationen, in denen Pferde ihre menschlichen Schützlinge beschützen oder belohnen, oder geht es bei diesen Situationen nur darum, dass Pferde sich um sich selbst kümmern und dabei zufällig der Reiter einen Vorteil hat?

Da es sich bei Pferden um von Natur aus vorsichtige, sensible Tiere handelt, die immer mit einem wachsamen Auge auf ihren Selbstschutz und die Sicherheit der Herde bedacht sind, gehört das Achten auf andere in Form von Schutz durch Eltern, Adoption von Fohlen und Aufstellen von Wachen für die Herde zu den wichtigsten Komponenten in der Pferdegesellschaft. Trotzdem bleibt die Frage, ob Pferde diese Rollen auf ihre menschlichen Gefährten übertragen. Wenn sie das tun, deuten solche Handlungen dann auf bewusstes Mitfühlen hin oder handelt es sich um Instinkthandlungen, die der Mensch als heldenhaftes Kümmern um andere interpretiert? (Wie uns aus der Erfahrung mit Menschen bekannt ist, wird der Ausdruck »Heldentum« meist von einem dankbaren Zeugen oder Nutznießer auf eine Handlung angewendet, die von demjenigen, der gehandelt hat, meist nicht bewusst als Heldentat gedacht war.)

Dieses Kapitel beschreibt Situationen, in denen sich die oft so auf Abstand bedachte Natur des Pferdes zu etwas entwickelt, das man als bewusste, auf Freundschaft beruhende Fürsorge für ihre menschlichen Gefährten betrachten könnte. Ebenso wie bei Chris Hawkins und Taj sind die Pferdemenschen, die hier zu Wort kommen, überzeugt, dass ihre Beziehung oder die geschilderten Vorfälle die Gleichgültigkeit überschritten haben und sich in eine Form von Fürsorge, des Mitfühlens und sogar der Liebe gewandelt haben. Ob nun wirklich oder eingebildet, die meisten glauben fest, dass ihre Pferde Anteilnahme ausdrücken wollten.

Geben

Das Szenario von dem unreitbaren, verrückten Pferd, das sich plötzlich von einem Jugendlichen reiten lässt, ist Stoff für Legenden und Kinofilme. Wenn eine solche Beziehung im echten Leben vorkommt, ist das eine bemerkenswerte Sache: *Meine Tochter hatte ein Pferd, das war ein ziemlicher »Verbrecher«,* ruft Phyllis Eifert aus. *Jeder hier in der Gegend hat es gehasst und niemand konnte es reiten ... Na ja, wir haben ihn günstig erstanden und zu uns nach Hause geholt. Meine Tochter hat es spä-*

ter erfolgreich auf Turnieren vorgestellt – sie hat bei jedem Start entweder gewonnen oder den Zweiten gemacht. Dieses Pferd hat sie geliebt, er hat für sie alles gemacht, was sie wollte. Sie hatte beim Reiten eine weiche Hand und es einfach gut gekannt. Sie hatte Mitgefühl für ihn und er hatte Mitgefühl für sie – sie war die Einzige, für die er gutes Benehmen an den Tag gelegt hat. Am Ende haben wir ihn weggeben müssen, weil niemand sonst ihn reiten konnte.

Nun mag es unüblich sein, dass Pferde ihr Können auf einen einzigen Reiter beschränken, aber dass sie die Menschen in Personen einteilen, die sie mögen und die sie nicht mögen, kommt häufig vor: *In dem Film »Black Beauty« ist ein Pony der Stallgefährte von Black Beauty,* berichtet Caroline Thompson. *In einer Szene muss dieses Pony alle Boxentüren öffnen. Um das filmen zu können, hatten wir die Riegel an allen Türen so zurechtgefeilt, dass das Pony sie ganz herausziehen und auf den Boden fallen lassen konnte. Hinter jeder der Türen saß ein Pferdepfleger, der die Türe aufstoßen sollte, wenn das Pony zu nächsten Box ging. Nun ja, dieses Pony hat einen von den Pflegern absolut nicht leiden können (ich habe den Kerl auch nicht sonderlich gemocht). Als das Pony an die Türe kam, hinter der dieser Pfleger saß, habe ich beobachtet, wie es einen Moment zögerte, bevor es den Riegel herauszog. Anstatt nun diesen Riegel auf den Boden fallen zu lassen, wie man es ihm bei gebracht hatte und wie es das die ganze Zeit getan hatte, hat es diesen Riegel über die Türe geworfen und den Mann damit am Kopf getroffen. Er lag daraufhin am Boden. Der Blick dieses Ponys sprach Bände!*

Ein junges Pferd, das plötzlich die Anforderungen für Olympia erfüllt, belohnt seinen Reiter mit Mut, Selbstsicherheit und Leistung: *Ich habe ein Pferd geritten, das hat mir ganz schön aus der Patsche geholfen – das war Better and Better auf der Vielseitigkeit bei den Olympischen Spielen 1976 in Montreal,* erinnert sich Michael Plumb. *Der war damals sieben Jahre alt und für die Teilnahme eigentlich gar nicht vorgesehen, aber ich hatte großes Vertrauen in dieses Pferd. Ich hätte auch, Good Mixture, ein älteres und erfahreneres Pferd reiten können, mit dem ich 1974 bei der Weltmeisterschaft auf den zweiten Platz gekommen war. Ich habe das jüngere Pferd gewählt – ich denke, wegen seiner absoluten Entschlossenheit, seinem Herz und seinem Mut. Der ist diese Geländestrecke gesprungen und hat alles gemacht, was von ihm verlangt wurde. Er war unbedarft und jung – er hat es alles aus dem Herzen heraus gemacht. Von meiner Seite war die Entscheidung für dieses Pferd eine Entscheidung aus dem Bauch heraus. Ich habe mich halt zufällig richtig entschieden.*

Eine wichtige Grundvoraussetzung zwischen Pferd und Reiter ist das Vertrauen: *Als Zapatero und ich in Orlando in Florida an der Dressur-Endausscheidung teilgenommen haben, fiel ganz plötzlich die Temperatur auf 13 Grad und es wurde sehr windig,* erzählt Jane Savoie. *Hinter der Bande standen die Flaggenmasten mit den ganzen Länderflaggen. Die Atmosphäre war so geladen, als wir auf den Platz kamen. Der kalte Wind peitschte die Fahnen herum, die Drahtseile schlugen gegen die Masten, und Zapatero blieb plötzlich stehen – er hatte furchtbare Angst! Ich habe durch den Sattel seine Herzschläge gespürt. Ich streichelte ihm am Hals und redete beruhigend auf ihn ein: »Alles in Ordnung. Es ist alles in Ordnung.« Und dann spürte ich, wie er tief durchatmete als ob er sagen wollte: »Also gut, wenn du sagst, dass alles in Ordnung ist, dann ist wahrscheinlich alles in Ordnung.« Danach ist er weitergegangen. Das war ein wunderbarer Augenblick. Dass dieses völlig zu Recht angsterfüllte Pferd – er hat ja nicht gewusst, was das alles soll – mir so vertraut hat und weitergegangen ist. Er hat mir vertraut, dass ich ihn nicht in eine Situation bringen würde, in der er in Gefahr geraten könnte, und nur darum geht es doch.*

Gelegentlich wächst dieses Geschenk des Vertrauens über alle Erwartungen hinaus. Während eines Seminars im Frühjahr 1996 gab John Lyons seinem Appaloosahengst Bright Zip eine Spritze mit einem Medikament gegen eine leichte Erkrankung der Atemwege. Er hatte dasselbe Antibiotikum auch früher ohne Probleme bei Zip verwendet, aber diesmal brach das Tier plötzlich zusammen und hörte auf zu atmen – es hatte einen anaphylaktischen Schock. John war entsetzt, weil er glaubte, er hätte seinen begabten und willigen Partner getötet. Alle Anwesenden beteten, während ein Tierarzt, der sich unter den Zuschauern befand, sich bemühte, Zip zu retten. Wie durch ein Wunder wurden ihre Gebete erhört und bei Zip setzte die Atmung wieder ein. Innerhalb weniger Wochen war wieder alles beim Alten, Zip machte die Seminare mit John, zeigte beim Springen ohne Zaumzeug und beim Cutting, was er konnte und beeindruckte das Publikum, weil er so flüssig auf Johns fast unmerkliche Signale reagierte. Erst Tage später fiel John auf, dass Zip ein wenig orientierungslos wirkte. Eine Untersuchung erbrachte, dass Zip durch die Reaktion auf das Medikament einen Schlaganfall erlitten hatte und blind geworden war. Erst jetzt wurde John klar, wie wundervoll seine Partnerschaft mit diesem Pferd wirklich war. Zip hatte mit Rindern gearbeitet und war gesprungen – und das nicht nur ohne Zaumzeug, sondern auch noch ohne Augenlicht (Morel 45). Welch ein Geschenk, so viel Vertrauen, Glauben und Herz! Welch ein unglaubliches Pferd und welch eine besondere Beziehung.

Pferde sind vorsichtig

Theoretisch könnte ein Pferd seinem menschlichen Pfleger jederzeit etwas antun: *Pferde zeigen immer, dass sie auf uns aufpassen,* bemerkt Macelly O'Neill. *Ein sanftes Pferd ist ja eigentlich die Regel, nicht die Ausnahme. Gandhi hatte alle Menschen gebeten, sich vor der britischen Kavallerie auf den Boden zu legen. Ihm war bekannt, dass Pferde nicht auf Menschen treten.*

Wir haben einen Schimmel im Stall, Dweezel, der seinem Besitzer schon zweimal den Arm gebrochen hat, nur weil er den Kopf geschüttelt hat. Pferde könnten so etwas durch ihre Stärke die ganze Zeit schaffen. Und wenn man jemals beobachtet hat, wie ein Pferd einen Hänger zerlegt, dann weiß man, dass es nichts gibt, womit man ein Pferd zurückhalten kann, wenn es nicht zurückgehalten werden will. Pferde sind unglaublich stark, also ist jede normale, passive Bewegung, die sie machen, ein Ausdruck ihres Mitfühlens und ihrer Vorsicht. Das liegt einfach in ihrer Natur.

Dagegen könnte man argumentieren, dass ein ruhiger Charakter nicht unbedingt auf bewusste Fürsorge schließen lässt, aber es gibt noch weitere Pferdemenschen, die jeden erfolgreichen Ritt als Zeichen der Duldsamkeit und Vorsicht des Pferdes sehen: *Ich denke, dass ein Pferd jedes Mal, wenn es freundlich und brav genug ist, den Menschen den ganzen Weg bis nach Hause auf seinem Rücken zu dulden, diesem Menschen das Leben gerettet hat,* drückt es Mary Deringer Phelps aus.

Ein weiterer Reiter wirft die folgende Frage auf: *Ich habe es mehrfach erlebt, dass ich auf dem Boden gelandet bin und fast jedes Mal hat das Pferd, das daran beteiligt war, innerhalb weniger Meter angehalten und gewartet,* merkt Douglas Lietze an. *Es hätte weg laufen können, aber das hat es nicht getan. Warum eigentlich nicht? Es hätte den Weg zurück zum Stall gewusst. Hat es sich Sorgen gemacht? Ja, ich denke, dass es sich durchaus Gedanken um seinen Reiter gemacht hat.*

Pferde vermeiden es, zu stürzen, weil sie wissen, dass Verletzungen sie zur leichten Beute machen: *Manche Pferde passen auf Reiter, die nicht ganz so erfahren sind, auf,* stellt René Williams fest. *So was nenne ich dann eine »Lebensversicherung«. Mein Vater hat für Reitschulkinder immer die besten Reitponys gekauft, die er finden konnte. Einmal hat er auch ein Pony für die Tochter seines wohlhabenden Arbeitgebers besorgt, die es dann im Damensattel geritten ist. Auf einer Jagd wich das Pony einem Bau aus und das Mädchen stürzte. Als der Vater von dem Unfall gehört hatte, forderte er: »Sie müssen dieses Pony los werden!« Mein Vater musste ihm erklären, dass dieses Pony eigentlich eine Lebensversicherung für seine Tochter gewesen ist. Denn es ist dem Loch ausgewichen und hat dadurch einen ernsthafteren Unfall vermieden.*

Weil sie sich selbst schützen, bieten Pferde auch ihrem Reiter einen gewissen Schutz: *Ein gutes Jagdspringpferd, ein gutes Vielseitigkeitspferd, das muss seinen Reiter ständig aus dem »Schlamassel« holen ... aber ich denke nicht, dass es das aus Mitgefühl macht,* sagt Diana Cooper. *Ich hatte einmal ein äußerst reizbares Pony, mit so ungefähr 145 Zentimeter Stock. Auf ihm haben eine Menge Ponykinder das Reiten gelernt – einige davon sind später Olympiareiter geworden. Hier in der Gegend ist es ziemlich bekannt. Miss Mufffet, hieß diese Stute, was fürchterlich irreführend war, weil das ein niedlicher Knuddelname für ein Pony ist, das absolut KEIN niedliches Knuddelpony war. Sie war ein wirklich heißer Ofen, eine von diesen kleinen Biestern von Stuten. Sie wollte nicht geknuddelt werden, mit Kindern war sie ungeduldig, und als sie jünger war, ging sie auch mit ihnen durch. Muffie hat auf dem Einsteiger-Niveau Vielseitigkeiten gewonnen, als auf diesem Niveau noch viel mehr gefordert wurde als heute. In all den Jahren, in denen sie Lehrpferd für Kinder war, hat sich nie jemand auf ihr verletzt, obwohl sie wirklich schnell und dickköpfig war. Aber Muffie hat auf Muffie aufgepasst. Sie sagte: »Halt dich fest da oben und mach das Richtige, dann werden wir zusammen eine Menge Spaß haben«. Sie hat die Kinder dazu gebracht, ihr Herz über das Hindernis zu werfen, weil Muffie immer mit ihnen zusammen auf die andere Seite gekommen ist. Das Einzige, warum sie jemals vor dem Hindernis stehen geblieben ist, war, wenn ein Kind sie falsch an den Sprung herangerit-*

ten hat. Muffie hat es abgelehnt, sich in eine brenzlige Situation bringen zu lassen. Wenn ich ein Pferd suche, das auf mich aufpasst, dann will ich eines, das auf sich selber aufpasst. So ein Pferd muss schlau und schnell und gut im Gleichgewicht sein. Ich will gar nicht, dass es sich um mich Gedanken macht. Es soll seine Arbeit machen, ich mache meine Arbeit, dann kommen wir gemeinsam an.

Wie Diana schon andeutet, sollten Reiter ständig danach streben, bestmöglich im Gleichgewicht zu bleiben und zu sitzen, denn selbst das sportlichste aller Pferde kann nur in einem gewissen Maße kompensieren, um ein Unglück abzuwenden: *Als Reit- und Springlehrerin habe ich gesehen, was manche Pferde für den Menschen tun,* sagt Anne Kursinski. *Wenn ich unterrichte, sage ich sehr oft: »Wenn ich dieses Pferd wäre, würde ich die Beine in den Boden rammen und dich in dieses Hindernis werfen.« Das ist dann bei einem Pferd, das total brav ist und gut auf seinen Reiter achtet. Oder wenn ein Reiter, der es besser könnte, nicht aufpasst und dem Pferd am Sprung nicht hilft. Wenn er es falsch hinreitet, bis es fast in den Sprung reinrutscht, dann sage ich manchmal: »Warum steigst du nicht ab und ich schubse dich ein paar Mal in diesen Sprung rein, damit du weißt, wie sich das anfühlt.« Pferde helfen dem Menschen wirklich, indem sie sich selber helfen. Viele Leute sind der Meinung, das wäre das Pferd ihnen schuldig – es muss ja schließlich auf mich aufpassen – anstatt dass sie sagen, danke, Pferd, danke, dass du auf mich aufpasst.*

Manchmal ist ein Reiter absolut davon überzeugt, dass sein Pferd ihm geholfen hat: *Ich bin das erste Mal in meinem Leben auf einem kleinen Pony gesprungen, das hieß High Time,* sagt Tracy Cole. *Über dem Sprung habe ich das Gleichgewicht verloren und High Time hat gespürt, dass ich rutschte, und ist auf der anderen Seite stocksteif stehen geblieben. Die meisten Pferde würden da einfach weiterlaufen, aber High Time ist stehen geblieben und hat gewartet, bis jemand mich wieder im Sattel zurechtgerückt hatte. Der hat aufgepasst, was mit mir los ist. Er hätte ja auch weiterrennen können und ich wäre im Dreck gelandet. Er ist mit 35 gestorben und ich denke, heute gibt er im Himmel Springstunden. Das war ein echtes Lehrpony. Das Pferd, das ich jetzt reite, Freckles, ist auch ein gutes Lehrpferd, weil sie auf jeden Reiter aufpasst, der auf ihren Rücken steigt. Freckles korrigiert mich sogar, wenn ich sie falsch angaloppiere – ich kann spüren, wie sie mich auf die korrekte Seite schiebt. Ich mache mir nie Gedanken, wenn ich ins Gelände reite – das macht ihr so Spaß da draußen, da scheint ihr nichts Angst zu machen. (Natürlich sage ich das jetzt so und das nächste Mal, wenn wir ins Gelände gehen, wird irgendwas völlig Verqueres passieren.) Ich vertraue ihr sehr, weil sie mein Vertrauen verdient.* Wobei Tracy weiß, dass ihr *Vertrauen* immer noch keine *Garantie* ist.

Wenn ein Pferd unter bestimmten Umständen anders reagiert als sonst, deutet dieses Verhaltensmuster darauf hin, dass das Pferd weiß, was es tut: *Ich hatte eine Stute, Brandy, die ist jedes Mal erschrocken, wenn etwas anders war als sonst,* erklärt Octavia Brown. *Wir stellen die Mülltonnen wo anders hin und sie sagt »Oh, mein Gott, was ist denn das?« Wenn wir im Gelände waren, hat sie vor jeder Kleinigkeit gescheut. Aber sobald sie es mit jemandem zu tun hatte, der irgendwie besondere*

Bedürfnisse hatte, hat man sehen können, wie sich ihre Persönlichkeit total veränderte. Dann ist sie, wenn es sein musste, einfach stundenlang ruhig stehen geblieben. Einmal haben wir sogar einen Rollstuhlfahrer von einem Campingtisch aus aufsteigen lassen und dieses »Angstpferd« hat keinen Zucker getan. Zum Teil hat das bestimmt daran gelegen, dass ich mich bei solchen Gelegenheiten nicht auf sie konzentriert habe, weil ich mich auf eine andere Aufgabe konzentriert habe. Anscheinend war ihre Aufmerksamkeit da, wo meine war. Wenn ich meine Aufmerksamkeit nicht auf sie gerichtet hatte, hat sie sich entspannt und alles einfach geschehen lassen. Aber sobald ich mich total auf sie konzentriert habe, hat mein Körper ihr andere Signale gegeben und sie war zu allem bereit, aber viel angespannter. Wenn wir beide am Arbeiten waren, dann gab es keinen Gedanken mehr daran, rumzuspielen oder rumzuhüpfen; das hat es nicht gegeben bei ihr.

Octavia gibt noch ein anderes Beispiel: *Als Vierjähriger lag Brandy einmal auf der Weide. Mein zweijähriger Sohn, wackelte urplötzlich auf das liegende Pferd zu. Ich dachte mir bleibt das Herz stehen. Nun war dieses junge Pferd damals noch völlig unberechenbar. Ich hatte sie fürs therapeutische Reiten noch überhaupt nicht einsetzen können. Duncan ist zu ihr rüber und hat sich zwischen ihren Beinen zusammengerollt. Ich bin sofort raus und ganz langsam auf sie zugegangen. Ich habe die Hand ausgestreckt und gesagt »Guuute Brandy, bleib liegen ...« Sie war bisher noch nie liegen geblieben, wenn ich an sie herangetreten bin. Wenn sie in dieser Situation aufgestanden wäre, mit Duncan zwischen ihren Beinen, das hätte eine Katastrophe gegeben. Als ich zu ihr hingelaufen bin, habe ich im ruhigen Ton meinen Sohn angesprochen: »Komm her zur Mama, Duncan; steh auf, geh da weg.« Brandy hat mich beobachtet, aber sie hat gewartet, bis Duncan aufgestanden und bei mir angekommen war. Als er in sicherer Entfernung war, ist sie aufgestanden und weggetrabt. Ich weiß nicht, warum diese ängstliche kleine Stute einfach liegengeblieben ist, aber ich glaube schon, dass Pferde von sich aus die Hilflosigkeit eines anderen Lebewesens spüren.*

Weil es für Pferde eine Sache von Leben und Tod sein kann, im Gleichgewicht zu bleiben, versucht ein Pferd immer, sein Gleichgewicht so gut wie möglich unter Kontrolle zu halten. Wenn es einen Reiter auf den Rücken bekommt, der keine Ahnung von Hilfengebung oder Gleichgewicht hat, wird das Tier sehr oft die Initiative ergreifen und dafür sorgen, dass beide im Gleichgewicht bleiben: *Ich weiß, dass Zodiac für Anfänger den Babysitter spielt,* sagt Kelly O'Boyle. *Ich habe Leute auf ihn raufgesetzt, die nicht reiten konnten, bei denen passt er unheimlich auf. Da kann man richtig sehen, wie seine Haltung sich verändert. Der stellt dann die Beine etwas breiter und balanciert sich unter ihnen aus, anstatt zu warten, dass sie sich auf ihm ausbalancieren. Wenn man aber einen fortgeschrittenen Reiter draufsetzt, dann hat der auch jede Menge Spaß auf ihm. Von dem will er es dann wissen, der muss seine Hilfen korrekt geben. Wenn man sich diesen Unterschied ansieht, kann man sicher sein, dass Pferde auf jeden Fall ein Gespür dafür haben, wer auf ihnen sitzt.*

Vor allem beim therapeutischen Reiten ist es wichtig, Pferde zu haben, die ihren Reiter ins Gleichgewicht setzen. Manche Pferde machen das sehr gut, andere nicht:

Die meisten von meinen Pferden helfen einem Reiter, der nicht im Gleichgewicht ist, aber manche werden ungeduldig und mögen das nicht, berichtet Octavia Brown. *Im Allgemeinen wollen sie das von selber, weil sie nicht aus dem Gleichgewicht geraten wollen, also ist das ein richtiges körperliches Bedürfnis. Wenn du schon auf meinem Rücken sitzen musst, dann schauen wir mal, dass wir ins Gleichgewicht kommen. Aber man sieht deutlich, dass manche Pferde das besser machen als andere.*

Bei einem ungeübten oder behinderten Reiter, der dem Pferd keine erkennbaren Signale geben kann, kann es gut sein, dass das Pferd sich um das Gleichgewicht selber kümmert und die Initiative ergreift. Wenn ein Reiter oben sitzt, der widersprüchliche oder harte Signale gibt, reagiert das Pferd zuweilen verwirrt, aufgeregt oder widersetzlich. Das könnte auch erklären, warum man bei Reitern unterschiedlichen Könnens eine Persönlichkeitsveränderung beim Pferd beobachten kann: *Wenn der Reiter dazulernt, neigt er dazu, seinem Pferd Druck zu machen, und dann muss das Pferd mehr Verstand einsetzen,* bemerkt Bob Douglas. *Es muss mehr darüber nachdenken, wie es im Gleichgewicht bleibt und die Füße setzt. Es muss darüber nachdenken, ob man jetzt das von ihm will, oder doch das andere? Manchmal fordert der Reiter das Pferd gleichzeitig zu mehreren Dingen auf, ohne es zu merken, und dann entscheidet das Pferd, auf welches der Signale es reagiert. Wenn es sich das Signal raussucht, von dem der Reiter gar nicht gewusst hat, dass er es gegeben hat, dann kann es Ärger geben. Ich denke, dass Pferde ungeheuer intelligent sind und es dem Menschen Recht machen wollen, und ich denke, dass es dem Menschen sehr leicht passiert, dass er sein Pferd durcheinander bringt.*

Pferde passen auf den Menschen auf

Vielleicht die eindrucksvollsten Beispiele dafür, wie Pferde sich um den Menschen bemühen, sieht man im Behindertensport: *In einem Jahr war meine Frau Richterin bei den Paralympics in Minneapolis,* erzählt William Steinkraus. *Als sie dort das Dressurviereck aufgebaut haben, hat der Monteur vergessen, am Bahnpunkt A ein funktionsfähiges Tor einzubauen, um das Viereck zu schließen. Also blieb die Bahn an dieser Stelle offen. Die Teilnehmer – einige von ihnen waren nicht in der Lage, ihren eigenen Namen zu erkennen – haben diese Dressurprüfung auf den verschiedensten Pferden abgelegt. Alle diese Pferde haben gewusst, dass sie die Bahn leicht verlassen konnten. Nur ein einziges hat es kurz versucht, aber kam sofort zurück. Man hat sehen können, wie sich diese Pferde angestrengt haben. Ich hatte das Gefühl, dass sich diese Pferde in jeder Situation richtig verhalten würden. Sie haben verstanden, dass ihre Reiter Probleme haben, und haben das nicht ausgenutzt. Ich weiß noch, dass ich damals an all diese Cowboygeschichten gedacht habe, bei denen die Pferde zu ihrem Reiter zurückkommen und ihn retten ... Die meisten Pferde wollen nette Kerle sein und verzeihen wirklich fast alles.*

Mitten im Getümmel eines Trabrennens hat das besorgte Verhalten einer Warmblutstute ihren Fahrer vor größeren Verletzungen bewahrt: *Einmal bin ich im Rennen aus dem Sulky gefallen,* berichtet Irving Pettit. *Bei meinem Sturz hatte ich mit einer Hand die Leinen gehalten und mit der anderen Hand versucht, mich zu schützen. Dabei habe ich mir den Arm gebrochen. Dieses Pferd hat angehalten und ist stehen geblieben. Es hat nicht versucht wegzulaufen wie es die meisten Pferde in einem Rennen tun würden. Viele Pferde würden einen da mitschleifen, aber sie ist sofort stehen geblieben. Es gibt nicht viele Rennpferde, die so brav sind, denn sie neigen immer dazu, mit den anderen mitzurennen.* Brav, gut erzogen oder besorgt? Das eigentliche Motiv ist vielleicht gar nicht so wichtig, denn allein die Tatsache, dass sie angehalten hat und im Feld der Pferde unbeirrbar stehen geblieben ist, hat für Irving einen Schutzschild aus Sulky und Pferd geschaffen, vor dem die anderen ausgewichen sind, sodass ihm so nichts Schlimmeres passieren konnte.

Ich glaube wirklich, dass Pferde sich ernsthaft um ihren Reiter Gedanken machen, äußert Jill Hassler. *Als Kind bin ich Jagden geritten, und als wir da einmal über einen Drahtzaun gesprungen sind, hat das Pferd sich im Draht verfangen und ist gestürzt. Das Pferd lag auf mir, schlug um sich und rollte sich über den Rücken. Ich kann mich noch gut an das Bild erinnern. Meine Ellbogen waren am Boden, ich hatte die Hände über mich erhoben und das Pferd lag auf meinen Händen. Ich hatte mir dabei aber keinen einzigen Knochen gebrochen. Dieses Pferd hat beim Herumrollen eine mächtige Anstrengung unternehmen müssen, um mich nicht zu zerquetschen. Manchmal wird man ja von einem Pferd verletzt, aber ich bin mir ganz sicher, dass dieses Pferd alles versucht hat, um mich nicht zu verletzen. So sehe ich das.*

Ich hatte meine Stute Freddie fast ein Jahr lang, als wir an einem Hindernis scheiterten. Ich verlor den Halt und landete auf Freddies Hals. Freddie sprang zur Seite und ich fiel herunter. Ich landete flach auf dem Rücken und bekam keine Luft mehr, sodass ich nicht aufstehen konnte. Zuerst lief Freddie quer über den Platz, aber als meine Reitlehrerin sie eingefangen hatte, zerrte sie sie herüber zu mir. Als Freddie bei mir ankam, beschnüffelte sie mich und grummelte und schubste mich mit der Nase an, wie sie es bei einem neugeborenen Fohlen machen würde. Sie zeigte echte Besorgnis. Kelli sagte, so etwas hätte sie noch nie gesehen, aber sie meinte, Freddies Reaktion würde sich daraus erklären, dass sie schon Fohlen gehabt hatte. Sie wollte, dass ich aufstand, damit sie sicher sein konnte, dass ich in Ordnung war. Das war eine sehr mütterliche Reaktion.

Ein legendärer älterer Pferdemensch hat mir von einer ganz besonderen Reitstunde erzählt, die er einmal gegeben hat: *Ein Mädchen aus meiner Bekanntschaft hatte einen Schlaganfall, als sie zwanzig war, und konnte danach ihre rechte Körperhälfte nicht mehr bewegen. Man musste sie also aufs Pferd heben. Naja, sie hat gedacht, wenn vielleicht jemand ihrem Pferd beibringen könnte, dass es sich hinkniet, dann könnte sie selbst aufsteigen. Ich habe ihr gesagt, das Pferd würde sich sogar hinlegen, damit sie raufkommt. Wenn das Pferd sich auf die rechte Seite legen würde – dann könnte sie das linke Bein rüberschwingen und aufsteigen. Daran hatte sie gar nicht gedacht, sie hat es gar nicht glauben können. Der Anfang war ziemlich leicht, beim ersten Mal hat es nur zwanzig Minuten gedauert, bis sich ihr Pferd hingelegt hat. Sie hat es dann zusammen mit ihrem Reitlehrer weiter ausgebildet. Das hat wirklich gut geklappt für sie.*

Vor ungefähr zwei Jahren hat sie sich fertiggemacht, um mit ein paar anderen Reitern ins Gelände zu gehen. Sie unterhält sich gerne mal, und während sie so mit jemandem sprach, sind die anderen schon losgeritten. Ich stand im Hintergrund und habe nur geschaut, was da abläuft. Während sie da so stand und sich unterhielt, sah ihr Pferd, wie die anderen den Hof verlassen. Es dauerte nicht lange, da hat dieses Pferd sich genau hinter sie auf den Boden gelegt, sich ein bisschen über den Boden geschoben, bis es ihr Bein berührte, damit sie aufmerksam wurde. Also hat sie ihr Gespräch beendet und ist aufgestiegen.

Da gibt es noch etwas über dieses Pferd – wenn andere Pferde ihm zu nahe gekommen sind, ist es immer ein Stück weggegangen – der hat zwischen sich und den anderen eine Linie gezogen. Das wussten die anderen. Der war wie eine Stute, die auf ihr Fohlen aufpasst, der hat sie richtig unter seine Fittiche genommen. Es war ganz deutlich, dass er das verstanden hat – und dieses Mädchen hatte den Ratschlag bekommen, sie sollte das Pferd verkaufen ... Also, nicht alle Pferde, aber einige, so wie dieses, scheinen zu verstehen, dass Kinder oder behinderte Menschen einer Situation ausgeliefert sind.

Bei Pferden ist das Konzept des »Sich-Kümmerns« und »Andere-Schützens« Teil ihrer Natur – der Hengst und die Wachposten der Herde schützen die Gemeinschaft und Stuten beschützen ihre Fohlen. Manchmal wird deutlich, dass Pferde dasselbe Konzept auch auf die Menschen anwenden, mit denen sie zu tun haben: *Einmal haben meine Frau und ich unsere kranken Rinder behandelt,* erzählt John Lyons. *Ich hatte einen gebrochenen Unterschenkel und trug vom Knie abwärts einen Gips. Wenn man Vieh hat, ist es schwierig, einen Tag frei zu nehmen – selbst an Weihnachten muss man arbeiten – man muss einfach rausgehen und diese Rinder füttern, ganz egal, was sonst noch los ist. Also habe ich mit dem Lasso die Kälber eingefangen und meine Frau hat jedes Kalb dann behandelt. Susie ritt Misty, eine schwarze Morgan-Quarter-Kreuzung. Wir waren auf einer Weide von 25 Hektar. Ich stand an der Nordseite und meine Frau mit dem Kalb an der Südseite. Vielleicht 40 Meter südlich stand die Mutter des Kalbes. Misty stand brav im Nordosten – Westernpferde sind ja so ausgebildet, dass sie stehen bleiben. Die Kuh kam immer näher und näher an meine Frau heran, denn sie wollte ihr Kalb beschützen. Sie tat so, als wollte sie meine Frau in Grund und Boden trampeln. Na ja, die Stute war ja auf sich gestellt – sie war vielleicht gute 30 Meter von mir weg, gute 45 Meter von meiner Frau, und 60 oder 70 Meter von dieser Kuh. Sie ist von selber rübergelaufen und hat dieser Kuh den Weg abgeschnitten. Und überall, wo diese Kuh nun hingelaufen ist, hat Misty ihr den Weg zu meiner Frau abgeschnitten, während meine Frau sich weiter um das Kalb kümmern konnte. Das nenne ich ein Pferd mit Gespür für Rinder und mit Gespür für Menschen. Pferde sind super.*

Eine Handlung, die absolut nicht in der Natur des Pferdes liegt, kann als dramatisches Beispiel für Beschützerinstinkt sein: *Vor einigen Jahren haben im Griffith*

Park, aber auf der anderen Seite als der, auf der ich immer reite, Waldbrände gewütet, erinnert sich Caroline Thompson. *Mein Pferd Chester und ich waren gerade an der höchsten Stelle auf einem Reitpfad angekommen, als plötzlich ein Hubschrauber um die Ecke kam, der Wasser zum Löschen brachte. Er flog ungefähr auf unserer Höhe. Chester warf einen Blick auf dieses seltsame Ding, das da um die Ecke kam, stieg und rannte darauf los. Pferde sind ja eigentlich Fluchttiere und keine Kämpfernaturen. Ich habe Chester schon erlebt, dass er vor der blödesten Kleinigkeit scheute, aber an diesem Tag hat er sich wohl als Beschützer gefühlt. Er hat so einen eigenen Charakter; ich glaube, als Kavalleriepferd hätte er sich nie wohl gefühlt ...*

Manchmal kann sich ein berittener Polizist sicher sein, dass sein Pferd den Beschützerinstinkt in sich hat und danach handelt: *Einmal hat es auf dem Gelände vom Washington Monument am 4. Juli eine Schlägerei gegeben,* berichtet Lt. Carl Clipper. *Ich war gerade damit beschäftigt, die Leute auseinander zu bringen, da kam einer angerannt und sagte, dass eine Straßengang mit einer abgesägten Schrotflinte unterwegs sei. Ich habe bei diesem Einsatz Midnight Dancer geritten, ein Pferd von eins siebzig Stock. Als wir zu der Gang kamen, sind alle losgerannt, also haben wir die Verfolgung aufgenommen. Die waren zu neunt, wir haben sie ungefähr 400 Meter weit verfolgt und sie alle gefasst. Als wir an den Kerl rankamen, der die Schrotflinte bei sich trug, hat der sich in unsere Richtung gedreht – Midnight Dancer hat ihn einfach umgerannt. An diesem Abend waren überall Schlägereien, und dieses Pferd hat sich die ganze Zeit zwischen mich und irgendwelchen Ärger gestellt. Der beschützt mich immer. Irgendwann kommt dann mal so ein Idiot, der meinem Pferd was tun will, und dann beschütze ich mein Pferd.*

Die innere Verbindung

Ein solcher Glaube an das gegenseitige »Sich-Kümmern« legt den Grundstein für die verschiedenen Arten der inneren Verbindung, die eine Beziehung zusammenhalten: *Ich habe jahrelang nicht geglaubt, dass Pferde einen auch mögen können,* gibt Ron Harding zu. *Aber meine Frau, Beth, hat immer gesagt: »Diese Pferde mögen dich, Ron.« Ich habe dann immer gesagt: »Ach was, die mögen mich nicht. Die wollen, dass ich rauskomme und sie füttere.« Aber dann habe ich angefangen, sie zu beobachten, und einige mögen mich wirklich. Die geben einem dieses Gefühl. Ich habe da eine kleine Stute, die bilde ich gerade aus, ich nenne sie DanDee. Naja, und alle meine Pferde gehen zu ihrem Heu, wenn ich ihnen welches hinlege; die wollen ihr Futter haben. Aber wenn ich das Heu für DanDee in ihre Raufe werfe, dann geht sie da nicht hin, bis ich sie nicht gestreichelt habe. Sie will mit mir reden, bevor sie irgendetwas macht. Dieses Stütchen hat irgendwie einen Narren an mir gefressen. Wenn ein Pferd sich zu einem hingezogen fühlt, dann fühlt man sich auch zu ihm hingezogen. Wenn man etwas von Pferden lernt, dann ist das aller Erste Liebe zu geben und anzunehmen. Du magst mich, ich mag dich. Manchmal dauert es, bis sie einen auch mögen, aber sobald man sich mal ihr Vertrauen erworben hat ... Liebe, das ist die aller erste Lektion.*

Die innere Verbindung stimmt Mensch und Pferd aufeinander ein: *Ich bin schon mit meinem Pferd unterwegs gewesen, um was zu arbeiten, wenn ich mich nicht so wohl gefühlt habe. Vor allem Star war mir gegenüber dann noch einfühlsamer als sonst, weil er wusste, dass es mir nicht gut geht,* sagt Pat Lawson. *Da ist er dann ganz ruhig geworden und hat beschlossen, heute nett zu mir zu sein, weil es mir nicht gut geht. Es hat auch Tage gegeben, da war ich einfach nicht in Hochform und Star hat sich auch darauf eingestellt. Wo ich nachgelassen habe, ist er eingestiegen und hat versucht, unser gemeinsames Ziel zu retten.*

Innere Verbindung bedeutet, dass man einfach gerne zusammen ist: *Mein Pferd war eine tolle Persönlichkeit,* meint Amy Hubbard. *Das ist immer frei herumgelaufen – keine Weide, nichts. Es ist immer wieder zurückgekommen. Es ist nie weggelaufen. Es ist immer an die Küchentür gekommen und hat geschaut, ob ein paar Möhren für es da sind. Das war, als ob wir uns gegenseitig absolut verstehen konnten.*

Auch die körperliche Verbindung begünstigt das »Sich-Kümmern«: *der Brian, ein lernbehinderter Junge in unserem therapeutischen Sommerprogramm, das war so ein »cooler« Kerl, der sich am liebsten einer Gang angeschlossen hätte,* erzählt Maxine Freitas. *Am ersten Tag hat er ganz lange, ausgebeulte Hosen getragen wie die Jungs aus den Gangs, und man hat so richtig gemerkt, dass er die Haltung hatte »ich zieh' keine anderen Klamotten wegen euch an«. Es hat ihm aber nicht gepasst, dass er seine zu langen Hosen durch den Dreck und den Mist zog, also ist er den ganzen Tag rumgelaufen und hat seine Hosenbeine dabei hochgezogen. Als wir den Kindern beigebracht haben, wie man auf ein Pferd zugeht, ist Brian so ans Pferd hingeschlendert und hat gesagt: »Hey, Alter.« Der Junge hat wirklich eine andere geistige Haltung gebraucht, also haben wir ihn aufgefordert, er solle das Pferd putzen. Da ist er rangegangen wie Blücher, bis ich ihm erklärt habe, dass Pferde eine sehr empfindliche Haut haben und man sie deswegen vorsichtig putzen muss. Da hat er seine Hand herumgedreht und angefangen, das Pferd mit dem Handrücken zu streicheln. Eine andere Betreuerin hat auch dabei zugesehen. In diesem Augenblick, mit dieser unbedeutenden körperlichen Verbindung, war es, als ob man einen Vorhang weggezogen hätte. Brian ist vor unseren Augen aufgetaut. Für den Rest der Zeit gab es kein Protzen mehr bei ihm. Als er dieses Pferd berührt hat, hat etwas sein Herz berührt und ihn weicher gemacht.*

Um mit dem Programm weiterzumachen, müssen die Kinder Formulare ausfüllen; Brian war am nächsten Tag der Erste, der seine Formulare vorbeibrachte. Am Ende des Vier-Wochen-Kurses ist er als Pferdeführer neben Kindern hergegangen, die nicht so gut reiten konnten, und war dabei im siebten Himmel. Er hatte gemerkt, dass er etwas Wertvolles hatte, was er anderen bieten konnte. Dieses Programm dauerte vier Wochen – das ist nicht sehr lang – aber in dieser Zeit hat Brian eine unglaubliche Veränderung durchgemacht. Als Vertrauenslehrerin habe ich den ganzen Tag mit solchen Kindern zu tun und ich habe es in meinem Büro noch nie geschafft, diese Art von Veränderung hervorzurufen. Noch nie. In den meisten Programmen für therapeutisches Reiten ist gar nicht genug Zeit, um die Kinder putzen zu lassen. Aber ich denke, dass für viele von diesen Kindern, die zu Hause nicht berührt werden, diese spürbare Verbindung der wichtigste Teil ist. Sie haben ein großes Tier, das sie schön machen können, sie sehen, was sie geschafft haben, und die ganze Zeit berühren sie dabei dieses warme, lebendige Wesen, das nicht über sie urteilt.

Eine mitfühlende, emphatische Verbindung kann heilsam wirken: *Als ich im Krankenhaus gearbeitet habe, hatte ich einen Patienten, Gary, der war Rodeoreiter,* erzählt Maxine Freitas weiter. *Außerdem arbeitete er als Dachdecker und war dabei vierzig Meter tief abgestürzt. Er hatte ein starkes Gehirntrauma erlitten und saß dadurch im Rollstuhl. Er hatte einige Pferde besessen, aber als er ins Krankenhaus kam, hatte er sie verkaufen müssen. Er hat mich gefragt, ob er mir beim Reiten zusehen könnte. Also habe ich seinen Physiotherapeuten gebeten, ihn zu meinem Haus zu bringen. Mir war nicht ganz wohl dabei, als ich meine Paso Fino – Stute holte, weil sie die meiste Zeit ziemlich übergeschnappt ist und noch nie einen Rollstuhl gesehen hatte. Der Rollstuhl hatte ihr überhaupt nichts ausgemacht. Gary tat sich mit dem Sprechen schwer, also hatte ich sie ganz nah zu ihm hingebracht. Sie ist einfach zu ihm hingelaufen und hat ihm den Kopf an die Brust gelegt. Ich hatte meinen Augen nicht getraut! Dann hat Gary mir die Kardätsche aus der Hand genommen und sie einfach geputzt. Pferde sind wirklich eine starke »Medizin«.*

Wenn ich mich schlecht fühle, gehe ich zu einem Pferd, sagt Jill Hassler. *Pferde können wahrhaft mitfühlen; sie nehmen einen, wie man ist und stellen keine Erwartungen an einen. Wenn man lachen oder weinen will, ist das okay, sie sind einfach da. Pferde versuchen nicht, etwas mit einzubringen, wenn man sich mal so richtig ausweinen möchte. Während die meisten Menschen denken, dass sie da doch nicht einfach so daneben stehen können. Das hat mich gelehrt, einfach für andere da zu sein, anstatt zu denken, verflixt, wenn ich schon da stehe, dann muss ich doch was sagen. Inzwischen kann ich einfach für jemanden da sein – ohne irgendwas zu sagen. Wenn man mir eine Frage stellt, dann antworte ich, aber ich versuche kaum noch, etwas einzubringen. Diese Fähigkeit habe ich in meinem Umgang mit Pferden gelernt. Ich denke, echtes Mitgefühl bedeutet, dass man da ist und einem Menschen die Art von Unterstützung geben kann, die er braucht. Das war eine wichtige Erfahrung für mich.*

Eine echte innere Verbindung schafft auch innere Stärke: *Ich habe im Filmgeschäft eine Menge Geld verdient, ungefähr fünf Jahre lang ist alles sehr gut gelaufen, und ich habe das ganze Geld in sehr teure Pferde gesteckt,* erzählt Rex Peterson. *Dann ließ ich mich scheiden. Ich bin eines Tages nach Hause gekommen und alles war weg. Ich hatte nur noch ein Pferd, meinen großen Paint, Hell on Wheels. Der hat mich durch eine Zeit in meinem Leben gebracht, in der ich nicht wusste, wie ich den nächsten Tag überstehen sollte. So ein Pferd hat nicht jeder. Deswegen sage ich, dass ich wirklich Glück gehabt habe. Ich denke, das ist wohl der Grund, warum ich so viel*

Geld dafür ausgegeben habe, dass er am Leben bleibt. Ich glaube wirklich, dass ich heute nicht hier wäre, wenn es ihn nicht gegeben hätte. Der hat mir mehrmals das Leben gerettet, als ich aufgeben wollte. Ich bin oft bei ihm gesessen und habe sehr lange geredet und da sind auch eine Menge Tränen geflossen. Weil es mir durch ihn wieder besser ging, habe ich an dem Tag so hart um ihn gekämpft, an dem er fast gestorben wäre. Ich bin die ganze Nacht bei ihm im OP gesessen, während die Tierärzte sein Leben retteten.

Der Tierarzt frage mich: »Dieses Pferd bedeutet Ihnen wohl sehr viel ...«

»Ja, das tut er«, habe ich gesagt. Ich glaube, kein Mensch weiß, was dieses Pferd wirklich für mich bedeutet. Er ist ein außergewöhnliches Pferd, aber ich habe schon Pferde geritten, die waren in vielerlei Hinsicht besser als er. Er ist das Geld wirklich wert, das ich für diese Tierarztrechnung hingelegt habe, das ist sicher. Er war damals das Einzige, was mir geblieben war, und ich habe ihn heute immer noch. Wenn ich ihn verliere, wird mich das sehr hart treffen, das ist mir klar. Er ist ein großer Ratgeber; ich denke, das ist mit allen Pferden so. Pferde können jedem einen guten Rat geben, vom unerfahrensten Reiter bis zum besten Reiter ...

Es zahlt sich aus

Das Geben und Nehmen in der Beziehung mit dem Pferd ist ständig da und die Bilanz ist nie ausgeglichen. Es gibt kein Kassenbuch, in das man die geschuldeten Beträge für die erbrachten Leistungen einträgt. Jeder gibt, was er kann, und nimmt, was er braucht: *Ich habe Chester vom Geländeritt weg für 300 Dollar gekauft; ich habe einfach seinen Blick gemocht,* erzählt Caroline Thompson. *Es hat sich herausgestellt, dass er ein unglaublich sportliches Pferd ist, der wirklich gerne arbeitet und spielt. Er hat einen ganz erstaunlichen Charakter und versteht so viel Spaß. Er ist wie einer der besten Kumpel, die ich jemals hatte. Er bekommt jetzt das Gnadenbrot. Ich erinnere mich, dass mich ein [Hollywood-] Produzent gefragt hat, was ich wohl denken würde, wie lange das Pferd noch lebt und wie viel mich das kosten würde. Es ist mir egal; da geht es nicht um Geld.* Es geht dabei wirklich nicht um Geld – es geht um das, was zurückkommt.

Es kommen Geschenke zurück, die ohne Erwartungen gegeben und angenommen werden – dadurch tauchen sie manchmal unter überraschenden Umständen auf: *Jeannie Scoggins war ein Mädchen, das jahrelang bei mir geritten ist. Als sie elf Jahre alt war, ist ihr Pferd mitten auf dem Turnierplatz tot zusammengebrochen,* erzählt Richard Shrake. *Na gut, wir haben ein neues Pferd für sie gefunden, The Highwayman. Dieses Pferd war noch nie auf einem Turnier gewesen. Wir haben ihn auf sein erstes Turnier vorbereitet, das Pacific International. Jeannie war die Woche vor dem Turnier bei uns, weil es ja der erste öffentliche Auftritt für ihr Pferd werden sollte. Kurz vor dem Turnier habe ich einen Anruf von Jeannies Mutter bekommen, die sagte: »Richard, Dave ist tot. Er musste ins Krankenhaus und vor drei Stunden ist er eingeschlafen.«*

Ich stand völlig unter Schock. Das war das Schwerste, was ich in meinem Leben je habe tun müssen – diesem kleinen Mädchen zu sagen, dass ihr Papa gestorben ist. Das war wirklich hart. Jeannie hat mich gefragt: »Würdest du bitte Highwayman auf das Turnier mitnehmen?« Ich sagte: »Aber sicher.« Dann hat sie meine Hand genommen und gesagt: »Richard, gewinnst du dieses Turnier auf Highwayman, für Papa?«

Na ja, da bin ich in der Patsche gesessen – wie gewinnt man eine Prüfung auf einem Pferd, das noch nie auf einem Turnier gewesen ist? Erschwerend hinzu kommt, dass dort auf einem Nebenplatz ein Rodeo stattfindet. Das Turnier zudem eigentlich eine Nummer zu groß ist, denn das Ganze war eine der Hauptveranstaltungen der amerikanischen FN und ein erstrangiges Turnier. Kann man da einfach so reingehen und gewinnen? Na ja, ich habe das Pferd vorgestellt. Als er das aller erste Mal auf den Turnierplatz gegangen ist, hat er die Offene Meisterschaft gewonnen. Beim nächsten Mal hat er die Meisterschaften gewonnen – die ersten drei Prüfungen, die er jemals auf einem Turnier gegangen ist. Ich kann Ihnen sagen, das war ein seltsames Gefühl, weil dieses Pferd kein Recht hatte, das so schnell so gut zu machen und die gesamte Konkurrenz zu schlagen, aber er hat es gemacht. Er hat den ganzen Kram gewonnen. Dieses Pferd hat es wirklich durchgezogen.

Der Lohn der Mühe kommt nicht immer von den Pferden selbst: *Ich bin jetzt seit mehr als 20 Jahren pensioniert, aber ich bin nie müßig gewesen,* bemerkt Bobby Christian (S. 203) dazu, der in seiner Freizeit mit Hackney-Ponys fährt. *Mein Interesse gilt Kindern, und ich komme über die Pferde an die Kinder heran. Mit diesen Ponys und den Kindern, die durch sie angezogen werden, mache ich mein eigenes Leben interessanter, und das der Kinder auch. Ich bin der Meinung, dass man Kinder richtig aufwachsen lassen muss. Ich denke, das ist eine Pflicht, die man im Leben hat: Kinder zu führen. Ich lehre sie, was Pflicht bedeutet. Ich lasse sie nie aus dem Stall, bevor nicht alles aufgeräumt ist – die Bürsten, die Mähnenkämme, die Trensen – alles. Neulich hat mir ein Vater gesagt: »Die kleine Lynn kommt nach Hause und bringt ihrer Schwester bei, dass sie alles wieder an seinen Platz zurücklegen muss.« Sie merken, ich denke, dass ich da etwas Gutes tue. Eine Mutter hat mich gebeten, die Patenschaft bei ihrem Kind zu übernehmen. Das sind die Dinge, die mir wichtig sind.* Die Ponys geben Bobby die Gelegenheit, mit Kindern und deren Familien auf eine Weise in Verbindung zu treten, die ihm etwas bedeutet und letztlich allen zugute kommt.

Bei dem Versuch, den Pferden in ihrem Leben etwas zurückzuzahlen, hat Anna Sewell eine internationale Bewegung für den besseren Umgang mit Tieren losgetreten: *Anna Sewell war Zeit ihres Lebens ein »Krüppel« und hat sich in einer Ponykutsche fortbewegt,* erzählt Caroline Thompson. *Als sie vierzig oder fünfzig war, sagte man ihr, sie hätte noch 18 Monate zu leben. Da hat sie beschlossen, einen Dank an die Tiere zu schreiben, die sich ihr ganzes Leben lang um sie gekümmert hatten. Sie hat sechs Jahre gebraucht, um das Buch »Black Beauty« zu schreiben. Es ist das einzige Buch, das sie jemals geschrieben hat; es ist wundervoll und drückt deutlich aus, dass Pferde denkende Wesen sind, Wesen mit Gefühlen, die ebenso lebendig sind wie Menschen.*

Schon klar, vor ungefähr hundert Jahren war es wahrscheinlich nicht so toll, ein Pferd zu sein, weil das Pferd vom Menschen wie eine »Maschine« benutzt wurde. Es waren reine Arbeitstiere. Bis ungefähr 1830 waren die Kutschen sehr schwer und mussten daher von starken Kaltblütern gezogen werden. Bis Mitte des 19. Jahrhunderts war die Technik aber so weit, dass leichtere Kutschen gebaut werden konnten, sodass man auch feiner gebaute Pferde eingespannte. Dann wurde es immer wichtiger, dass das Ganze gut aussah, also haben die reichen Pferdebesitzer ihren Pferden die Köpfe mit Aufsatzzügeln nach oben gezogen, damit sie aufgerichtet und stolz daher kamen. Diese hohe Kopfhaltung macht es Pferden im Geschirr aber unnötig schwer, vor allem, wenn sie bergauf ziehen sollen. Anna Sewell hat über diese falsche Behandlung in ihrem Buch »Black Beauty« geschrieben. Daraufhin wurde ein Gesetz verabschiedet, das den Gebrauch von Aufsatzzügeln eingeschränkte. Als Reaktion auf ihr Buch wurden in ganz London Wassertröge für die Kutschpferde aufgestellt und Ställe für ausgemusterte Pferde eingerichtet. »Black Beauty« hatte ungeheure Auswirkungen. Leider ist Anna Sewell kurz nach der Veröffentlichung gestorben und konnte nicht mehr miterleben, welchen Einfluss ihr Buch auf die Lebensbedingungen der Tiere hatte. Anna Sewell hat mit ihrem Buch sehr viel für ihre Freunde, die Pferde, erreicht. Black Beauty wurde zum Förderer von menschlicheren Idealen und Gemeinschaften rund um den Globus.

Jane Savoie hat ihr Buch »Winning Feeling« geschrieben, um anderen weiterzugeben, wie es ihr gelang, reiterlich so weit zu kommen. Sie erhielt von ihren Lesern sehr viel positive Resonanz:*Das Schönste an meinem Buch ist, dass es so viele Leute gibt, die sich davon haben berühren lassen,* sagt Jane. *Ich habe einen Brief von einer Frau bekommen, die sich einer Chemotherapie unterziehen musste. Sie hat Techniken aus meinem Buch angewendet und die haben ihr geholfen. Mich haben Leute angerufen, die sich selbständig gemacht haben, und haben mir berichtet, dass mein Buch ihnen bei diesem Schritt geholfen hat. Vor drei Tagen hatte ich eine Nachricht von einer Frau auf meinem Anrufbeantworter. Sie sagte: »Sie kennen mich nicht. Ich bin nur jemand aus Pennsylvania, aber ich möchte, dass Sie wissen, dass ich mir vor einiger Zeit Ihr Buch gekauft und es viele Male gelesen habe. Ich habe auch alle Videobänder von Ihnen, und ich kann Ihnen gar nicht sagen, was das sowohl für meine Reiterei als auch für mein Leben bedeutet hat.« Dann hat sie geweint und gesagt: »Ich wollte Ihnen einfach nur aus tiefstem Herzen danken …« und damit hat sie aufgehängt. Ich kann Ihnen gar nicht sagen, wie viel mir das bedeutet hat.*

Bücher sind nicht die einzige Art, auszudrücken, wie viel man den Pferden zu verdanken hat: *Ich möchte Ihnen diesen Brief vorlesen,* sagte Bob Douglas. *Er ist nur ganz kurz, aber es ist ein sehr, sehr wichtiger Brief, den eine unserer Reitlehrerinnen bekommen hat. Er trägt das Datum 4. Februar 1994: »Liebe Joan, danke, dass du mir beigebracht hast, auf Buster zu reiten. Buster ist ein tolles Pferd. Mit Buster hat es mir viel Spaß gemacht. Sag Buster, dass ich jetzt aus der Heimerziehungspflege rauskomme.«*

Buster ist wirklich ein erstaunliches Pferd: wir haben ihn schon einmal getroffen, als er in Kapitel sechs den autistischen Jungen zum Sprechen brachte. *Buster ist ein interessantes Pferd. Seit einem Unfall hat er nur noch ein Auge, ist also auch behindert,* bemerkt Bob dazu. *Er hat sich völlig neu zurechtfinden müssen, aber er springt immer noch und scheint total glücklich zu sein.* Es scheint, dass Buster seinen Schutzbefohlenen im therapeutischen Reiten einiges zu geben hat.

Lebenslehren

Offensichtlich ist jeder Vorfall, an dem ein Pferd und ein Mensch beteiligt sind, interpretierbar, und deswegen ist es auch unmöglich, zweifelsfrei zu sagen, ob ein Pferd aus Selbstschutz handelt oder aus Fürsorge für einen anderen. Ist das Motiv wirklich so wichtig? Welche Erfahrungen ein Mensch macht, hängt von ihm selbst ab. Wenn ein Mensch also glaubt, dass sein Tier aus Fürsorge, Beschützerinstinkt oder Liebe gehandelt hat, und wenn der Mensch deswegen das Gefühl hat, von seinem Pferd ein Geschenk bekommen zu haben, ist da etwas dagegen einzuwenden? Ob die angeführten Beispiele nun tatsächlich passiert oder frei erfunden sind ist nicht wichtig – auf jeden Fall sind sie bedeutungsvolle Lektionen in Fürsorge, Mitfühlen, innerer Verbindung, Schutz und Mut – durch die Kraft der Pferde!

10. Kapitel

Der Abschied: Empathie, Loslassen und Tod

Wenn's im Himmel keine Pferde gibt, geh' ich da nicht hin.
L.D. Burke III, Santa Fe

Gott hat uns ein Geschenk gemacht: wir können weinen ...
Dale Evans

Zum langsamen, exakten Trommelschlag einer Militärkapelle schiebt sich eine Trauerparade über die Pennsylvania Avenue. Das einzige Wesen, das in der langen Prozession nicht im Takt bleibt, ist ein einsames schwarzes Pferd. Das Tier tanzt nervös um die Person herum, die es führt. Die Lebenskraft des Pferdes steht im scharfen Kontrast zu der stummen, wie betäubt wirkenden Menschenmenge, die sich an der Straße versammelt hat.

Das Pferd ist gesattelt und gezäumt, aber es trägt keinen Reiter, nur ein Paar Reitstiefel sind verkehrt herum in die Steigbügel eingehängt. Ein trauriges Symbol des Verlustes – das reiterlose, gesattelte und gezäumte Pferd. Aber es ist nur eine weitere, die Seele anrührende Bestätigung dafür, dass Amerika seinen geliebten Präsidenten verloren hat. Einen Mann, der trotz chronischer Rückenschmerzen so voller »Schwung und Kraft« war, dass er die Flamme des Nationalstolzes entfacht und die Hauptstadt Washington mit dem dynamischen Geist von Camelot erfüllt hatte. Er hatte das Peace Corps geschaffen und die Bürger so inspiriert, dass sie hingingen und fragten, was sie für ihr Land tun können. John F. Kennedy wurde zu Beginn seiner Amtszeit ermordet, und das gesamte Land trauerte mit der Witwe und den kleinen Kindern.

Es gibt viele geistige Bilder, die mir von diesem Tag nationaler Trauer noch in Erinnerung sind, aber neben dem kleinen John-John, der vor dem mit Flaggen umhüllten Sarg seines Vaters salutiert, hat sich mir vor allem das Bild dieses wunderschönen, schwarzen Pferdes eingebrannt – gesattelt und gezäumt, aber reiterlos.

Es geht immer weiter

Verluste sind wohl die schwierigsten Lebenslektionen, schwierig zu akzeptieren und schwierig zu verstehen. Der Verlust eines Pferdes und der damit verbundenen Beziehung ist schwer zu ertragen. Als es an der Zeit war, meine erste Pferdeliebe, Freddie, zu verkaufen, hatte ich nicht damit gerechnet, dass mich das emotional so mitnehmen würde. Wir waren fast vier Jahre lang zusammen gewesen – Jahre des gegenseitigen Lernens, in denen Freddie sich vom mürrischen Zossen zum willigen Springpferd entwickelte, während ich mich von der E-Dressur zum Parcoursspringen hochdiente. In den letzten zwei Jahren war ich allerdings immer vorsichtiger geworden, während Freddie immer stärker und herrischer wurde. Ich bin mir immer noch nicht sicher, ob meine aufkeimende Angst eine Reaktion auf Freddies immer stärker werdendes Dominanzverhalten war oder die Ursache dafür. Jedenfalls waren wir einfach kein tolles Team mehr: Wir konnten nicht einmal einen kurzen Parcours beenden, ohne dass es wenigstens eine hässliche Szene gab. Wie langjährig Verliebte, bei denen die Ehe dann nicht klappt, waren wir am Boden immer noch herzlich vertraut, aber beim Reiten passten wir einfach nicht mehr zusammen. Wir brauchten beide Veränderung.

Mir fiel es schwer, Freddies Namen auf die Liste der Verkaufspferde zu setzen, denn ich hatte noch nie zuvor einen Freund verkauft – und genau das waren wir ja – Freunde, die in allen Bereichen gut miteinander auskamen, nur bei der Arbeit nicht. Ich erwartete, dass ein Reiter aus der Nähe sich in meine schöne Fuchsstute verlieben würde, so wie ich es damals getan hatte, und dass ich sie besuchen und mich über ihre Fortschritte informieren könnte. Dann bekam ich den Anruf. Meine Reitlehrerin Macella sagte: »Meine Freundin Lynn Lloyd ist hier und hat sich in Freddie verguckt. Sie ist eine wahnsinnig gute Pferdefrau. Sie ist schon in ganz Amerika geritten – buchstäblich von Küste zu Küste. Ich kenne sie schon lange und Freddie könnte es gar nicht besser treffen.«

Ich war aufgeregt und spürte Zufriedenheit in mir aufsteigen, weil meine erste Priorität war, ein gutes zu Hause für Freddie zu finden. »Also gut«, sagte ich nach einem kurzen Nachdenken, »das machen wir.«

»Gut«, sagte Macella. »Lynn wohnt in Nevada und will Freddie heute mitnehmen. Kommst du rüber, um Freddie Lebewohl zu sagen?« In diesem Augenblick traf es mich wie ein Hammerschlag. »Freddie Lebewohl sagen ...«. Ich griff mir ein paar Möhren und raste zum Stall. Die ganze Zeit über versuchte ich, meine Tränen aufzuhalten. »Freddie Lebewohl sagen.« Ich hatte nicht erwartet, dass diese Worte mich so treffen würden. Ich traf Macella und ihre Freundin im Stall. Zu diesem Zeitpunkt konnte ich mich nur noch für meine Heulerei entschuldigen. Lynn war sehr nett und verständnisvoll. Ich ging zu Freddie in die Box, umarmte sie und gab ihr Möhren, machte meine Unterschriften unter die entsprechenden Papiere und fuhr wieder – immer noch hysterisch heulend. Ich fuhr aus dem Hof und lenkte dann den Wagen an die Seite, um zu beobachten, wie sie Freddie in den Hänger führten. Freddie ging in aller Ruhe die Rampe hinauf und verließ damit mein Leben.

Ich heulte drei Tage durch und grämte mich wochenlang. Ich war selbst geschockt über meine tiefe Verzweiflung. Es war ja nicht so, als ob Freddie gestorben wäre – sie hatte ein gutes Zuhause bekommen – aber ich konnte meine Trauer einfach nicht beenden. Schließlich wurde mir klar, dass ich nicht nur über diesen Verlust weinte. Ich vergoss diese Tränen aus Reue, weil ich Gewissensbisse hatte und weil ich mich als Versagerin fühlte. Ich bereute es, dass ich Freddie verkaufen *musste*, ich hatte Gewissensbisse, weil ich nicht fähig gewesen war, unsere Partnerschaft zu etwas Funktionsfähigem auszubauen, und ich hatte das Gefühl, ich hätte vor Freddie und mir versagt.

Einen Monat später erhielt ich einen Brief von Lynn aus Reno in Nevada, in dem sie mir erzählte, wie sehr sie Freddie mochte und wie viel Spaß sie beide beim Jagdreiten hatten (Lynn ist in der Red Rock-Meute aktiv). Offensichtlich hatten sich hier zwei gesucht und gefunden, denn Freddie war im Gelände immer aufgelebt, während sie Dressurarbeit zum Gähnen langweilig fand.

Dem Brief lag ein fantastisches Foto bei, das Freddie mit Lynn zeigte – Lynn im scharlachroten Rock, wie sie eine Meute Hunde nach der Jagd nach Hause führte. Die beiden sahen absolut fantastisch aus, und Freddie *lächelte* buchstäblich. Ich freute mich so für sie ... dass ich weinte.

Ich dachte damals, dass meine Reaktion oder Überreaktion auf der Tatsache beruhte, dass das mein erstes Pferd war, mein erster Verkauf, meine erste fehlgeschlagene Partnerschaft, mein erster Verlust eines Pferdes. Bald lernte ich aber, dass es nicht nur den Amateuren schwer fällt, ihren Partnern Lebewohl zu sagen: *Dieses letzte Jahr mit Starman war sehr schwierig*, erklärt Anne Kursinski. *Er war immer noch ziemlich fit – er hat nicht gelahmt, ist immer noch wie wild galoppiert und gesprungen – aber ich weiß, was man bringen muss, um durch die Olympischen Spiele zu kommen, und er hat es auch gewusst. Mir war klar, dass er im internationalen Springsport nicht mehr mitmischen konnte. Ich habe tief in mir gespürt, dass es an der Zeit war, ihn gehen zu lassen. Wir haben ihn noch ungefähr ein Jahr lang auf dem Hof behalten. Ich bin noch ein Turnier in Palm Beach in Florida mit ihm geritten, aber dann haben wir ihn nach Kalifornien in Rente geschickt, da ist er noch als Zuchthengst eingesetzt worden. Das war sehr schwer für mich, aber eine sehr gute Lektion, weil es dabei um Ehrlichkeit geht und darum, was für das Pferd am besten ist. Außerdem geht es um Dankbarkeit, um die Anerkennung, was er alles für uns getan hat, und danach sollte er mit etwas Neuem und Positivem weitermachen. An dem Tag, an dem ich Starman in Palm Beach zum letzten Mal auf einem Turnier geritten habe, haben wir eine kleine Feier abgehalten. Dann wurde Eros, mein Nachwuchspferd, im bisher wichtigsten Grand Prix seines Lebens Zweiter und Dritter. Damit hat der Rückzug von Starman eine Art spirituelles Ende gefunden – mit jedem Ende kommt auch ein neuer Anfang – Starman ist gegangen und Eros ist gekommen ...*

Weder mein Verlust noch der von Anne waren endgültig; wir wussten beide, dass unsere Pferde es gut haben würden, aber trotzdem war da eine gewisse Traurigkeit darüber, dass wir besondere Kapitel in unserem Leben dadurch abschließen sollten.

Vor drei Monaten habe ich ein Pferd aus dem Dienst genommen, das mit einem Polizisten 18 Jahre lang seinen Dienst getan hatte, berichtet Lt. Carl Clipper. *Wir haben ihn als Gnadenbrotpferd auf einen Betrieb mit 20 Hektar Weiden gebracht. Als wir weggefahren sind, ist uns dieses Pferd am Zaun entlang hinterher getrabt. Der Polizist hat es im ersten Monat dreimal besucht ...* Selbst die schönste Rente kann eine schwierige Anpassungsaufgabe sein. *Als wir von den Olympischen Spielen in Tokio nach Hause gekommen sind, war mein [Vielseitigkeits-Meisterschaftspferd] Grasshopper 17 oder 18 Jahre alt,* erzählt René Williams. *Wir haben ihn ein Jahr lang selbst behalten und dann beschlossen, ihn auf den Hof seines Besitzers in Kalifornien zu bringen. Ich habe allen klarzumachen versucht, dass es doch viel besser wäre, wenn er hier [in New Jersey] bleiben würde; wir könnten ihn an einen Jungen oder ein Mädchen aus der Nachbarschaft geben und die könnten mit ihm ins Gelände gehen, damit er etwas zu tun hat. Aber das wollte man nicht, es wurde entschieden, dass er sein Gnadenbrot in Kalifornien erhalten sollte. Er war innerhalb von sechs Monaten tot. Sie sagen, er hätte eine Kolik gehabt, aber ich glaube, er hat sich gegrämt; ich glaube, er ist an gebrochenem Herzen gestorben. Ich denke, wenn man so viel mit Tieren zu tun hat wie ich, dann sieht man sie mit ziemlich »menschlichen Augen« – die meisten jedenfalls.*

Plötzlicher Tod

Ein plötzlicher Tod ist eine besonders schlimme Art von Verlust. Er überfällt den Menschen, versetzt ihn in einen Schockzustand, macht ihn bewegungslos. Der plötzliche Tod macht uns klar, wie porös der Lebensfaden ist. Am 27. Mai 1995, dem Geburtstag meines Mannes Kip, hatten wir uns entschlossen, einen kurzen Ausritt zu machen und uns erst dann den Vorbereitungen fürs Abendbrot zu widmen. Wir machten einen friedlichen Ausritt über den Berg zu einem nahegelegenen Weinberg, ritten dann durch den Mammutbaumwald zurück und gingen schließlich einen schmalen Weg entlang, dessen rostroter Lehmboden noch immer tiefe Furchen vom heftigen Märzregen aufwies.

Plötzlich stolperte Haji in eine diese tiefen Furchen und fiel hin. Es gelang mir, im Sattel zu bleiben, während er sich Haji schnell wieder auf die Füße kämpfte. Als wir nachsahen, ob alles in Ordnung ist, sagte Kip: »Er belastet das linke Hinterbein nicht; du solltest besser absteigen.« Ich sprang ab und untersuchte Hajis Bein: der Oberschenkel fühlte sich warm an, aber glücklicherweise schien nichts gebrochen zu sein. Ich lockerte den Gurt und wir begannen einen sorgenerfüllten Marsch zurück in den Stall.

Nach dem Absatteln bot ich Haji seine übliche Belohnungsmöhre an – er wollte sie nicht nehmen. In den sechs Jahren, die wir ihn jetzt hatten, hatte Haji nie eine Möhre abgelehnt ... ich rief unseren Tierarzt an. Er hatte dieses Wochenende keinen Dienst und der Tierarzt, der Rufbereitschaft hatte, war bei einem Notfall; die Frau in der Vermittlung versprach mir, dass er mich so bald wie möglich anrufen würde.

Ich putzte Haji und brachte ihn in die Box, damit er sich nicht so viel bewegte, dann ging ich duschen. Als ich vierzig Minuten später wieder nach ihm sah, schien er völlig teilnahmslos. Ich rief erneut beim Tierarzt an, aber da war immer noch niemand da. Ich streichelte Haji und sagte ihm, er solle sich nicht so haben; das Bein tat ja nur ein bisschen weh und wir würden ihm eine gute Medizin und eine schöne Massage verpassen, sobald der Tierarzt einen Blick auf ihn geworfen hatte. Ich ging ins Haus, um das Abendessen zu machen. Unsere Gäste kamen, und ich entschuldigte mich für einen Augenblick, um noch einmal nach Haji zu sehen.

Diesmal – etwa eineinhalb Stunden nach unserer Rückkehr in den Stall – sah Haji furchtbar aus; er konnte kaum stehen. Ich rief wieder bei der Tierarzt-Vermittlung an und machte Druck, sie sollten jetzt endlich jemanden auftreiben, der helfen konnte. Ich rief meine Reitlehrerin an und hinterließ ihr eine Nachricht auf dem Anrufbeantworter, ich rief Freunde an, die Pferde hatten, und hinterließ ihnen Nachrichten auf den Anrufbeantwortern. Haji war offensichtlich schlimm dran – aber WARUM? Ich rief wieder bei der Tierarzt-Vermittlung an und fragte, ob die Frau des Tierarztes zu sprechen sei. »Ja, aber sie macht nur Kleintierpraxis«, sagte die Frau. »Die hat Ahnung von Pferden – stellen Sie mich durch!« forderte ich.

Es stellte sich heraus, dass unser Tierarzt zwar keinen Dienst hatte, aber zu Hause war. Während ich ihm noch erklärte, was passiert war, musste ich zusehen, wie Haji zu Boden ging und sich dann bemühte, wieder auf die Beine zu kommen. Der Tierarzt sagte: »Versuchen Sie, ihn ruhig zu halten. Er soll möglichst liegen bleiben, ich bin schon unterwegs.« Ich ging zu Haji hinüber, der inzwischen flach auf der Seite lag. Ich kniete mich neben ihn, streichelte seinen elfenbeinfarbenen Hals und hob mir seinen Kopf in den Schoß. Er versuchte, aufzustehen, aber ich hielt seinen Kopf fest und er hatte nicht die Kraft, dagegen anzukommen. Ich streichelte ihn und sprach leise mit ihm, erzählte ihm, dass der Tierarzt gleich da sein und dann alles gut werden würde. Schließlich war es nur ein kleiner Sturz gewesen, nichts gebrochen, es würde ihm bald wieder gut gehen.

Innerhalb kurzer Zeit fing sein Atem an zu rasseln und seine Augen wurden blicklos. Ich schrie nach Kip, er solle kommen. Hajis Beine zappelten im Todestanz, aber wir wussten nicht, dass es das war. Als seine Atmung schwächer wurde, fingen Kip und die Gäste an, Wiederbelebung beim Pferd zu machen oder zumindest etwas, was diese Wirkung haben sollte: sie drückten rhythmisch auf Hajis Brustkorb, um die schlechte Luft herauszupressen und dann die gute einströmen zu lassen ... sie arbeiteten immer noch, als der Tierarzt eintraf, aber über Hajis Augen lag schon ein Schleier ...

Tot! Wie konnte dieser Stolperer ihn umbringen? Er hatte sich noch nicht einmal etwas gebrochen – was war passiert? Ich war verwirrt und untröstlich. Warum war er *gestorben*? Der Tierarzt nahm eine Spritze und ließ die Nadel tief in Hajis Bauchraum gleiten. »Das war es«, sagte er und zeigte auf die Spritze, die jetzt voller Blut war ... »Aneurysma im Bauchraum. Er ist innerlich verblutet. Das kann den Sturz verursacht haben oder das Aneurysma, das ist eine Aussackung einer Arterie, ist gerissen, als er sich aufgerappelt hat. Häufig ist das nicht, aber es kommt vor.«

Das war es also. Innerhalb von noch nicht einmal drei Stunden war unser schöner, lustiger, liebenswerter Haji nicht mehr, weil ein Blutgefäß geplatzt war.

Wie auch schon der Ausspruch sagt »Wenn es Spaß macht, dann geht die Zeit viel zu schnell vorbei«, scheint die Zeit, die man mit den wenigen ganz besonderen Pferden im Leben verbringt, immer zu kurz zu sein: *Als ich noch ganz klein war, hatte mein Vater eine kleine Stute, die er »Belle« nannte*, erinnert sich Dennis Marine. *Das war ein Prachtpferd, willig und brav. Eines Morgens ist er auf die Weide gegangen, um sie reinzuholen ... Nun ja, sie war getreten worden und ihr Bein war so gut wie ab, sodass mein Vater sie erschießen musste. Das war das erste Mal ... [Er kann nicht mehr weitersprechen]. Es macht mir immer noch etwas aus ... sehen Sie, das passiert nie denen ... also, es gibt Pferde, das sind einfach »Taugenichtse« ... aber denen passiert so was nie, es passiert anscheinend immer bloß den ganz Besonderen.*

Ich weiß nicht, ob man sagen kann, dass der Tod einen härter macht, aber auf jeden Fall betrachtet man dadurch die Dinge von der praktischen Seite. Das kriegt man so mit beim Leben auf einer Ranch oder einem Bauernhof. Nichts dauert ewig ... Man sollte niemals »nie« und niemals »immer« sagen, weil man sonst lügen würde. Man kann gar nicht anders, man hat eine besondere Beziehung zu den wirklich guten Pferden, die man in seinem Leben trifft, aber man muss daran denken, dass nichts so bleibt ... Es gibt eine Menge gute Pferde, aber die wirklich Besonderen ... mit denen scheint alles immer so schnell vorbei zu sein. Je schlechter sie sind, desto länger bleiben sie – die »Taugenichtse« bleiben ewig.

Auch in der Welt der Pferde kann der Tod sehr plötzlich und unerwartet eintreffen: *Ich habe ein Pferd geritten, Buddy, das war ein total netter Kerl. Er war vierzehn Jahre alt. Zu dem hatte ich eine wirklich gute Beziehung*, bemerkt Tracy Cole. *Er war Western ausgebildet und total bequem – der konnte aus dem Trab angaloppieren und man hat überhaupt nicht gemerkt, dass er die Gangart gewechselt hat. Er erlitt eine Sohlenquetschung und aus diesem Grund hatte ich ihn eine Zeit lang nicht geritten. Ich wollte ihn auf jeden Fall weiter ausbilden. Plötzlich teilte man mir mit, dass er tot war! Er war irgendwie ausgebrochen und von einem Auto angefahren worden. Das war das erste Pferd, bei dem ich wirklich ausgerastet bin: »Was soll das heißen, er ist von einem Auto angefahren worden? Er kann doch nicht tot sein!« Das war das Schlimmste ...*

Manchmal kann selbst die beste Absicht und Pflege sich als tödlich erweisen: *Meine Frau Judy und ich, wir haben mehrere gute Pferde verloren, aber am schlimmsten war es, als die Lieblingsstute meiner Frau gestorben ist. Wir hatten sie von Geburt an*, sagt Curtis Steel. *Sie hatte gerade ein Fohlen bekommen und ich habe ihr eine Penicillinspritze gegeben; am nächsten Tag sollte Judy ihr dann die zweite Spritze geben. Als sie das tat, hat das Pferd allergisch reagiert und ist tot zusammengebrochen. Warum das nicht passiert ist, als ich ihr die erste Spritze gegeben hatte – vielleicht war die Reaktion anderswo im Körper abgelaufen und nicht am Herzen ... Ihr Fohlen haben wir mit Hilfe einer Hündin aufgezogen. Wir haben es immer noch.*

Im gleichen Frühjahr bekam auch noch eine weitere Stute ein Hengstfohlen, setzt Curtis hinzu. *Judy hatte es sich angesehen und alles war in Ordnung. Eine Stunde später ist Judy wieder runtergegangen, da lag das Fohlen außerhalb des Paddocks und hatte sich das Genick gebrochen. Es war unter dem Zaun durchgekrabbelt, hatte Panik bekommen, wollte wieder zurück, und hat sich dabei das Genick gebrochen. Damit hatte Judy dann zwei furchtbare Erlebnisse in einem Jahr. Sie hat eine ganze Weile gebraucht, um darüber hinwegzukommen. An ihrer Stute, die an der Penicillin-Allergie gestorben ist, an der ist sie echt gehangen ... Aber wissen Sie, man muss Pferde haben, damit man welche verlieren kann, und wenn man genug Pferde hat, dann wird man auch welche verlieren – das ist einfach so.*

So mächtig die moderne Medizin auch ist, werden doch selbst die kompetentesten Experten täglich daran erinnert, dass alles seine Grenzen hat: *Als ich zwölf war, habe ich eine Stute geritten, ein Meisterschaftspferd im Barrel Racing. Sie hieß Lillie's Star,* sagt Dr. Patty Latham. *Im Frühjahr hatte sie gefohlt, aber weil mit ihr so viel trainiert worden war, hatte sie wenig Milch und ihr Fohlen war ziemlich schwach. Ich habe jeden Nachmittag und jedes Wochenende mit diesem Fohlen verbracht. Es legte seinen Kopf, bei seinem nachmittäglichen Nickerchen, gerne in meinem Schoß. Als das Fohlen ungefähr vier Monate alt war, mussten wir nach Kalifornien umziehen, weil mein Vater versetzt wurde. Ich dachte damals, ich müsste sterben. Aber dann hat der Besitzer mir das Fohlen geschenkt. Ich habe es Lillie Too genannt. Meine armen Eltern haben dieses Pferd von Missouri nach Kalifornien mitgeschleift, dann nach Texas, nach Colorado und wieder zurück nach Kalifornien. Sie ist mit mir sogar auf die Universität gegangen. Alle meine Kinder haben auf ihr das Reiten gelernt. Als sie 23 war, hat sie sich bei einem Unfall im Hänger schwer verletzt. An der Vordertüre des Hängers war ein Fenster gebrochen und aufgeflogen, und als Lillie einen Satz nach hinten gemacht hat, hat sie mit dem Fuß die Hängerwand durchgetreten und sich dabei fast alle Sehnen durchtrennt. Wir haben ungefähr zwei Monate lang, mit Operationen und Gipsverbänden, versucht, was für sie zu tun. Sie hatte immer größere Schmerzen und am Schluss haben wir sie doch einschläfern müssen. Als Tierärzte haben wir ziemlich regelmäßig mit dem Tod zu tun, wir verstehen ihn und wir akzeptieren ihn.*

Meine Philosophie dazu ist, die Lebensqualität ist der wichtigste Faktor im Leben. Wenn keine Lebensqualität mehr da ist, dann ist der Tod praktisch ein Geschenk. Ich will nicht in einem Krankenhaus sterben. Wenn ich nicht draußen bei den Pferden sein kann, wenn ich keine Musik mehr hören kann ... wenn ich nur noch vor mich hinvegetiere, dann will ich auf keinen Fall mehr leben. Meine Kinder sind auch dieser Meinung. Sie sind ja schließlich mit uns aufgewachsen und haben deswegen eine Menge schwerer Unfälle gesehen. Keines von ihnen hat ein Problem, wenn es Blut sieht, und sie sind alle schon in der Praxis gewesen, wenn ich ein Tier einschläfern musste. Sie haben bei Autopsien zugesehen und früh ein wissenschaftliches Interesse entwickelt. Sie haben aber deswegen nicht weniger Mitleid ... sie weinen immer noch mit uns.

Der Tod anderer konfrontiert einen immer wieder mit der eigenen Sterblichkeit. Er lässt den Menschen emotionale Reserven aufbauen, die er braucht, um bei schweren Verlusten selbst weiterleben zu können: *Ich sage Ihnen was, manchmal ist es für mich schwieriger, wenn eines meiner Pferde stirbt, als wenn ein Mensch stirbt,* gibt Jimmy Fairclough zu. *Ich denke, das liegt daran, dass ich mit den Pferden so eine Beziehung »eins zu eins« habe und beim Training so viel Zeit mit ihnen verbringe. Ich trainiere sieben Tage die Woche mit ihnen, außer im November und Dezember, da bekommen sie sechs Wochen Urlaub. Den Rest des Jahres, vor allem in der Hochsaison, arbeite ich mit manchen Pferden zwei bis drei Stunden am Tag. Ich befasse mich wirklich viel mit ihnen, und deswegen ist es schwer zu ertragen, wenn ich eines verliere.*

Kurz vor der Weltmeisterschaft hatte ich ein unglaublich gutes, junges Gespann, das total zusammengehalten hat – wir haben in Österreich die Goldmedaille gewonnen. Dann starb Avedon an einer Kolik. Kurz drauf hat sich eins meiner guten Reservepferde auf der Weide gewälzt, irgendwie die Beine durcheinandergebracht, ausgeschlagen und sich ein Hinterbein gebrochen. Wir haben versucht, es zu retten, aber es ging nicht, und ich musste es einschläfern lassen. Dann bei der letzten Qualifikationsprüfung vor den Zweispänner-Weltmeisterschaften 1993, starb ein weiteres meiner Pferde, an einem Magendurchbruch. Ich musste es für die Meisterschaft durch ein Pferd ersetzen, das ich bisher erst auf einem einzigen kleineren Turnier gefahren hatte. Das alles hat mich gelehrt, dass man jeden Morgen aufstehen und sich unter Umständen mit einer neuen Situation auseinandersetzen muss. Dann muss man versuchen etwas Neues aufzubauen und weiterzumachen. Man muss immer weitermachen im Leben, ganz ohne Zweifel. Aber es ist schwer, das zu akzeptieren.

Manche Umstände sind auch brutaler als andere: *Mein Vater war immer ein harter Knochen. Er war ein absoluter Pferdemann und ist bei den Timber-Races mitgeritten, das Springen mit den festen Hindernissen. Er ist Jagden geritten, Spring- und auch Vielseitigkeitsprüfungen. Ich schätze mal, er hat mir beigebracht, stark zu sein, und ich denke, das bin ich auch. Aber es macht mich traurig, wenn Pferde verletzt werden – wenn sie sich ein Bein brechen, das Genick oder das Rückgrat. Sie sind dann total hilflos, und es ist ein jämmerliches Gefühl. Menschen sind in so einer Situation wohl auch hilflos, aber bei den Pferden tut es mir mehr Leid, weil wir sie für unseren Sport in Gefahr gebracht haben. Und wenn sie einem 100 Prozent geben und dann stürzen oder einen Unfall haben, dann fühlt man sich verantwortlich. Wenn sie einen Herzinfarkt haben und sterben, weil sie sich für mich angestrengt haben, ihr Bestes für mich gegeben haben, dann ist es schwer, so zäh zu sein, wie mein Vater es mir beigebracht hat.*

1964 bin ich zur Olympiade nach Tokio geflogen. Ich hatte Markham, ein sehr gutes Pferd, dabei. Meine Familie hatte ihn aufgezogen. Er war das erste Pferd, das ich international geritten habe. Ich hatte ihn bereits bei meiner ersten Olympiade, 1960 in Rom, geritten. Da war ich achtzehn und keiner von uns beiden hatte von irgendwas eine Ahnung. Tokio sollte unsere zweite Olympiade werden. Es passiert nicht sehr oft, dass ein Pferd zweimal hintereinander bei Olympia startet. Es war eine ziemliche Leistung für Markham, dass er vier Jahre später noch einmal voll mitmachen konnte.

Markham hatte schlechte Erfahrungen bei einem Transport gemacht, daher machten wir uns große Sorgen, wie er sich wohl im Container benehmen würde. Damals hatten wir noch wenig Ahnung, was man mit Pferden machen kann, die sich nicht gut transportieren lassen. Wir waren überzeugt davon, dass im Flugzeug nach Tokio alles in Ordnung gehen würde. Als wir in New York losflogen, bekam das Pferd einen Koller und zerriss die Anbindung. Eins der Kettenglieder zertrümmerte ein Fenster und das Flugzeug verlor an Höhe. Markham drehte völlig durch! Wenn das in einem Flugzeug, mitten in einer Gruppe von Pferden, passiert, dann muss man damit rechnen, dass alle verrückt spielen, also mussten wir ihn töten. Wir machten in Chicago eine Notlandung und luden ihn aus. Das war das Tragischste und Furchtbarste, was mir jemals passiert ist – ich war damals noch nicht so alt und habe lange gebraucht, darüber hinwegzukommen. Ich bin trotzdem mit nach Tokio gegangen und man hat mir Bold Minstrel nachgeflogen, damit ich an den Olympischen Spielen teilnehmen konnte. Am Schluss haben wir die Mannschafts-Silbermedaille gewonnen, also hatte das ganze ein gutes Ende. Aber dass ich Markham auf diese Weise verloren habe, das war sehr schlimm für mich. Vor allem, weil er sein Vertrauen verloren hatte – das war das Traurigste daran. Er war ein Pferd mit großem Selbstvertrauen. Die Erlebnisse im Hänger hatten ihn ungeheuer durcheinander gebracht. Und dann ihn töten und einfach in Chicago zurücklassen zu müssen ... das Gefühl, einen guten Freund verloren zu haben ... dieses Gefühl lässt mich nicht los.

Es ist schwierig, zu sagen, was der Verlust eines Menschen oder Tieres für eine Person bedeutet. Aber die Erfahrungen, die man durch den Tod eines Tieres, das man gern hat, macht, können einen auf den Verlust der geliebten Menschen vorbereiten, die einem am nächsten stehen. *Eine der größten Lebenslehren ist der Umgang mit dem Schock, den man bekommt, wenn man unerwartet jemanden verliert. Ich habe das alles mit einem Pferd durchgemacht, bevor ich es mit einem Menschen durchmachen musste,* sagt Anne Kursinski. *Meine Mutter war Alkoholikerin, auch wenn sie niemand so bezeichnet hat. Als ich 1990 bei den Weltmeisterschaften in Europa war, hat meine Familie versucht, sie vom Alkohol loszubekommen. Alle dachten, es ginge ihr gut, aber ihr armer Körper hat einfach gesagt »ich kann das nicht mehr.« Es war ihre Leber ... und wahrscheinlich war es für sie an der Zeit, zu gehen ... aber es war so plötzlich! Ich hatte erst ein paar Tage vorher mit ihr gesprochen. Mein Gott, ich wusste doch nicht, dass sie bald sterben würde! Ich bekam die Nachricht und war total am Ende. Als ich zu Hause ankam, glaubte ich immer noch nicht, dass sie tot war und nicht mehr wiederkommen würde. Nach der Beerdigung musste ich sofort zurück zur Weltmeisterschaft. Ich versuchte, gut zu reiten und mich zu konzentrieren, mit all dem Druck und dem ganzen Kummer – das fiel mir sehr schwer. Meine Mutter war wohl mein größter Fan. Ich stellte mir immer vor, was sie gefühlt oder gesagt hätte, selbst wenn sie nicht körperlich bei mir war. Ich weiß, dass sie mir zugejubelt hat, als ich mit der Mannschaft die Weltmei-*

sterschaft gewonnen habe. Es ist beruhigend, das zu glauben. Ja, sie war auf jeden Fall mein größter Fan. Sie war einfach toll.

Unheilbar krank

Wenn die vernichtende Diagnose »unheilbar krank« gestellt wird, liegt darin doch noch ein Funken Güte – man hat Zeit, sich auf den Tod vorzubereiten. Für manche Menschen ist das ein großer Trost, während für andere lediglich die Angst steigt. Da Tiere kein Gefühl für Zeit oder Lebenserwartung haben, ist eine unheilbare Krankheit bei ihnen einfach ein Lebensumstand, der so lange anhält, bis schließlich der Tod eintritt. Tiere geraten nicht ins Grübeln und bereuen nicht, Dinge versäumt zu haben. Sie verschwenden auch keine Gedanken daran, dass sich Hoffnungen nicht erfüllt haben. Sie leben einfach, so gut sie können, bis sie sterben. Tiefe Traurigkeit, Depression, Wut und Verbitterung wegen eines Todesurteils sind Dinge, die nur der Mensch empfindet.

Ich liebe Tiere, erklärt James Brady. *Wenn ich die Wahl hätte, wäre ich Franziskus von Assisi geworden, weil der von allen Heiligen die beste Wahl getroffen hat – der war mit diesen ganzen Tieren befreundet. Ich habe im Zentrum [Amerikanisches Zentrum für Therapeutisches Reiten] drei Jahre lang Bernie geritten. Bernie hat richtig auf mich aufgepasst. Der hat gewusst, dass er, wenn ich auf seinem Rücken sitze, langsam werden muss, wenn wir den Berg raufreiten. Bernie war nicht nur ein Reitpferd – Bernie war ein Kumpel. Na ja, Bernie hat Krebs bekommen und musste in der Tierklinik leben. Ich bin immer hingegangen und habe ihm Möhren gebracht ... Ich denke, Bernie hat sich wahrscheinlich gewundert:»Was mache ich hier mit den ganzen anderen Pferdekumpels? Warum kriege ich diese Behandlung? Und da kommt auch noch Jim und hat eine Tüte Möhren dabei. Stimmt etwas nicht mit mir?« Ich habe das dem Tierarzt überlassen – der sollte mit Bernie über seinen Gesundheitszustand reden. Na ja, Bernie musste dann wirklich eingeschläfert werden. Ich habe monatelang geweint. Er ist jetzt ungefähr ein Jahr lang tot und ich trauere immer noch um ihn. So musste ich mich mit dem Tod auseinandersetzen und erkennen, dass »Scheiße passiert«. So würde mein Sohn sich ausdrücken, und er hat recht – sie passiert.*

Obwohl Bernie sich wegen seiner unheilbaren Krankheit wohl keine Gedanken gemacht hat – Jim hat ganz sicher seine Lehre daraus gezogen. Wir müssen lernen, den Tod zu akzeptieren. Erinnern wir uns einfach an die Haltung, mit der Tiere ihre Situation akzeptieren – man lebt und man stirbt. Menschen, die das nicht akzeptieren können, werden niemals mit dieser Situation umgehen können.

Der Überlebenskampf

Wenn man um jemanden kämpft und ihn dann doch verliert, ist das – egal wie alt man ist – eine harte Lektion. Auch wenn das Ende nicht abzuwenden ist, ist es doch schwer zu akzeptieren: *In Arkansas hat mein Vater mir erlaubt, zwei Kühe zu halten, sodass ich ihre Kälber verkaufen konnte*, erzählt Ron Harding. *Das Geld konnte ich behalten, und das war auch die einzige Bezahlung, die ich jemals von ihm bekommen habe. Wir hatten einen kleinen Painthengst, Thunder, mit dem deckten wir eine alte Mustangstute. Sie hieß Outlaw. Outlaw war als Reitpferd nicht zu gebrauchen. Wir hatten sie nur gekauft, um Fohlen aus ihr ziehen zu können. Bevor Outlaw ihr Fohlen bekam, beschloss ich, es gegen eins meiner Kälber einzutauschen. Papa und ich waren beide der Überzeugung, einen guten Handel abgeschlossen zu haben. Outlaw bekam ihr Fohlen – das hübscheste kleine Pinto-Stutfohlen, das man sich nur denken konnte. Für mich war es das jedenfalls. Ich war damals so fünfzehn Jahre alt. Ich besuchte es jeden Tag. Wir hatten eine große Weide am Fluss, mit vielen Bäumen und Büschen … Ungefähr eine Woche nach ihrer Geburt bin ich da raus und habe meine Kleine nirgends gesehen. Ich fand sie schließlich in einem breiten alten Graben. Das war ein ziemlich steiles Stück und am Ende lagen Baumstämme quer, sodass die Stute nicht zu ihrem Fohlen gelangen konnte. Es konnte sich selbst aus dieser Situation nicht befreien und hatte lange keine Milch bekommen. Ich habe sie rausgeholt und das kleine Viech ist mir bis nach Hause nachgelaufen. Als wir dort ankamen, hat Outlaw es nicht mehr an sich rangelassen, also habe ich dem Fohlen Kuhmilch besorgt. Da sie so lange nichts getrunken hatte, bekam sie eine Kolik. Die alten Bauern sehen das ziemlich einfach: »Wenn es stirbt, dann stirbt es, und wenn es überlebt, dann überlebt es …«. Da wird kein Geld für irgendwelche Tierärzte ausgegeben. Niemand hat mir mit der Kleinen geholfen. Ich bin da ganz alleine gesessen und um ein Uhr nachts lag sie im Sterben. Ihre Augen wurden trüb und sie machte diese Galoppbewegung mit den Beinen, wie Pferde es machen. Ich heulte und heulte. Bis heute habe ich das nicht vergessen.*

Aber ich habe dadurch gelernt, den Tod zu akzeptieren. So sind die Dinge nun mal und es ist völlig egal, wie sehr man sich wünscht, dass es anders kommen möge. Es kommt, wie es kommen muss, und das muss man einfach akzeptieren.

Wenn etwas verletzt wird, das man liebt, versucht man natürlich, dafür zu kämpfen, bis man alles ausgeschöpft und jede erfolgversprechende Maßnahme probiert hat: *Als ich ungefähr dreißig war, musste ich den zwanzig Jahre alten Hengst Benlowe töten, weil er sich in einem Zaun das Bein gebrochen hatte*, erinnert sich John Lyons. *Das war wirklich schlimm für mich. Ich habe ihn fast zwei Wochen lang am Leben gehalten und verzweifelt versucht, herauszufinden, wie man dieses Bein mit einer Platte zusammenschrauben könnte. Ich hatte ja im Bereich orthopädischer Implantate gearbeitet und deswegen über jede Möglichkeit nachgedacht, wie man dieses Pferd retten könnte. Aber im Grunde gab es da nichts, und so habe ich ihn einschläfern lassen müssen. Das ist mir sehr schwer gefallen und ich habe viel geweint. Es ist schlimm, wenn man ein Pferd verliert, das man wirklich gern hat. Man erkennt dann, dass wir alle nur vorübergehend auf dieser Erde sind. Beziehungen dauern nicht ewig, und man muss sich wirklich an ihnen freuen, so lange sie bestehen. Man darf sie nicht einfach als selbstverständlich hinnehmen.* Wenn es nicht auch den Verlust von etwas gäbe, würden wir vielleicht nie erkennen, was wir daran gehabt haben – und noch haben.

Leider sind die meisten Pferde keine guten Patienten, weil ihr Überlebensinstinkt von ihnen verlangt, dass sie gesund sind und all ihre Glieder optimal funktionieren. Bei Pferden ist geistig verankert, dass sie jederzeit beim geringsten Anzeichen fliehen müssen, und das verträgt sich nicht mit dem geduldigen Stillstehen, das für die Heilung beispielsweise eines gebrochenen Beins notwendig wäre. Wenn ein Pferd kein freies und gesundes Leben mehr führen kann, ist der Tod oft dem Stress vorzuziehen, der sich aus dem »Eingesperrt-Sein« ergibt. Auch Mary Fenton hat das beobachtet: *Die Pferde haben mich gelehrt, dass es okay ist, zu sterben. Sie akzeptieren den Tod als etwas Natürliches – da gibt es kein »Um-jeden-Preis-das-Leben-retten«. Der Tod gehört zum Kreislauf einfach dazu; wenn ihre Zeit um ist, dann ist das okay ...*

Egal, wie gut oder schlecht die Beziehung war, ist es immer einfacher, das Ende eines Lebens zu akzeptieren, das man als gelebtes Leben bezeichnen kann, als ein vorzeitiges Ableben: *Brandy war meine große Liebe und in gewissem Sinne war ihr Tod für mich schlimmer als der Tod meines Vaters,* gibt Octavia Brown zu. *Mein Vater ist mit 82 gestorben. Er hatte mehrere Schlaganfälle gehabt, lag im Krankenhaus und war bereit, zu gehen. Wir hatten das alles mit ihm durchgemacht und waren traurig, aber es war unvermeidlich und man konnte sehen, dass er sterben wollte. Aber Brandy war gerade mal siebzehn und hatte ein Problem im Darmtrakt, durch das sie innerhalb von 18 Monaten immer weniger geworden ist. Wir haben keine Diagnose stellen können und wir haben es nicht heilen können – wir wissen immer noch nicht, was es war. Sie hatte endlos Durchfall und ist einfach immer weniger geworden, bis wir sie einschläfern lassen mussten.*

Dieses Gefühl der Hilflosigkeit, das war enorm, weil wir ja die Ursache nicht kannten und deswegen nichts für sie tun konnten. Trotzdem haben wir weitergemacht, weil wir hofften, dass sich eine Lösung finden würde. Ein Problem dabei war, dass wir nicht endlos viel Geld gehabt haben, das wir in die Suche nach der Ursache und ihre Heilung hätten stecken können. Wir haben getan, was wir konnten, aber die Familie konnte einfach keine tausende von Dollars zum Fenster rausschaufeln, und wir hatten für so etwas auch keine Versicherung. Der Tierarzt wusste das und hat uns einige Besuche gar nicht berechnet, aber wir haben nicht alle Register gezogen, wie wir es wohl gemacht hätten, wenn wir das Geld gehabt hätten. Das hat also zum Problem und zur Frustration beigetragen. Wir haben das als Gruppe durchgemacht – ich war nicht die Einzige, die sie so gern hatte. Da waren mehrere Leute aus dem therapeutischen Reiten, vor allem Sandy, eine querschnittsgelähmte Reiterin. Sie hat gesagt, Brandy wäre nach ihrer Rückenmarksverletzung wirklich ihre Rettungsleine gewesen, sonst wäre sie verrückt geworden. Sandy hat das alles mit mir durchgemacht. Wir haben Brandy runter nach New Bolton gebracht [an die Veterinärmedizinische Fakultät der Universität von Pennsylvania und haben sie dort einschläfern lassen.

Ich habe gemerkt, wenn man mit einem Tier so stark verbunden ist, dann hinterlässt es ein Riesenloch in deinem Leben. Wenn ich an ihren Tod denke, muss ich immer noch weinen, weil sie so ein tolles Pferd war. 1989 ist sie von der Delta Society im Staat Washington zum »Therapie-Tier« des Jahres ernannt worden. Die befassen sich mit der Beziehung zwischen Menschen und Tieren und vergeben jedes Jahr einen Preis für Therapiehunde und -Pferde. Das war in dem Jahr, als Brandy gestorben ist, also haben wir ihn für sie angenommen.

Mit Pferden hat man es also mit all diesen schlimmen, realen Sachen zu tun. Diese Erfahrung mit Brandy hat mir gezeigt, dass ich mich anderen Menschen öffnen muss. Man muss sich bei anderen anlehnen und sich von ihnen stützen lassen. Wenn man das Bedürfnis zu reden hat, sollte man das tun. Man muss auch trauern dürfen.

Wenn hier Octavia zugibt, dass der Tod von Brandy sie schwerer getroffen hat als der ihres Vaters, mag das für manche schockierend klingen. Das Verhältnis ist nicht ganz gewahrt, aber ich hatte genau die selbe Reaktion, als Haji so plötzlich starb. Das war nur einen Monat, nachdem ich meine 87-jährige Mutter verloren hatte. Da war es bestimmt nicht so, dass ich Haji mehr geliebt hätte als meine Mutter, es war einfach nur so, dass meine Mutter uns auf ihr Ableben langsam vorbereitet hatte. Sie hatte ein erfülltes Leben hinter sich und war am »natürlichen« Ende dieses Lebens angelangt. Ihr Geist, ihr Körper und ihre Seele waren buchstäblich ausgebrannt, runtergebrannt wie eine Kerze, die bis auf den letzten Rest Wachs und Docht gebrannt hat. Ihr Licht ging aus und sie war bereit, diese Welt zu verlassen. Hajis Tod war dagegen ein unerwarteter Schlag, unfair und viel zu früh. Als er so plötzlich starb, war es, als ob man ihn uns gestohlen hätte. Vielleicht ist das der Unterschied: bei meiner Mutter hatte ich Zeit gehabt, die gefühlsmäßigen Bande zu ihr zu lösen, aber als Haji in meinen Armen starb, fühlte ich mich bestohlen. So irrational es klingen mag, wenn man sagt, der Verlust eines Pferdes habe einen stärker getroffen als der Verlust eines Elternteils, so kann ich Octavias Eingeständnis doch verstehen.

Euthanasie

Eine der schlimmsten Entscheidungen im Leben ist die, wann man ein geliebtes Tier von seinem irdischen Kampf erlösen soll. Liebe und Hoffnung sind die Triebkraft hinter der Suche nach einer Heilungsmöglichkeit, während auf der anderen Seite begrenztes Wissen und begrenzte finanzielle Möglichkeiten in die letzte Entscheidung mit hineinspielen. Die Erfahrung einer Euthanasie hat Einfluss auf die eigene Sichtweise für den Tod, sodass man einem schnellen, schmerzlosen Abgang vielleicht den Vorzug gibt: *Es ist das Schlimmste auf der Welt, wenn man ein Tier verhungern oder leiden lässt, wenn es als Krüppel oder mit Schmerzen herumlaufen muss,* vertritt Valery Kanavy. *Ich habe mein altes Pferd töten lassen. Ich habe sie in den Obstgarten gebracht, da stand sie an einem sonnigen Tag und hat einen Apfel gekaut. Der Mann, den ich beauftragt hatte, gab ihr eine Kugel hinters Ohr und sie hat gar nicht gemerkt, was sie da getroffen hat. Damit habe ich überhaupt kein Problem. Wobei ich mich nicht gut fühlen würde, das sind diese klapperdürren Gestelle, die kaum noch ihr Heu kauen können – mir soll ja keiner erzählen, dass die ihr Leben genießen! Pferde wissen nicht, dass es ein Morgen gibt. Wir werden alle – so Gott will – unsere Tiere überleben. Die haben eine geringere Lebenserwartung als wir. Aber wir müssen die Freude akzeptieren, die wir mit ihnen haben, und dann müssen wir ihnen die Erleichterung verschaffen, die sie verdient haben.*

Doug Lietzke stimmt dem zu: *Ich habe gerade einen Artikel gelesen, da hat der medizinische Redakteur der Zeitschrift Equus Magazine gesagt:»Es gibt im Leben eines Pferdes Schlimmeres, als zu sterben.«*

Unter der Fuchtel gewissenloser, hartherziger Menschen zu leben, ist oft schlimmer als der Tod: *Ich habe einmal zugesehen, wie ein Pferd sich fast selbst totgeschlagen hat, weil es solche Schmerzen hatte,* erinnert sich Rex Peterson. *Das war eine ganz, ganz traurige Sache. Die Leute haben uns nicht erlaubt, das Pferd einzuschläfern, weil es für viel Geld versichert war. Das war eine furchtbare Sache, die sie diesem Pferd angetan haben. Der Kerl hat zu mir gesagt: »Warum regen Sie sich auf? Das ist bloß ein Pferd. Er ist für die doppelte Summe versichert, die ich jetzt für ihn kriegen würde – also kann Ihnen das doch egal sein. Ich will mein Geld von der Versicherung.« Da habe ich gesagt: »Hören Sie, was mich angeht, hat dieses Pferd mehr Recht zu leben als Sie. Und jetzt hauen Sie ab.« Ich habe mit diesem Mann nie wieder ein Wort gewechselt und werde es auch nie wieder tun.*

Glücklicherweise sind Menschen, die so kriminell grausam vorgehen, immer noch die Ausnahme und nicht die Regel. Die überwiegende Mehrheit der Pferdebesitzer lässt sich bei ihren Handlungen von ihrem Mitgefühl und der Liebe zu ihren Pferden leiten: *Mein erstes Pferd, Cede Reed, haben wir auf der Ranch einschläfern lassen müssen, als er 25 war,* erzählt Martha Josey. *Er konnte nicht mehr aufstehen und sich nicht mehr hinlegen, und ich wollte nicht, dass er leidet. Er war so ein tolles Pferd für uns, so eine Persönlichkeit, wir hatten so viel zusammen gewonnen ... wir vermissen ihn immer noch ... ich habe damals gedacht »so ein Pferd werde ich nie wieder haben«, aber mit der Zeit hatte ich es doch ... Ich habe jetzt gerade ein richtig gutes Pferd. Er ist kein Ersatz für Cede Reed, aber er ist wieder ein toller Partner für mich.*

Zu manchen Zeiten macht selbst Mutter Natur Fehler. Wenn das Tier an einem Defekt leidet und keine Korrektur möglich ist, ist die Euthanasie die einzige humane Lösung: *Dieses Pferd, das ich da einschläfern musste, hatte wunderschöne, große schwarze Augen,* erinnert sich Charlotte Dicke (S. 204), die peruvianische Pasos ausbildet und auf Turnieren vorstellt. Es war ein zauberhaftes Minipony, ein Schwarz-Weiß-Schecke, erst fünf Monate alt. Er war ein Zwilling und in der Gebärmutter war nicht genug Platz für zwei Fohlen, deswegen waren seine Vorderbeine nicht richtig entwickelt. Sie waren gebogen und sind immer schlimmer geworden, je länger sie wurden. Der Tierarzt hat ihn untersucht und gemeint, es bestünden kaum Chancen, dass da irgendeine Behandlung eine Besserung bringen würde. Ich musste das Pony in einen Tötungsraum bringen, in dem es sehr gestunken hat. Ich habe da nicht bleiben können. Ich hätte mich den ganzen Tag über am liebsten erbrochen. Das war wirklich schlimm, dieses Gefühl, etwas verloren zu haben. Ich hatte das noch nie gehabt, und es war wirklich furchtbar. Ich habe einfach nur geheult ... Er war so ein süßer braver Kerl. Er hatte eine tolle Persönlichkeit. Ich habe von seinen großen schwarzen Augen geträumt. Es war wirklich schwer, damit umzugehen. Der Tod macht einen stärker, man muss einfach damit umzugehen lernen.

So sehr es einen auch mitnehmen mag, ein Tier einschläfern lassen zu müssen, so ist es wohl am schwierigsten, diese Handlung selbst auszuführen: *Ich werde nie das erste Pferd vergessen, das ich töten musste.* sagt Jack Huyler. *Damals, als wir noch in Jackson Hole [in Wyoming] gelebt haben, da gab es einfach keine Tierärzte. Als ich ungefähr fünfzehn war, hat mein Vater zu mir gesagt: »Das ist die richtige Zeit für dich, um etwas über diese Tatsache im Leben zu lernen«, und ich habe diese alte Stute mit rausnehmen und erschießen müssen. Ich habe dafür gesorgt, dass sie nichts gespürt hat, aber OH MANN! ... Ich habe meinen ältesten Sohn das Gleiche tun lassen und ich bin mir noch nicht sicher – und er auch nicht – ob es richtig oder falsch war. Man lernt, dass der Tod zu uns allen kommt ... Heutzutage haben wir natürlich Tierärzte, die das mit einer Spritze machen, aber ich stelle denen nie einfach das Tier hin – ich stehe dabei und streichle es. Wenn meine Zeit kommt, wissen Sie, dann hoffe ich, dass da auch jemand ist, der mich liebt und der mich streichelt ...*

Jeder Mensch, der in seinem Leben mit Tieren zu tun hat, kann sich in einer Situation wiederfinden, in der das Mitleid es erforderlich macht, sofort zu handeln: *Ich habe in meinem Leben mehrere Pferde verloren, die mir sehr am Herzen lagen,* erinnert sich Rex Peterson. *Das ist nie leicht. Glenn Randall hat immer gesagt: »Mein Junge, wenn du es nicht ertragen kannst, eins zu verlieren, dann halt dich fern von Pferden. Du wirst fünf oder sechs Pferde überleben.« Ich habe zwei Pferde selbst töten müssen, weil es in der Situation damals nicht anders gegangen ist. Das gehört zu den schlimmsten Sachen, die ich jemals gemacht habe. Ich habe eines getötet – das ist jetzt fünfzehn Jahre her – der war ein Stuntpferd, in das ich viel Trainingsarbeit reingesteckt hatte. Es ist gestürzt und hat sich das Bein gebrochen. Das war an einem Sonntagnachmittag und ich konnte keinen Tierarzt erreichen. Ein Tierarzt hat gesagt, er wäre in anderthalb Stunden da. Ich habe nicht mehr dastehen und diesem Tier zusehen können; es hatte unheimliche Schmerzen, stand völlig unter Schock und tat sich immer noch mehr weh. Also habe ich es selber mit dem Gewehr getötet. Das war das Beste, was ich für ihn tun konnte, er hat so um sich geschlagen. Meiner Meinung nach muss man sich irgendwann fragen, tun wir diesem Pferd jetzt noch etwas Gutes? Euthanasie ... das ist oft das Beste, was man für ein Pferd tun kann. Das ist niemals, niemals leicht. Aber ich habe damals gewusst, dass es das Beste ist, was ich tun kann.*

Mit der Trauer fertig werden

Trauer ist ein Gordischer Knoten aus unbeendeten Gesprächen, Sachen, die man nie fertiggemacht hat, zerbrochenen Träumen, der Angst vor der eigenen Sterblichkeit,

Verwirrung, Wut, Verlassenheit, Verlust ... und aus Fragen, die niemand beantworten kann. *Als ich klein war, ist meine Stute gestorben, und ich erinnere mich, dass ich es einfach nicht kapiert habe,* so Anne Kursinski. *Warum hat sie krank werden müssen? Warum hat sie sterben müssen? Ich habe einfach nicht verstehen können, WARUM?* Das »Warum« des Todes kann den Geist des Menschen endlos quälen. Neben den objektiven pathologischen Erklärungen gibt es offensichtlich nur noch die metaphysische Antwort: es war an der Zeit ... Bis man eine solch einfache Aussage akzeptieren kann, wird man sich selbst mit diesem frustrierenden, unerklärbaren *Warum* daran hindern, wieder gesund zu werden.

Über die Trauer über den Verlust eines geliebten Menschen oder Tieres darf man nicht einfach so hinweggehen: *Kurz nachdem Buddy [das Therapiepferd] von diesem Auto angefahren und getöten worden war, mussten wir unseren alten Hund einschläfern lassen,* erklärt Tracy Cole. *Ich hatte an dem Abend eine Reitstunde, und als ich Octavia erklärt hatte, was los war, sagte sie: »Komm her und putz dieses Pferd. Das ist die beste Art, es loszuwerden.« Und so war es auch. Ich habe dieses Pferd geputzt und dabei wahnsinnig geheult. Ich war nicht sofort wieder die Alte, aber ich habe mich dann besser gefühlt. Ich hatte Verbindung mit etwas Warmem und Weichem, das mich mag.* Es ist offensichtlich, dass man ein Wesen nicht einfach durch ein anderes ersetzen kann, aber dieses einfache »wieder Verbindung aufnehmen« bestätigt, dass es in Zukunft andere Beziehungen geben wird.

Ich hänge so leidenschaftlich an Pferden, dass es für mich immer furchtbar ist, wenn eines stirbt, sagt Carol Grant. *Da war ein Pferd, Babe, die habe ich gehabt, seit ich sieben war und bis sie zwanzig war, also war ich so im Jugendlichen-Alter, als sie gestorben ist. Das tat sehr weh. Ich würde ja gerne sagen können, dass ich dadurch gelernt habe, den Tod besser zu verstehen, aber ich habe bloß gelernt, dass es weh tut ... Allerdings habe ich eine Lektion daraus gelernt, und zwar, dass ich heute mehr mit anderen mitfühle, wenn sie einen geliebten Menschen oder ein Tier verlieren.*

Mitgefühl und Mitleid bei einem Verlust sind nicht auf Menschen beschränkt, wie Sam Savitt erklärt: *Vor einiger Zeit hatten wir eine Katze, namens Jamie, die war einfach verrückt nach unserer alten Rappstute Pat. Jamie ist in den Stall umgezogen und eine Stallkatze geworden, damit er bei Pat sein konnte. Der war immer um dieses Pferd rum. Einmal sind wir weggefahren und ich habe Pat vorübergehend in einen anderen Stall in Pension gestellt und den Nachbarn gebeten, Jamie zu füttern. Die Nachbarn haben Jamie nie zu Gesicht gekriegt, aber das Futter war immer weg. Als wir das Pferd zurückgebracht haben, ist plötzlich eine dreckige Katze über die Steinmauer geklettert und rübergerannt. Jamie hatte sich total gehen lassen – der war dreckig ohne Ende. Aber als ich an dem Abend vor dem Schlafengehen runterging, um nochmal nach den Pferden zu sehen, da hat Jamie auf der Boxentüre gesessen und war total sauber – er hatte sich für Pat sauber gemacht.*

Als Pat gestorben ist, habe ich sie bei uns auf dem Hof begraben. An dem Abend bin ich so um Mitternacht rausgegangen, um zu schauen, ob mit der Katze alles in Ordnung ist. Diese Katze hat direkt neben dem Erdhaufen gesessen. Ich hätte ihn hochnehmen können, aber ich hatte das Gefühl, das war seine Sache und ich sollte mich da lieber raushalten ... aber es hat mir keine Ruhe gelassen ... Tja, und am nächsten Morgen war die Katze verschwunden. Ich habe alles nach ihm abgesucht, aber er ist nie mehr wiedergekommen. Ich hatte oft das Gefühl gehabt, dass er sowieso nur an dem Pferd interessiert war, und dieses Mal hat er gewusst, dass Pat nicht wiederkommen würde. Sehen Sie, vorher, als Pat nur auf Pension weg war, da hatte er wohl noch Hoffnung. Aber dieses Mal, da war er ja da und hat alles gesehen, und da hat er gewusst, dass es jetzt vorbei ist ... Ich war so gerührt von dieser Katze und ihrer Zuneigung zu dieser alten Stute, dass ich die Geschichte der beiden in mein Buch The Dingle Ridge Fox and Other Stories mit aufgenommen habe.

Manchmal werde ich in Grundschulen eingeladen, ich soll dann mit den Kindern über meine Kunst und meine Bücher reden, erzählt Sam weiter. *Eine Klasse wollte, dass ich ihnen eine meiner Geschichten vorlese, also habe ich angefangen, ihnen die Geschichte von Jamie und Pat vorzulesen. Na ja, ich habe sie nicht fertig lesen können. Als ich ans Ende der Geschichte kam, habe ich aufhören müssen. Es war mir peinlich und ich war wütend auf mich selbst. Nach der Stunde sprach ich dann mit der Lehrerin. »Das von vorhin tut mir Leid, ich habe gedacht, ich könnte das.« Sie sagte: »Das war genau richtig, weil viele von diesen Kindern denken, Erwachsene hätten solche Gefühle gar nicht. Was da passiert ist, das war real, und darauf reagieren die Kinder. Sie brauchen also nicht das Gefühl zu haben, Sie hätten etwas falsch gemacht.« Wissen Sie, ich habe versucht, diese Geschichte anderen Schulklassen vorzulesen, und da ist mir wieder dasselbe passiert ... jetzt lese ich diese Geschichte nicht mehr.*

Auch wenn Sam sich über seine Tränen ärgert, sind sie doch ein natürlicher Ausdruck von Trauer, den man nicht unterdrücken sollte. Wenn man versucht, den Vorgang des Trauerns zu leugnen, bekommt man psychische oder körperliche Probleme. Weinen gehört zu diesem Vorgang dazu: *Wissen Sie, Gott hat uns ein Geschenk gemacht, weinen zu können,* bemerkt Dale Evans.

Wie Dale Evans mit ihren Büchern bewiesen hat, die sie nach dem Tode ihrer drei Kinder geschrieben hat, kann es therapeutisch wirken, über den Tod eines geliebten Wesens zu schreiben. Das Schreiben geschieht zu dessen Andenken und Ehre. Es erlaubt dem Autor, sich mit den Erinnerungen zu beschäftigen, sodass er sich besser durch den Verlust und die Trauer hindurcharbeiten kann, und es bietet anderen in ähnlichen Situationen Trost.

Wir hatten ein kleines Palomino-Shetlandpony, Yankee Doodle hieß es, erinnert sich Phyllis Eifert. *Yankee Doodle hat zur Familie gehört – der war wie ein Kind für mich. Er lebte 26 Jahre lang bei uns. Wir haben ihn bekommen, als er neun war, und er war 35, als er gestorben ist. Das heißt, ich habe ihn einschläfern lassen müssen, weil er nicht mehr kauen konnte. Sein Tod war eine traumatische Erfahrung, nicht nur, weil ich alles organisiert habe, sondern weil ich das Gefühl hatte, dass er auch das Ende der Kindheit meiner Kinder bedeutete. Ich war zu der Zeit bereits 50 und die Kinder waren groß und weggezogen, aber dieses Pony war ein letzter Überrest, eine lebende Verbindung zu ihrer Kindheit. Ich habe nur schwer damit umgehen können, dieses Pony einschläfern zu lassen. Ich habe einen schönen sonnigen Tag ausgesucht, einen Bagger organisiert und den Tierarzt bestellt. Als es vorbei war, habe ich zu dem Tierarzt gesagt: »Ich möchte seinen Schweif behalten.« Der Tierarzt hat sicher gedacht, ich wäre verrückt, aber ich habe ihn bekommen. Danach bin ich nach oben gegangen, habe die Rollläden heruntergelassen, habe mich wie betrunken an diesen schönen blonden Schweif geklammert und geschrieben. Ich habe geschrieben und geschrieben und geschrieben, über dieses wunderbare Pony. Was alles mit ihm passiert ist, wie er unser Leben und das unserer Kinder beeinflusst hat, und was er uns allen bedeutet hat. Weihnachten habe ich zu den Texten noch Bilder geklebt und alles in Karton gebunden. Jedes meiner Kinder hat ein Exemplar erhalten.* Das war eine segensreiche Therapie und gleichzeitig ein sehr persönliches Geschenk.

Rituale

Zahlreiche verschiedene Rituale ranken sich um den Tod und dienen als wichtige »Ablassventile« für die Trauer. Phyllis hatte Bedenken, dass ihr Tierarzt ihre Bitte um den Schweif von Yankee Doodle verrückt finden würde, aber man muss dabei nur an den viktorianischen Brauch denken, eine Locke vom Haar eines geliebten Verstorbenen zu behalten.

Das traditionelle Ritual eines Gottesdienstes gibt Familie und Freunden die Gelegenheit, ihrer gemeinsamen Trauer Ausdruck zu geben und eine letzte Ehre zu erweisen: *ich habe früher immer ein altes Schulpferd namens Tommy geritten,* sagt Adrian Arroyo. *Tommy war schon Ewigkeiten da, aber dann haben sie ihn einschläfern müssen. Das war wirklich eine traurige Sache. Wir hatten ein schönes kleines Begräbnis und eine Trauerfeier für ihn im Stall abgehalten. Wir haben alle geweint. Eine Menge von den kleineren Kindern hatten bei seinem Tod eine schlimme Zeit, weil sie wirklich nur auf Tommy geritten waren. Ich glaube, es hat jedem geholfen, mit seinem Tod umzugehen, dass wir auf diese Art Lebewohl gesagt haben.*

Manche Rituale sind etwas unorthodox, aber deswegen sind sie nicht weniger gültig oder ernsthaft gemeint. Wie man an seinem Museum deutlich sieht, ist Roy Rogers jemand, der nichts wegwerfen kann, was einen Erinnerungswert hat. Er hat noch jede Armbanduhr und Tausende von Gegenständen, die er gesammelt hat, lange bevor Schicksal und Glück den Sammlerstücken seines Lebens einen Marktwert gegeben haben. Für Roy war es nur natürlich, auch seinem geliebten Trigger Ehre zu erweisen, indem er ihn in die Andenken-Sammlung seines Lebens eingereiht hat: *Am 27. Juni 1965 sind wir nach Apple Valley in Kalifornien umgezogen, und am 1. Juli um fünf Uhr morgens habe ich einen Anruf von der Ranch in Hidden Valley bekommen, wo wir vorher gewohnt hatten,* erzählt Roy. *Ich habe den Hörer abgenommen, und bevor der andere irgendetwas sagen konnte, sage ich: »Der alte Trigger ist gestorben, nicht wahr?« Ich hatte das einfach so im Gefühl ... Danny erwiderte: »Gerade vor ein paar Minuten.« Danny hatte Trigger nach dem Füttern auf die Weide geschickt.*

Trigger hat sich hingelegt, aber Danny dachte sich nichts weiter dabei. Er war der Meinung, dass er nur etwas erschöpft vom Rumtoben war.»Ich bin nach einer Weile raus auf die Weide, und da ist Trigger immer noch dagelegen. Da habe ich dann gedacht, ich schaue lieber mal nach,» erzählt Danny. Er ist zu ihm rübergegangen und pfffff (Roys Stimme bricht) ... er war tot.

Trigger hat mir so viel bedeutet, ich habe den Gedanken nicht ertragen können, ihn einfach in den Boden zu legen, damit die Würmer sich mit ihm befassen. Ich hatte in Museen schon so viele schöne ausgestopfte Tiere gesehen, also habe ich einen Freund von mir angerufen, einen Präparator, und dem habe ich bloß zu sagen brauchen, dass der alte Trigger gestorben ist, da hat er sich um alles gekümmert. Als ich Trigger das nächste Mal sah, war er in unserem Museum aufgestellt.

Da ist mir mal etwas passiert hier im Museum. Eine Frau ist zu mir gekommen, als ich gerade Leuten Fragen über Trigger beantwortet habe, und hat gesagt: »Wie konnten Sie das dem armen alten Trigger antun?« Also, das hat mich geärgert; es hat mich wirklich verletzt. Ich habe sie geradewegs angesehen und sie gefragt: »Wäre es Ihnen lieber, ich hätte ihn irgendwo eingebuddelt und ihn von den Würmer fressen lassen?« Da hat sie gesagt »Oh, igitt, daran habe ich überhaupt nicht gedacht!« Da habe ich gesagt: »Wenn Sie das nächste Mal den Mund aufmachen, denken Sie vorher etwas darüber nach, was Sie sagen.« Ich bin glücklich, dass er hier ist. Hier ist es viel besser, als wenn er im Boden liegen würde. Als ich Trigger, Buttermilk und Bullet gesehen habe, wie sie im Museum der Rogers »weiterleben«, habe ich zuerst gedacht, es würde mich vielleicht seltsam berühren, aber das hat es nicht – es war großartig, sie alle wiederzusehen – es erschien mir passend und richtig, dass sie dort stehen.

Ein anderer unüblicher Tribut an ein Pferd entsprang der uralten Tradition, jemandem seinen letzten Willen zu gewähren: *Mich rief eine Dame an, die am Telefon meinen Rat suchte. Ihr altes Pferd, Rosebud, war an Hufrehe erkrankt und hatte chronische Schmerzen*, erzählt Penelope Smith. *Das Pferd konnte sich nicht einmal mehr hinlegen. Die Dame wusste, dass es an der Zeit war, das Pferd einschläfern zu lassen, aber sie wollte wissen, ob Rosebud noch einen letzten Wusch hatte. Da hat mir dieses Pferd, das trotz seiner Schmerzen noch ein total humorvolles Tier war, ein Bild von sich übermittelt, auf dem es einen dieser kegelförmigen Partyhüten trägt und einen Möhrenkuchen frisst. Ich dachte: »Oh Gott, wie soll ich dieser traurigen Dame beschreiben, was Rosebud sich wünscht?« Ich bin immer ehrlich, auch wenn die Tiere mir Dinge erzählen, die mir etwas grotesk vorkommen. Also habe ich Rosebuds Bitte beschrieben. Die Frau fing an zu lachen und sagte: »Wir feiern im Stall immer Geburtstag, und dann bekommen die Tiere Partyhüte auf und es gibt Möhrenkuchen.« Rosebud wollte also an ihrem Todestag feiern. Sie bekam natürlich diese Feier. Als am nächsten Tag der Tierarzt kam, hatte Rosebud sich hingelegt, was sie schon eine Weile nicht getan hatte. Wegen Rosebuds Party habe ich mir gedacht, sie ist bestimmt Buddhistin, weil Buddhisten den Tod als eine besondere Gelegenheit feiern, wieder nach Hause – in das spirituelle Reich – zu gehen . Jeder feiert und wünscht voller Freude der Seele einen guten Heimweg, anstatt sich auf die Trauer über den Verlust zu konzentrieren.*

Rituale, Traditionen und Pferde werden bei den Indianern gleichermaßen hoch verehrt: *Ich glaube absolut daran, dass ich meine Pferde später wiedersehe,* äußert sich Chris Hawkins. *Ich besitze von jedem meiner Pferde einen Coup-Stab. Bei einem indianischen Coup-Stab ist oben der Pferdekopf und am anderen Ende der Pferdehuf eingeschnitzt. Auch die Mähne wird beim Coup-Stab mit eingearbeitet. An den Stäben hängen Adlerfedern, die für größeren Mut sorgen. Die blaue Farbe am Stab steht für weites Sehen. Damit sollen Gefahren zur richtigen Zeit erkannt werden. Der Stab für meinen Appaloosa, Tipper, ist weiß und hat an den Beinen Streifen wie Blitze. Diese stehen für Schnelligkeit. Man darf einen Coup-Stab nicht benutzen, bevor das Pferd tot ist. Diese Stäbe sind uns heilig und werden nur mit großer Ehrfurcht und Liebe berührt.*

Ob man nun einen Coup-Stab schnitzt oder ein Portrait auf eine Leinwand bannt – ein Kunstwerk als Andenken an ein Pferd zu schaffen, ist ein Ritual mit einer langen Tradition. *Ich habe einmal für eine reitende Familie in Carolina ein Porträt von den Kindern gemalt. Da war auch ein kleines Mädchen dabei, das damals ungefähr zehn Jahre alt war,* berichtet Sam Savitt. *Als sie zwölf war, ist sie bei einem Reitunfall ums Leben gekommen. Ihre Mutter hat mich angerufen und gefragt, ob ich von den Ponys, mit denen sie aufgewachsen ist, ein Bild malen könnte. Ich habe die Mutter gefragt: »Schreckt Sie das jetzt nicht vom Reiten ab, was da passiert ist?« Sie sagte: »Bei uns reitet die ganze Familie. Wir sind immer geritten. Sie hat auf einem sehr guten Pferd gesessen, aber sie hat ihn so geritten, dass es ihm die Füße weggezogen hat.«*

Dann hat sie mir erzählt, wie es passiert ist. Es war auf einem Vielseitigkeitsturnier und sie hatten alle Reiter angehalten, weil jemand gestürzt war. Dem Mädchen war nicht klar, dass die Uhr angehalten worden war, und so dachte sie, sie würde Zeit verlieren. Als man ihr das Signal zum Weiterreiten gab, ist sie losgerast wie der Teufel. Am letzten Hindernis hat es ihrem Pferd die Füße weggezogen. Es ist am Hindernis angeschlagen, hat sich im Fallen gedreht und ist auf sie gestürzt. Sie war sofort tot. Ihre Familie akzeptierte ihren Unfalltod. Ich habe dieses Portrait von den zwei Ponys gemalt, ein richtig nettes Bild: die zwei Ponys in einer Box, und auf dem Boxenboden liegt die Pferdedecke mit ihrem Monogram drauf. Sie hat das Gemälde »Claudias Ponys« genannt.

Der Kreis des Lebens

Diese Familie scheint es zu akzeptieren, dass der Tod zum Leben gehört. *Pferde haben keine Geschichtsschreibung. Sie haben kein Gefühl für die Zukunft und ich glaube nicht, dass sie über das Morgen nachdenken,* sagt Macella O'Neil.. *Wenn ein Pferd Schmerzen hat und bereit ist, zu sterben, dann denkt es nicht darüber nach, wie es sich gestern gefühlt hat. Es denkt einfach daran, wie es sich jetzt gerade fühlt. Eine Menge Pferde begegnen ihrem Tod ruhig und würdevoll. Selbst wenn sie sich nicht darüber bewusst sind, dass sie sterben, so zeigen sie in dieser Situation doch Gelassenheit und Vertrauen.*

Weil sie sich mit der Euthanasie von Pferden schon befassen musste, kann Valery Kanavy das Geschenk eines ruhigen Dahinscheidens heute erkennen: *Ich war so dankbar, dass mein Vater ins Koma gefallen ist, als er Krebs hatte – dass er schnell gestorben ist und nicht gelitten hat,* sagt Valery. *Ich vermisse ihn zwar, aber ich betrachte seinen Tod nicht als echte Trennung. Ich weiß, dass mein Vater mit mir in Holland [bei den Weltreiterspielen] gewesen ist. Er war das wahrscheinlich auch, der mir zum Sieg verholfen hat, weil er da oben war und gesagt hat: »He, mach das mal richtig für sie, Gott.« Das habe ich wirklich gespürt.*

Nicht mehr bei uns, aber für immer ein Teil von uns. Solche Gedanken sind sehr tröstlich, denn jeder von uns trägt diesen ganz persönlichen Schatz an gemeinsam verbrachter Zeit in sich.

Dass ich es in meinem Leben mit Pferden zu tun habe, hat mir die Gelegenheit gegeben, mich mit dem Tod auseinander zu setzen, bemerkt Linda Tellington-Jones. *Ich habe eine Menge durchgemacht, und ich bin jetzt so weit, dass ich den Tod einfach als Teil der Jahreszeiten empfinde. Es ist einfach eine andere Zeit im Leben. Er ist nicht das Ende, er gehört zu den Jahreszeiten, die immer wieder kommen und gehen. Weil ich das verstanden habe, bin ich in der Lage, Pferden durch das Sterben hindurchzuhelfen. Danach kann ich meine Trauer und den Schmerz akzeptieren, den ich bei diesem Verlust empfinde. Ich glaube, dass, wenn man den Tod eines Pferdes miterlebt hat, dem Menschen spirituelle Türen geöffnet werden. Der Mensch lernt viel bewusster mit diesem Thema umzugehen. Er wird empfindsamer und verständnisvoller und kann dann auch mit dem Tod eines Menschen umgehen. Wir wissen, dass wir körperlich getrennt werden, was aber nicht bedeutet, dass die Erinnerung nicht bleibt – der Geist und die Seele sind noch bei uns.*

Das Unvermeidliche planen

Über das Älterwerden denkt man nicht allzu gerne nach, aber eine realistische Lebensplanung darf auch diese Lebensphase nicht vernachlässigen. Viele Reiter schwingen sich bis zum Ende ihres Lebens in den Sattel, während andere – die nicht mehr reiten – immer noch darauf bestehen, dass Pferde einen Platz in ihrem Leben haben: *Wenn mir etwas passieren sollte, sodass ich nicht mehr laufen oder reiten kann, würde ich immer noch gerne vom Rollstuhl aus die Pferde beobachten,* erklärt Carol Stratton. *Schiebt mich einfach raus, stellt mich mitten auf die Weide und lasst die Pferde um mich rum machen, was sie wollen.*

Es ist noch nicht lange her, dass ich mit dem Reiten aufgehört habe. Ich bin ein paar Mal böse gestürzt und habe dann gemerkt, dass es an der Zeit ist, aufzuhören, gibt Carol Grant zu. *Aber das war für mich, als hätte ich ein Stück von mir selbst verloren. Ich habe mein Pferd, Rosie, immer noch. Sie ist hier geboren. Ich habe sie damals auf die Welt gebracht und werde sie nie weggeben. Es gibt jetzt Tage, da füh-*

le ich mich gar nicht wohl, meine Knochen tun weh, und trotzdem muss ich mich um dieses Pferd kümmern und dann denke ich mir: »Warum tu' ich sie nicht einfach weg?« Aber dann gehe ich raus in den Stall und schaue sie an – ich schaue sie nur an – und dann weiß ich, dass ich sie behalten werde, bis einer von uns stirbt. Sehen sie, durch sie werde ich an ihre Mutter erinnert. Sie gehörte auch mir. Ich erinnere mich an all ihre Fohlen – letztlich an alle Pferden, die ich vor ihr in meinem Leben gehabt habe. Ich habe meinen Kindern die Anweisung gegeben, dass sie mich, wenn ich am Ende meines Lebens angekommen bin, auf ein Pferd setzen und dem einen kräftigen Klaps auf sein Hinterteil geben. Das wäre für mich der beste Abgang.

Die Gedanken über den eigenen Tod, werden oft so lange hinausgeschoben, bis es zu spät ist. Man sollte sich aber diese Gedanken, schon aus Rücksicht auf die Familie, machen: *Ich bin jetzt 64 und habe ein Herzproblem,* berichtet Chris Hawkins. *Wie lange habe ich noch? Aber ich sage Ihnen was, es macht mir nichts aus; ich mache mir darüber überhaupt keine Sorgen. Das einzige, worüber ich mir Sorgen mache, ist, was mit meinen Pferden passiert. Also habe ich ein echt gutes Testament gemacht. Ich gebe jedes Einzelne meiner Pferde an eine bestimmte Person ab, von der ich weiß, dass sie es gut versorgen und bis an sein Lebensende behalten wird. Ich habe sie schon alle auf die Feder schwören lassen, dass sie die Pferde niemals abgeben werden, sie müssen sie einschläfern lassen, bevor sie sie jemandem geben dürfen, der sie unter Umständen schlecht behandelt. Jeden Einzelnen habe ich auf die Feder schwören lassen, weil das meine Kinder sind. Also denke ich, dass das gut klappen wird. Sie finden auf der ganzen Welt niemanden, der ein Pferd mehr liebt als ein Komantsche – Pferde sind ein Teil von uns. Wenn es keine Pferde gäbe, die man lieb haben kann, dann gäbe es gar nichts für mich. Gott bewahre mich vor einem Himmel, in dem es keine Pferde gibt. Wenn ich sterbe, werde ich auf meinem Pegasus Taj über den Mond reiten. Ich vertraue darauf, dass genau das passieren wird ...*

Lebenslehren

Es kommt vor, dass man durch gewisse Lebensumstände ein Pferd auch wieder verliert. Man verkauft es, gibt es auf einen Gnadenbrothof oder es stirbt. Es kommt auch vor, dass man sich beruflich verändern muss und dadurch das Pferd abgeben muss. Durch diese Erfahrungen lernt man mit Verlusten umzugehen. *In der Veterinärmedizin wird häufig eine Euthanasie durchgeführt. Wir führen also den Tod herbei,* sagt Dr. Robert Miller. *Bei meiner Arbeit geht es sehr so oft um Leben und Tod, daher ist mir auch meine eigene Sterblichkeit sehr wohl bewusst. Ich habe da keine Illusionen. Mir ist klar, dass das Leben ein sehr, sehr kurzes Privileg ist. Daher ist es für mich auch ungeheuer kostbar.*

Es kommen viele Fragen auf, wenn man sich beispielsweise mit einer unheilbaren Krankheit auseinandersetzen muss. Sie helfen dabei, die emotionalen, finanziellen und ethischen Aspekte von Leben, Tod und Euthanasie für sich zu klären. Dazu gehört auch, dass man sich über Lebensqualität und lebensverlängernde Maßnahmen

Gedanken macht. Beim Tod eines Tieres oder eines Menschen sind Rituale, Traditionen, das Ehr-Erweisen und Tränen, die geeigneten Mittel, um den Schmerz zu lindern.

Ich dachte immer, dass einem der Tod immer weniger ausmachen würde, je öfter man damit zu tun hat, sagt Buck Brannaman. *Aber das stimmt nicht. Ich bin eher empfindlicher geworden. Also gut, ich bin gefühlsmäßig stark genug, um mit einer ganzen Menge fertig zu werden. Mein Gott, ich habe schon ein paar Mal so Einiges durchgemacht – ich kenne den Kram von oben, von unten und von der Seite. So gesehen, kann ich also emotional einiges ertragen, aber ich bin dadurch nicht weniger empfindlich, das kann ich Ihnen sagen. Ich bin ziemlich stolz darauf, dass ich die Dinge wie ein Mann nehmen kann, aber wenn man weiß, welchen Knopf man drücken muss, da braucht es auch nicht viel, um mich zum Weinen zu bringen.*

Sicher waren viele Menschen am 6. Juli 1998 sehr traurig über die Nachricht, dass Roy Rogers im Alter von 87 Jahren gestorben war. Die Trauer, die seine vielen Fans dabei verspürten, wurde vielleicht von dem Gedanken getröstet, dass alle nun wieder vereint waren. Es ist ja möglich, dass Roy wieder im Sattel von Trigger, mit Robin im Schoß und mit Debbie und Sandy dahinter, mit einem Lächeln im Gesicht und einem Lied auf den Lippen, über die glückseligen Wege im Himmel reitet. Wir hatten das große Glück, dass wir mit ihm aufwachsen durften.

Letztlich kann man über das Thema Sterben ruhig und gelassen reden, wenn man so weit kommt, dass man den Tod als untrennbaren Bestandteil des Lebens akzeptieren kann – ob man ihn nun als das Ende oder als einen Übergang sieht. Damit geht dann auch die Kraft einher, Lebewohl zu sagen.

Eine Welt für sich

»Zwanzig nach eins! Das schaffe ich nie mehr!« tadelt die Reitlehrerin Mary Deringer Phelps sich selbst, während sie ihren Kastenwagen in eine Parklücke bugsierte. Sie war am Fort Worth-Flughafen, in Dallas, um dort eine Frau abzuholen, die sie als Richterin für die Willow Bend Horse Show organisiert hatte. Die beiden hatten sich noch nie zuvor gesehen und daher vereinbart, sich in der Ankunftshalle zu treffen. Aber jetzt war es schon so spät, dass Mary Angst hatte, dass sie sich verpasst haben könnten. Sie griff nach ihrer Handtasche, sprang aus dem Auto und ging mit Riesenschritten in Richtung Terminal. Die Flugtafel machte sie noch nervöser – sie war ohnehin schon zu spät, und der Flug der Richterin war eine Viertelstunde zu früh eingetroffen!

Marys Gedanken überschlugen sich: »Sie wartet jetzt schon eine halbe Stunde ... wahrscheinlich denkt sie, ich habe sie vergessen. Inzwischen kann sie sonst wo sein. Ich passe wohl besser schon auf dem Weg zum Wartegang etwas auf, ob ich sie sehe.«

Als sie die große Ankunftshalle betrat, kam es ihr erst, was sie da vor hatte – Hunderte von Fluggästen kamen ihr entgegen! Sie ging weiter in Richtung Ankunftsbereich, ließ den Blick immer wieder durch die Menge schweifen und wünschte, sie hätte ein Foto oder irgend eine Beschreibung der Richterin. Alles, was sie wusste, war, dass sie eine Frau suchte! Als sie ungefähr in der Mitte der Ankunftshalle angelangt war, hielt Mary plötzlich an und ging dann – ohne zu zögern – auf eine Frau zu. »Sind Sie Gerry Friels?« Die Frau antwortete erstaunt: »Äh, ja, das bin ich. Dann müssen Sie Frau Phelps sein.«

Mary seufzte vor Erleichterung und sagte: »Richtig – Willkommen in Texas! Es tut mir Leid, dass ich nicht früher gekommen bin, aber Sie wissen ja sicher, wie das ist, wenn man mit Pferden zu tun hat.« Gerry grinste und nickte verständnisvoll.

Als die beiden in Richtung Lobby gingen, fragte Gerry: »Wie haben Sie mich erkannt?« Mary schüttelte, selbst verwundert, den Kopf. »Ich weiß nicht ... Sie sehen einfach aus wie eine Frau, die mit Pferden zu tun hat.« »Ach ja? Ich trage doch gar keine Reitsachen ... wie sehen »Pferdemenschen« denn aus?«

Mary dachte einen Augenblick nach und antwortete dann: »Pferdemenschen strahlen Selbstbewusstsein aus, sie haben eine gewisse Haltung, sie haben eine von der Sonne gegerbte Haut wie englisches Leder und normalerweise ein Lächeln im Gesicht.« Die beiden Pferdefrauen lachten beide über diesen Satz während sie die Halle verließen.

Auch wenn die Pferdewelt allen offen steht, die willens sind, Zeit und Anstrengungen zu investieren, so ist sie dennoch eine Welt für sich, mit ihrer eigenen Sprache, ihren eigenen Bewährungsproben, ihren eigenen Risiken, Belohnungen und Lektionen. Deswegen ist bei Pferdemenschen ein bestimmtes, kennzeichnendes Auftreten auffällig, das im Laufe der Geschichte auch immer wieder ersichtlich wurde – eine gewisse Aura, eine Haltung, die echte Pferdemänner und Pferdefrauen von anderen absetzt. Allein schon die Ausdrücke »Ritter«, »Cowboy«, »Caballero«, »Pferdemensch« und »Reiter« beschwören deutliche Bilder von Kraft, Mut, Lebensfreude und Selbstsicherheit herauf – mit einem Schuss von Romantik.

Marys Geschichte bestärkt mich in meiner Überzeugung, die ich seit meiner Jugend hege: Pferdemenschen erkennt man daran, dass sie anders sind. Vielleicht ist es die Hitze des Pferdefiebers, das in ihnen brennt. Vielleicht spiegeln sie auch wieder, dass sie sich »pferdeverrückt« auf ihren nächsten Ritt freuen. Vielleicht ist es auch das besondere Selbstbewusstsein, das sie ausstrahlen.

Für Pferdemenschen ist Horse Power mehr als ein Konzept oder ein Buch – es ist die dynamische Lebensart, die Körper, Geist und Seele prüft und stärkt. Jetzt, da Sie mit Horse Power vertraut sind, werden Sie auch in der Lage sein, die Auswirkungen im eigenen Umfeld zu erkennen. Suchen Sie danach, seien Sie offen dafür und wachsen Sie damit. Dann leben auch Sie mit der Kraft der Pferde!

Lexikon der Fachbegriffe

Absetzen: Ein Fohlen von der Stute trennen.

Alphastute: Das dominante, ausgewachsene, weibliche Tier einer Herde.

American Saddlebred: Eine Rasse, die in den Vereinigten Staaten gezüchtet wurde. Diese auffallend eleganten Pferde haben weiche Gänge und zeigen eine hohe Beinaktion.

Anaphylaktischer Schock: Eine oft schwere und manchmal tödlich verlaufende allergische Reaktion.

Anglo-Araber: Edles Sportpferd. Ausgangsrassen sind Araber und Englisches Vollblut.

Appaloosa: Eine Rasse mit charakteristischer Fleckzeichnung, die von den Nez Perce Indianern im Nordwesten der Vereinigten Staaten gezüchtet wurde.

Auf der Vorhand: Wenn ein Pferd sich so bewegt, dass ein Großteil seines Gewichts auf seinen Vorderbeinen lastet.

Aufsatzzügel: Hilfszügel, der die Aufrichtung des Pferdes fördert.

Aussitzen: Der Reiter bleibt in jeder Phase des Trabs im Sattel sitzen.

Brauner: Pferd mit dunkelbraunem Deckhaar und schwarzem Langhaar, meist schwarze Beine.

Bridle Path: Geschorener Bereich der Mähne direkt hinter den Ohren des Pferdes. Damit soll das Aufliegen des Halfters oder des Kopfstücks verbessert werden.

Clydesdale: Großes Kaltblutpferd. Schottische Zugpferde-Rasse.

Congress: Die Ohio Quarter Horse Show, eines der größten Turniere in den Vereinigten Staaten.

Diagonale: Linie, die schräg durch eine Reitbahn verläuft.

Dreigänger: Ein Pferd, das die Gangarten Schritt, Trab und Galopp beherrscht.

Dressur: Systematische Gymnastizierung des Pferdes zur Entfaltung seiner natürlichen Begabungen. Fortgeschrittene Ausbildung von Pferden in der Reitbahn.

Durchgänger: Ein Pferd, das ohne ersichtlichen Grund mit großer Geschwindigkeit beim Reiten davonrennt.

EIA: Equine Infectious Anemia, infektiöse Anämie der Einhufer. Sie gehört zu den anzeigepflichtigen Virusinfektionen. Ansteckung erfolgt durch das Blut kranker Pferde z.B. durch Insektenstiche.

Einreiten: Ein Pferd zähmen und so weit ausbilden, dass es gehorsam Sattel, Zaumzeug und Reiter akzeptiert.

Exterieur: siehe Gebäude.

Fesselträger: Sehne im unteren Beinbereich.

Fliegender Wechsel: Wechsel vom Linksgalopp in den Rechtsgalopp oder umgekehrt ohne Unterbrechung des Galopps.

Fohlen: Pferd, von der Geburt bis zum Absetzen.

Freiheitsdressur: Ausgebildete Pferde, die ihre Leistung freilaufend ohne körperlichen Kontakt und ohne Zügel oder Leinen erbringen. Hilfsmittel sind lediglich Stimme, Gerte und Körpersprache.

Fünfgänger: Ein Pferd, das neben Schritt, Trab und Galopp noch zwei weitere Gänge beherrscht. Bei Saddlebreds »Rack« und »Slow Gait«, bei Isländern »Tölt« und »Pass«.

Galopp: Eine der Grundgangarten des Pferdes im Dreitakt.

Gamaschen: Schützende, gepolsterte Formteile, die zum Schutz vor Verletzungen an den Beinen angelegt werden.

Gangart: Spezifische Schrittfolge und Geschwindigkeit, beispielsweise Schritt, Trab, Galopp, Renngalopp, »Rack«, Pass, Tölt.

Gebäude: Skelett- und Muskelstruktur des Pferdes.

Genickstück: Oberstes Teil eines Zaumzeugs, das auf dem Genick des Pferdes liegt. Liegt hinter den Pferdeohren auf.

Gerte: Kurze Peitsche zum Reiten.

Glocken: Schutzausrüstung für Hufe und Fesselgelenke des Pferdes.

Ground-Tying: Im Westernreiten die Bezeichnung für eine Übung, bei der dem Pferd beigebracht wird, dass es stehen bleiben soll, wenn man die Zügel auf den Boden legt.

Gymkhana: Spiele zu Pferd.

Hannoveraner: Eine deutsche Warmblutrasse.

Haute école: Französisch für »Hohe Schule«. Bezieht sich auf fortgeschrittene Dressurlektionen.

Heißes (Pferd): Ein Begriff, der sich auf ein Pferd bezieht, das sehr lebhaft ist und eine großes Bewegungsbedürfnis hat.

Hengst: Ein männliches zeugungsfähiges Pferd.

Herde: Eine Gruppe von Pferden, die normalerweise aus Stuten, Fohlen, Junghengsten, Jungstuten und dem Leithengst besteht.

Hilfen: Hilfsmittel und Techniken, mit denen der Reiter die Bewegungen des Pferdes lenkt.

Hinterzwiesel: Der hochgezogene hintere Rand eines Sattels.

Hippotherapie: Therapeutische Programme, die auf dem Pferderücken durchgeführt werden.

Horsemanship: Oberbegriff für praxisbezogenes Wissen um artgerechte Haltungsformen, korrekten Umgang mit Pferden und Fähigkeiten in der Ausbildung.

Hufrehe: Deformierung im Inneren des Hufes, bei der das Hufbein rotiert, weil es sich von der Hufwand ablöst und gleichzeitig von der tiefen Beugesehne nach unten gezogen wird.

Hufrolle(nentzündung): Eine degenerative Erkrankung der Hufrolle. Die Hufrolle ist die Funktionseinheit des Hufs, bestehend aus folgenden Komponenten: tiefe Beugesehne, Strahlbein und einem Schleimbeutel, der wie ein Polster zwischen Sehne und Strahlbein liegt.

Imprint-Training: Von Dr. Robert Miller entwickelte Methode der Prägung des neugeborenen Fohlens auf den Menschen. Dabei wird das Fohlen unmittelbar nach der Geburt am ganzen Körper berührt.

Jährling: Pferd zwischen ein und zwei Jahren.

Kaltblüter: Schweres Pferd mit viel Kaliber. Große, ruhige Arbeitspferderasse.

Kolik: Begriff ist keine Krankheitsbezeichnung, sondern ein Ausdruck für einen Symptomenkomplex, der mit Bauchschmerzen umschrieben werden kann. Sammelbegriff für Störungen im Magen-Darm-Trakt wie Blähungen, Verstopfung, Darmverschlingung usw. Kann tödlich für das Pferd enden.

Krippensetzen: Verhaltensanomalität. Das Pferd setzt die Oberkieferschneidezähne auf eine Kante auf und saugt die Luft unter Anziehen der Halsmuskulatur laut hörbar durch den Kehlkopf ein. Schlechte Angewohnheit mancher Pferde.

Leichter Sitz: Auch Springsitz genannt. Die Steigbügelriemen sind verkürzt. Der Reiter hebt sein Gesäß aus dem Sattel und nimmt sein Gewicht vermehrt auf die Oberschenkel. Dieser Sitz entlastet den Pferderücken.

Leichttraben: Es dient der Entlastung des Pferderückens in der Lösungsphase. Der Reiter fängt je einen Trabtritt ab, indem er das Gesäß leicht aus dem Sattel hebt. Beim nachfolgendende Tritt nimmt er wieder im Sattel Platz.

Lippizaner: Österreichische Pferderasse. Die Schimmel werden für die Dressur und die »Hohe Schule« eingesetzt.

Longe: Sieben bis zehn Meter lange Leine, an der ein Pferd im Kreis um seinen Ausbilder herum gearbeitet wird.

Monookulares Sehen: Die Fähigkeit von Pferden, die Augen unabhängig voneinander einzusetzen.

Morgan: Kann als die älteste Rasse unter den amerikanischen Reitpferden bezeichnet werden. Eine vielseitige Pferderasse, die in Vermont gezüchtet wird.

Moshe Feldenkrais: Bei seinen Forschungen erkannte der israelische Physiker, dass zwischen Körper, Gehirn und Seele engste Beziehungen bestehen und dass Selbstbeobachtung dem Menschen hilft, sich psychisch, geistig und körperlich weiterzuentwickeln. Durch die Feldenkrais-Methode sollen Verspannungen und Fehlhaltungen im Sattel vorgebeugt werden.

Nasenbremse: Mechanische Hilfsmittel zur Ruhigstellung eines Pferdes. Bei richtigem Einsatz löst sie eine betäubende Wirkung auf das Gewebe der Oberlippe aus und bewirkt die Ausschüttung schmerzlindernder körpereigner Stoffe.

Parasympathisches System: Automatische Körperfunktionen wie Atmen und Blinzeln.

Passage: Ausdrucksstarke und kraftvolle Vorwärtsbewegung des versammelten Dressurpferdes in der Fußfolge des Trabs im sogenannten Schwebegang.

Pferdlichkeit: Ein von der Autorin geprägter Begriff analog zur Persönlichkeit, der klarstellen soll, dass verschiedene Pferde unterschiedliche Charakterzüge haben.

Pferdologie: Von der Autorin geprägter Begriff für die Untersuchung von Pferdeverhalten.

Piaffe: Eine in der höchsten Versammlung ausgeführte Dressurlektion. Das Pferd bewegt sich trabartig auf der Stelle oder mit nur geringem Raumgriff.

Pilaren: In den Boden eingelassene runde Holzsäule. Sie ist Bestandteil der Ausbildung des Pferdes in der Klassischen Reitkunst.

Quarter Horse: Eine Pferderasse, die aus den Vereinigten Staaten stammt. Sie ist die beliebteste Pferderasse der Welt. Aufgrund seiner Sprintstärke ist das Quarter Horse auf einer Viertelmeile (der Quarter Mile, verdankt diese Rasse ihren Namen) am schnellsten.

Rahmen: Die Länge der Körperlinie des Pferdes.

Reiten aus der Körpermitte: Ausbildungsmethode, die von Sally Swift gegründet wurde, einer in Vermont lebenden Reitpädagogin. Ihr Ausbildungsweg beruht auf dem Zentrieren auf die eigene Körpermitte, was dem Reiter zur besseren Körperkontrolle verhelfen soll.

Reiterwettbewerb: Prüfung auf dem Turnier, in der Sitz und Einwirkung des Reiters bewertet werden.

Riegeln: Rucken am Zügel, sodass das Gebiss dem Pferd im Maul Schmerzen bereitet.

Schrittlänge: Der Abstand zwischen dem Abfußen und dem Wiederauffußen eines Hufs.

Selle Français: Eine französische Pferderasse.

Sohlenquetschung: Verletzung an der Hufsohle des Pferdes durch einen Aufprall.

Spanische Hofreitschule: In Wien angesiedeltes, ältestes noch bestehendes Reitinstitut der Welt. Hier wird die Klassische Reitkunst im reinen Stil ausschließlich auf Lipizzanerhengsten gezeigt.

Sprungreihe: Eine Reihe von Bodenstangen oder niedrigen Sprüngen, mit denen rhythmisches Treten oder Springen geübt wird.

Standardbred: Amerikanische Traberrasse. Pferde zeigen kurzen Schritt, extremen Trab und Pass sowie schwankenden Galopp.

Stockmaß: Höhe eines Pferdes, am Widerrist gemessen.

Stoßzügel: Ein Lederriemen vom Nasenriemen zum Gurt, der verhindert, dass das Pferd den Kopf hochwirft oder über dem Zügel geht.

Striegel: Bürste aus Metall oder Gummi zum Säubern von Pferden.

Stuntreiten: Ungewöhnliche Übungen auf dem Pferderücken.

Stute: Weibliches Pferd.

Tennessee Walker: Rasse zählt heute zu den beliebtesten Freizeit- und Showpferden der USA. Robuste Pferde mit raumgreifenden, extrem weichen Gängen. Charakteristisch ist ihr rollender Schritt. Plantagenbesitzer züchteten diese Pferde im 19.Jh., um damit ihre großen Plantagen beaufsichtigen zu können.

Tevis Cup: Ein Distanzritt über 100 Meilen (160km) in der Sierra (dem Gebirge) von Kalifornien.

Trab: Eine der Grundgangarten des Pferdes. Gangart mit diagonaler Fußfolge im Zweitakt.

Trabstangen: Cavaletti (Stabile Stangen von 3-4 m Länge, die an beiden Enden auf kreuzförmigen Ständern befestigt sind. Das Hindernis ist ca. 50 cm hoch) oder Stangen am Boden zur Gymnastizierung von Pferden. Stangen- oder Cavaletti-Arbeit fördert: Takt, Losgelassenheit, Raumgriff, Aufmerksamkeit und das Taxiervermögen von Pferden.

Ungarische Post: Akrobatische Vorstellung auf vielen Shows. Der Reiter steht mit gegrätschten Beinen auf den Rücken von zwei Pferden.

Vielseitigkeit: Eine Pferdeleistungsprüfung, bei der drei Einzelprüfungen in Dressur, Geländestrecke und Parcoursspringen abgelegt werden müssen. In den Einsteiger-Klassen dauert die Prüfung einen Tag, in den schweren Klassen drei Tage.

Vollblüter: Eine Rasse, die für Rennen gezüchtet wird.

Vorderzeug: Riemen vor der Brust des Pferdes, die ein Zurückrutschen des Sattels verhindern.

Wallach: Kastriertes männliches Pferd.

Weben: Verhaltensstörung bei Pferden. Ein webendes Pferd bewegt sich im Stehen stereotyp von links nach rechts oder auch von vorne nach hinten.

Zackeln: Das nennt man, wenn ein Pferd ungeduldige, kurze, tänzelnde Schritte macht.

Bildnachweis

Cynthia Kennedy/Smiling Pinto, S. 26
Rebekah F. Witter, S. 27 (oben)
Bobbe Clark, S. 27 (unten)
Roy Rogers-Dale Evans-Museum, S. 28
Mit freundlicher Genehmigung von John Lyons, S. 29
Mit freundlicher Genehmigung von Larry Mahan, S. 30
Mit freundlicher Genehmigung von Tom Moore, S. 31
Mit freundlicher Genehmigung von Helen Crabtree, S. 32 (oben)
David Marlow, Aspen, S. 32 (unten)
Jordan, S. 44 (oben)
Mit freundlicher Genehmigung von Mary Deringer Phelps, S. 44 (unten)
Elizabeth MacCabe, *The Jackson Hole Guide*, S. 45 (oben)
Mit freundlicher Genehmigung von Mary Mansi, S. 46 (oben)
Mit freundlicher Genehmigung von Bob Henry und Cathy Ziffren, S. 46 (unten)
Mit freundlicher Genehmigung von Dr. Patty Latham, S. 47 (oben)
Mit freundlicher Genehmigung von René Williams, S. 47 (unten)
Mit freundlicher Genehmigung von Phyllis Eifert, S. 68 (oben)
Cyndy Peinie, S. 68 (unten)
Jack Parsons, S. 69
Mary Brannaman, S. 70
Marty Knapp, S. 71 (oben)
Mit freundlicher Genehmigung von Sam Savitt, S. 71 (unten)
Robert S. Grant, S. 72 (oben)
Mit freundlicher Genehmigung von Tracy Cole, S. 72 (unten)
©1993 Genie Stewart-Spears, S. 73 (oben)
Mit freundlicher Genehmigung von Curtis Steel, S. 73 (unten)
Mit freundlicher Genehmigung von Dennis Marine, S. 91 (oben)
Mit freundlicher Genehmigung des *St. Helena Star*, S. 91 (unten)
Mit freundlicher Genehmigung von Susan Stovall, S. 92 (oben)
Beth Harding, S. 92 (unten)
Cora Cushny, S. 93
Kathy Kadash Swan, S. 94 (oben)
Black Beauty © 1994 Warner Bros., a Division of Time Warner, Entertainment Company L.P., S. 94 (unten)
Mit freundlicher Genehmigung von Anne Kursinski, S. 95
Mit freundlicher Genehmigung von Jill Hassler-Scoop, S. 96 (oben)
Mit freundlicher Genehmigung von Chris Hawkins, S. 96 (unten)
Ted Cushny, S. 124
Mit freundlicher Genehmigung von Jenny Butah, S.125 (oben)
Mit freundlicher Genehmigung von Carl Clipper, S. 126 (unten)
Mit freundlicher Genehmigung von Ann Hubbard, S. 126 (oben)
Pat Mitchell, S. 126 (unten)

Mit freundlicher Genehmigung von The Greenwich Workshop, Inc., S. Shelton, Connecticut, S. 127
© 1995 Stewart-Spears, S. 128 (oben)
Rebekah F. Witter, S. 128 (unten)
Mit freundlicher Genehmigung von Pat Lawson Kelly, S. 129
Clive Hiles, mit freundlicher Genehmigung von William Steinkraus, S. 145
Mit freundlicher Genehmigung von Monty Roberts, S. 146
Jan Spencer, mit freundlicher Genehmigung von Martha Josey, S. 147
Mit freundlicher Genehmigung von Diana Cooper, S. 148
Phelpsphoto.com, S. 148
Mit freundlicher Genehmigung von Rege Ludwig, S. 149
Mit freundlicher Genehmigung von Octavia Brown, S. 149
Mit freundlicher Genehmigung von James Brady, S. 150
Mit freundlicher Genehmigung von Irving Pettit, S. 172 (oben)
© Ferorelli 90, S. 172 (unten)
© 1993 Genie Stewart-Spears, S. 173
Mit freundlicher Genehmigung von Bob Douglas, S. 174 (oben)
Mit freundlicher Genehmigung von Dr. Elizabeth Lawrence, S. 174 (unten)
Mit freundlicher Genehmigung von Richard Shrake, S. 176
Mit freundlicher Genehmigung von Sally Swift, S. 177
Mit freundlicher Genehmigung von Camorra Cigars, S. 200 (oben)
Mit freundlicher Genehmigung von Adrian Aroyo, S. 200 (unten)
Kit Houghton Photography, S. 201 (oben)
Mit freundlicher Genehmigung von Maxine Freitas, S. 201 (unten)
Norma Jamison, S. 202
Mit freundlicher Genehmigung von Tina Schuler, S. 203 (oben)
Rebekah F. Witter, S. 203 (unten)
Lila Foucher Equine Photographer, S. 204

Literaturverzeichnis

AHC Study Finds More Horses, Owners. Equus 233, März 1997, S. 77.

American Horse Council: Horse Industry Directory. Horse Industry Statistics, S. 4.

Auerbach, Ann Hagedorn: Wild Ride. New York: Henry Holt and Company, 1994.

Chenevix—Trench, Charles: A History of Horsemanship. Garden City: New York: Doubleday & Company, Inc., 1970.

Dhurchill, Winston: My Early Life, A Roving Commission. New York: Charles Scribner's Sons, 1930.

Dorrance, Tom und Hunt, Milly Porter, Hrsg.: True Unity. Fresno: Give-It-A-Go Enterprises, 1987.

»Events & Athletes: Equestrian.« XXVI Olympiade – Atlanta, 1996: Offizielles Erinnerungsprogramm, 1996.

Grandin, Temple: Ich bin die Anthropologin auf dem Mars. Droemer-Knaur, 1997.

Harris, Moira C.: »The ‚Horsey Set' Suffers a Setback«. Horse Illustrated, Mai 1996, S. 2.

Hart, Stephen: Von der Sprache der Tiere. dtv TB 1997.

Helm, Mike: A Breed Apart. New York: Henry Holt and Company, Inc., 1991.

Hillenbrand, Laura: »Leading the Blind.« Equus 229, November 1996, S. 74.

Huyler, John S.: The Stamp of the School: Reminiscences of the Thacher School 1949-1991. Seattle: Special Child Publications, 1994.

Jaffer, Nancy: »Michael Matz: Giving Riding A Leg Up.« Spur März/April 1997, S. 32.

Jeschko, Kurt und Lange, Harald: The Horse – Today & Tomorrow? New York: Arco Publishing Company Inc., 1972.

Josephy jr., Alvin M.: Five Hundred Nations. Frederking & Thaler, 1996.

Kilby, Emily: »Restoring A Tarnished Image.« Equus November 1993, S. 40.

Mahan, Larry: »Horse World«, Folge Nr. 04-92, Tri-Crown Productions 14.1.1992.

McBane, Susan und Douglas—Copper, Helen: Horse Facts. New York: Dorset Press, 1991.

Montana, Gladiola: Never Ask A Man the Size of His Spread. Salt Lake City: Gibbs Smith, Publisher, 1993.

Morel, Mary Kay: »A Leap of Faith.« Horse Illustrated, September 1996, S. 45.

Morris, Desmond: Horsewatching. Heyne, 1998.

Random House Webster's College Dictionary. New York: Random House, 1991.

Random House Historical Dictionary of Slang. Band 1. New York: Random House, 1994.

Roberts, Monty: Der mit den Pferden spricht. Gustav Lübbe Verlag 1997.

Rogers, Roy und Dale, Evans, mit Jane und Michael Stern: Happy Trails: Our Life Story. New York: Simon & Schuster, 1994.

Sappington, M.S. und Forsythe, Brenda: »Horse Sense«. Horse Illustrated, Januar 1998 Nr. 22(1), S. 20.

Saslow; Dr. Carol A.: »Helping Your Horse to Generalize.« Horse Illustrated, Februar 1994, S. 20.

Savoie, Jane: Winning Feeling. Kosmos, 1993.

Self, Margaret Cabell: The Complete Book of Horses & Ponies. New York: McGraw-Hill Book Company, 1973.
Steinkraus, William, Hrsg.: the US Equestrian Team Book of Riding. New York: Simon and Schuster, 1976.
Tellington-Jones, Linda und Bruns, Ursula: Die Tellington-Methode: So erzieht man sein Pferd, Müller Rüschlikon 1985.
Timney, Brian: »What Horses See.« Equus 246 April 1998, S. 36.
Thomas, Heather Smith: The Wild Horse Controversy. South Brunswick und New York: A.S. Barnes & Company, 1979.
Vernon, Arthur: The History and Romance of the Horse. New York: Dover Publications, 1946.

Weiterführende Literatur

Barbier, Dominique und Daniels, Mary: Perfekt Dressurreiten; Wege zur klassischen Pferdeausbildung, Müller Rüschlikon Verlag, 2001

Bruns, Ursula und Tellington-Jones, Linda: Die Tellington-Methode; So erzieht man sein Pferd, Müller Rüschlikon Verlag, 1985

Peplow, Elisabeth: Im Reiche der Pferde, Müller Rüschlikon Verlag, 2000

Swift, Sally: Reiten aus der Körpermitte; Pferd und Reiter im Gleichgewicht, Müller Rüschlikon Verlag, 1989

Wanless, Mary: Die Wanless-Methode; Fühlen statt denken – Reiten in Harmonie, Müller Rüschlikon Verlag, 1998

Wanless, Mary: Reiten in der Vollendung; das Praxisbuch zur Wanless-Methode, Müller Rüschlikon Verlag, 1999

Wanless, Mary: Zum Wohle des Pferdes; Körperarbeit, mentale Energie, Alternativmedizin, Müller Rüschlikon Verlag, 1999

Reiten mit der Kraft des Geistes

Sally A. Tottle
Reiten mit Körpergefühl
Eine Methode, mit der Reiter ihre Fähigkeiten verbessern.

128 Seiten, 44 Bilder, davon 30 in Farbe, 37 Zeichnungen
Bestell-Nr. 41386
ca. DM 29,80
sFr 29,80/öS 218,–

Sally Swift
Reiten aus der Körpermitte
Mit dem Pferd wie verwachsen sein, seine Bewegungen fließend mitvollziehen.

212 Seiten, 92 Bilder, 105 Zeichn.
Bestell-Nr. 40956
DM 56,–
sFr 51,50/öS 409,–

Dominique Barbier/Mary Daniels
Perfekt Dressurreiten
Perfekt reiten nach klassischem Vorbild, das Pferd in höchster Versammlung am losen Zügel dirigieren. Was wie ein Wunschtraum klingt, kann Wirklichkeit werden – ohne Drill und Zwang! In seinem Buch zeigt Dominique Barbier, wie man mit Hilfe seiner geistigen Kräfte das scheinbar Unmögliche realisieren kann.

176 Seiten, 59 Bilder, davon 48 in Farbe, 13 Zeichnungen
Bestell-Nr. 41366 **DM 69,–/sFr 63,50/öS 504,–**

Heather Moffet
Besser reiten mit Gefühl
Heather Moffett zeigt, wie man durch feines Hinspüren zu einem harmonischen Miteinander mit seinem Pferd kommen kann. Sie erklärt, wie sich der reiterliche Sitz auf das Pferd auswirkt, wie man seine Haltung und sein Gefühl für die Bewegungen des Pferdes verbessert.

158 Seiten, 196 Bilder, davon 123 in Farbe, 33 Zeichnungen
Bestell-Nr. 41344
DM 49,80
sFr 47,50/öS 364,–

Mary Wanless
Die Wanless-Methode
Harmonie mit dem Pferd ist eine tolle Sache. Sie klappt am besten, wenn der Reiter die Wechselwirkungen zwischen sich und seinem Pferd kennt. Dann kann er sich auf seinen Partner einstellen. Hier steht drin, was man wissen und beachten muss, damit das Pferd auch schwierige Lektionen willig ausführt.

272 Seiten, 88 Zeichnungen
Bestell-Nr. 41266
DM 49,80
sFr 47,50/öS 364,–

Mary Wanless
Reiten in Vollendung
Wie man feines Gespür für sich und das Pferd entwickelt, mentale Techniken richtig einsetzt und alte Gewohnheiten ablegt – ein Ratgeber für alle Reiter.

272 Seiten, 104 Bilder, 22 Zeichn.
Bestell-Nr. 41288
DM 49,80
sFr 47,50/öS 364,–

Mary Wanless
Zum Wohle des Pferdes
Auch Pferde sind nur Menschen. Mal sind sie abgeschlagen, mal haben sie keine Energie. Hier steht drin, wie sich Reiter optimal um ihren Partner kümmern.

288 Seiten, 61 Zeichnungen
Bestell-Nr. 41272
DM 49,80
sFr 47,50/öS 364,–

Ihr Verlag für Pferde-Bücher
Gewerbestraße 10, CH-6330 Cham
Postfach 4161, CH-6304 Zug
Telefon ++41(0)41 740 30 40
Telefax ++41(0)41 741 71 15

Müller Rüschlikon

Stand Juni 2001 – Änderungen in Preis und Lieferfähigkeit vorbehalten